VIRTUAL INSTRUMENT AND
ENGINEERING APPLICATION

虚拟仪器及工程应用

包建东　朱建晓◎编著

北京理工大学出版社
BEIJING INSTITUTE OF TECHNOLOGY PRESS

内 容 简 介

本书以 LabVIEW 中文版为基础，包括虚拟仪器概述、虚拟仪器设计方法、虚拟仪器工程应用实例等。该书内容分为三大部分，第一部分介绍了 LabVIEW 基本概念，内容包括虚拟仪器概述，总线类虚拟仪器，LabVIEW 基础，程序结构，数组、簇和波形，文件操作，数据采集，数学分析与信号处理；第二部分介绍了基于总线的仪器应用，内容包括基于串口总线的仪器应用、基于 USB 总线的仪器应用、基于 PXI 总线的仪器应用、基于 PCI 总线的仪器应用、基于 VXI 总线的仪器应用、基于嵌入式总线的仪器应用；第三部分介绍了 LabVIEW 实验与简单应用，内容包括实例操作和工程应用。有些章节后设置了不同难易程度，可用于教学的习题和虚拟仪器设计方法。

本书可作为高等院校虚拟仪器及相关课程的教材或教学参考书，也可供从事相关工作的工程技术人员参考。

图书在版编目（CIP）数据

虚拟仪器及工程应用／包建东，朱建晓编著 .—北京：北京理工大学出版社，2016. 12

ISBN 978 - 7 - 5682 - 3506 - 8

Ⅰ. ①虚… Ⅱ. ①包…②朱… Ⅲ. ①虚拟仪表 Ⅳ. ①TH86

中国版本图书馆 CIP 数据核字（2016）第 307152 号

出版发行／北京理工大学出版社有限责任公司

社　　址／北京市海淀区中关村南大街 5 号

邮　　编／100081

电　　话／（010）68914775（总编室）

　　　　　（010）82562903（教材售后服务热线）

　　　　　（010）68948351（其他图书服务热线）

网　　址／http：//www. bitpress. com. cn

经　　销／全国各地新华书店

印　　刷／三河市华骏印务包装有限公司

开　　本／787 毫米×1092 毫米　1/16

印　　张／23. 75　　　　　　　　　　　　　　　　　责任编辑／张海丽

字　　数／558 千字　　　　　　　　　　　　　　　　文案编辑／杜春英

版　　次／2016 年 12 月第 1 版　2016 年 12 月第 1 次印刷　责任校对／周瑞红

定　　价／54. 00 元　　　　　　　　　　　　　　　　责任印制／王美丽

随着计算机技术的迅猛发展，虚拟仪器技术在数据采集、自动测试和仪器控制等领域得到广泛应用，促使测试系统和仪器控制的设计方法与实现技术发生了巨大的变化。虚拟仪器是将现有的计算机技术、软件技术和高性能模块化硬件结合在一起而建立的功能强大且灵活易变的仪器，用来完成各种测试、测量和自动化应用工作。其中软件是虚拟仪器技术中最重要的部分。美国国家仪器公司（National Instruments，NI）作为虚拟仪器技术的主要倡导者和贡献者，其创新软件产品 LabVIEW（Laboratory Virtual Instrument Engineering Workbench）自 1986 年问世以来，已经成为虚拟仪器软件开发平台事实上的工业标准，在众多领域得到了广泛应用。

LabVIEW 与其他计算机语言的显著区别是：其他计算机语言都是采用基于文本的语言产生代码，而 LabVIEW 使用的是图形化编辑语言 G 编写程序，产生的程序是框图的形式。其结合了图形化编程方式的高性能与灵活性，以及专为测试测量与自动化控制应用设计的高性能模块及其配置功能，能为数据采集、仪器控制、测量分析与数据显示等各种应用提供必要的开发工具。

全书分 3 篇共 16 章，从简入难详细地介绍了 LabVIEW 的基本概念、基本操作以及在工程领域的应用。

第 1 篇"LabVIEW 基本概念"（第 1~8 章），第 1 章概述性地介绍了虚拟仪器；第 2 章介绍了总线类虚拟仪器；第 3 章引入 LabVIEW 编程软件，介绍了软件的基本操作；第 4 章介绍了 LabVIEW 软件常用的程序结构；第 5 章介绍了 LabVIEW 软件经常用到的数组、簇和波形；第 6 章介绍了软件对应的文件操作；第 7 章详细介绍了 LabVIEW 的数据采集功能；第 8 章介绍了 LabVIEW 软件的数学分析与信号处理功能。读者通过本篇的学习，可以对虚拟仪器及对应的 LabVIEW 软件有个初步的认识，并且能够利用 LabVIEW 软件编程来实现一些简单的数学计算、数据采集及保存、信号处理等功能。

第 2 篇"基于总线的仪器应用"（第 9~14 章），第 9 章介绍了基于串口总线的仪器应用，第 10 章介绍了基于 USB 总线的仪器应用，第 11 章介绍了基于 PXI 总线的仪器应用，第 12 章介绍了基于 PCI 总线的仪器应用，第 13 章介绍了基于 VXI 总线的仪器应用，第 14 章介绍了基于嵌入式总线的仪器应用。本篇共介绍了 LabVIEW 六类仪器总线的应用，每种总线应都用详细实例进行说明，读者通过此篇的学习，可以熟练掌握 LabVIEW 软件的各项总线应用。

第 3 篇 "LabVIEW 实验与简单应用"（第 15～16 章），第 15 章通过 15 个实例介绍了 LabVIEW 的各项基本应用，第 16 章通过数据解码器设计、串口通信的上位机控制及传感器标定三个工程应用实例详细介绍了 LabVIEW 在工程中的应用。读者通过此篇的学习，能够了解 LabVIEW 软件的应用领域及应用方法，熟练掌握后能够参与相关工程项目的编程。

本书主要由南京理工大学包建东和朱建晓联合编写，并得到了周伟、郑童举、郭建松、徐威利等学生的大力支持。在编写过程中力求突出体系上的层次性、理论上的基础性、应用上的递进性、学生自学的易懂性、课程教学的适用性，参阅了国内外许多相关书籍及文献，在此一并对这些书籍及文献的作者表示感谢。

由于编者水平有限，书中不足之处在所难免，恳请同行及读者批评指正。

作　者

2016 年 4 月 17 日

目 录
CONTENTS

第 1 篇　LabVIEW 基本概念

第1章　虚拟仪器概述

虚拟仪器（Virtual Instrument，VI）是现代计算机技术和仪器技术深层次结合的产物，是当今计算机辅助测试（CAT）领域的一项重要技术。

1.1　虚拟仪器的基本概念

所谓虚拟仪器，就是在以通用计算机为核心的平台上，由用户设计定义，具有虚拟面板，测试功能由测试软件实现的一种计算机仪器系统。使用者用鼠标或键盘操作虚拟面板，就像使用一台专用测量仪器一样。虚拟仪器的出现使测量仪器与个人计算机的界线模糊了。

虚拟仪器的实质是利用计算机显示器的显示功能来模拟传统的控制面板，以多种形式表达输出检测结果，利用计算机强大的软件功能实现信号数据的运算、分析和处理，利用 I/O 接口设备完成信号的采集、测量与调理，从而完成各种测试功能的一种计算机仪器系统。

1.1.1　虚拟仪器面板

虚拟仪器面板上的各种"控件"与传统仪器面板上的各种"器件"所完成的功能是相同的，如由各种开关、按键、显示器等实现仪器电源的"通""断"，被测信号"输入通道""放大倍数"等参数设置，测量结果的"数值显示""波形显示"等。

传统仪器面板上的器件都是实物，而且是用手动和触摸进行操作的，而虚拟仪器面板控件是外形与实物相像的图标，通、断、放大等对应着相应的软件程序。这些软件已经设计好了，用户不必设计，只需选用代表该种软件程序的图形控件即可，由计算机的鼠标来对其进行操作。因此，设计虚拟面板的过程就是在面板设计窗口中摆放所需的控件，然后编写相应的程序。大多数初学者可以利用虚拟仪器的软件开发工具，如 LabVIEW 等编程语言，在短时间内轻松完成实用的虚拟仪器前面板设计。

1.1.2　虚拟仪器测试功能

在以 PC 为核心组成的硬件平台支持下，虚拟仪器不仅可以通过软件编程来实现仪器的测试功能，而且可以通过不同测试功能的软件模块的组合来实现多种测试功能，因此在硬件平台确定后有"软件就是仪器"的说法。这也体现了测试技术与计算机技术深层次的结合。

1.2 虚拟仪器系统的组成及分类

1.2.1 虚拟仪器系统的组成

虚拟仪器系统由三大部分组成：高效的软件、模块化的硬件和用于集成的软硬件平台。

1. 高效的软件

软件是虚拟仪器技术中最重要的部分。使用正确的软件工具并通过设计或调用特定的程序模块，工程师和科学家们可以高效地创建自己的应用以及友好的人机交互界面。

虚拟仪器的开发环境主要有 Visual C++、Visual Basic，以及 HP 公司的 VEE 和 NI 公司的 LabVIEW、LabWindows/CVI 等。

1）强大功能的 LabVIEW

NI 公司提供的测试行业标准图形化编程软件 LabVIEW，不仅能轻松方便地完成与各种软硬件的连接，更能提供强大的后续数据处理能力，设置数据处理、转换和存储的方式，并将结果显示给用户。

LabVIEW 是目前国际上唯一的基于数据流的编译型图形编程环境，它把复杂、烦琐、费时的语言编程简化为用简单的图标提示来选择功能（图形），并用线条把各种图形连接起来的简单图形编程方式，使得不熟悉编程的工程技术人员都可以按照测试要求和任务快速"画"出自己的程序，"画"出仪器面板，提高了工作效率，减小了科研和工程技术人员的工作量。LabVIEW 是一种优秀的虚拟仪器软件开发平台。

在长达 20 年的时间里，工程师和科学家们一直都在使用 NI LabVIEW 这一强大的图形化开发环境来完成信号采集、测量分析和数据显示等各方面的任务。

2）LabVIEW 的主要特点

第一，图形化编程软件。可以使用 LabVIEW 在电脑屏幕上创建一个图形化的用户界面，即可以设计出完全符合自己要求的虚拟仪器。

第二，连接功能和仪器控制。软件中集成了大量的硬件信息。LabVIEW 带有现成的函数库，可以用它集成各种独立台式仪器、DAQ 设备、运动控制和机器视觉产品、IEEE488、串口设备和 PLC 等，从而开发出一套完整的测量和自动化解决方案。

第三，开放式环境。第三方厂商开发了大量 LabVIEW 函数库及仪器驱动程序以帮助用户借助 LabVIEW 轻松使用他们的产品。LabVIEW 还提供与 ActiveX 软件、动态链接库（DLL）及其他开发工具的共享库之间的开放式链接。LabVIEW 同样提供了广泛的通信及数据存储方式，如 TCP/IP、OPC、SQL 数据库连接和 XML 数据存储格式。

第四，降低成本，确保投资。只需一台安装了 LabVIEW 的计算机即可开发无数的应用程序，完成各种任务，它不仅功能齐全，还非常节省成本。用 LabVIEW 开发的虚拟仪器是很经济的，其费用远远低于购买一台传统的商用仪器。

第五，支持多平台。可运行在 Windows 7、Windows Vista、Windows 2000、Windows NT、Windows XP、Windows Me、Windows 98、Windows 95 和嵌入式 NT 环境下，同时还支持 Mac OS、Sun Solaris 与 Linux。LabVIEW 是独立于平台的，在一个平台下编写的虚拟仪器程序能够透明地转移到其他 LabVIEW 平台上。

第六，分布式开发环境。可利用 LabVIEW 轻松开发分布式应用程序，即便是跨平台开发也能轻松进行。利用简单易用的服务器工具，可以将需要密集处理的程序下载到其他机器上进行更快速处理，也可以创建远程监控应用系统。强大的服务器技术简化了大型、多主机系统的开发过程。

第七，分析功能。在虚拟仪器系统中，将信号采集到计算机中并不意味着任务已经完成，通常还需要利用软件完成复杂的分析和信号处理工作。在 LabVIEW 中，有各种高级分析功能库，还有信号处理工具套件、声音与振动工具包和阶次分析工具包等。

第八，可视化功能。在虚拟仪器用户界面中，LabVIEW 提供了大量内置的可视化工具用于显示数据，包括从图表到图形显示、从二维到三维显示等，应有尽有。还可以随时修改界面特征，如颜色、字体尺寸以及图表类型的修改，此外还有动态旋转和缩放等功能。除了图形化编程和方便定义界面属性外，只需利用拖放工具，就可将物体拖放到仪器的前面板上。

3）其他虚拟仪器平台

Visual C++ 和 Visual Basic 是通用编程平台，可以用于开发虚拟仪器，但它们对开发人员的编程能力要求很高，而且开发周期较长。

HP VEE 也是一个基于图形的虚拟仪器编程环境，也拥有较多的用户，缺点是其上面生成的应用程序是解释执行的，运行速度较慢。

用于传统 C 语言的 LabWindows/CVI 和针对微软 Visual Studio 的 Measurement Studio 也是比较好的虚拟仪器开发平台，为熟悉以上语言的用户提供高性能解决方案。

2. 模块化的硬件

面对如今日益复杂的测试测量应用，需要一个高度集成的模块化硬件平台。无论使用 PCI、PXI、PCMCIA、USB 或者是 IEEE1394 总线，都能选到相应的模块化硬件产品。这些产品种类涵盖了数据采集、信号调理、声音和振动测量、视觉、运动、仪器控制、分布式 I/O 到 CAN 接口等工业通信。高性能的硬件产品结合灵活的开发软件，可以为负责测试和设计工作的工程师创建完全自定义的测量系统，满足各种独特的应用要求。

3. 用于集成的软硬件平台

PXI 平台是专为测试任务设计的硬件平台，已经成为当今测试、测量和自动化应用的标准平台。它的开放式架构、灵活性和 PC 技术的成本优势为测量和自动化行业带来了一场翻天覆地的改革。由 NI 发起的 PXI 系统联盟现已吸引了 68 家厂商，联盟属下的产品数量也已至近千种。

PXI 作为一种专为工业数据采集与自动化应用量身定制的模块化仪器平台，具有完全自定义的测试测量解决方案。无论是面对简单的数据采集应用，还是高端的混合信号同步采集，借助 PXI 高性能的硬件平台，都能应付自如。这就是虚拟仪器技术带来的无可比拟的优势。

目前，LXI（Lan eXtensions for Instrumentation）平台也吸引了众多的目光，其具有非常优良的连通性能，相信在解决了关于时间同步和网络传输延迟等问题后，也一定会有广阔的前景。

1.2.2 虚拟仪器的分类

虚拟仪器的突出成就是不仅可以利用计算机组建成灵活的虚拟仪器，更重要的是它可以通过各种不同的接口总线，结合不同的接口硬件来组建不同规模的自动测试系统。虚拟仪器系统按硬件构成和总线方式，可以分为以下七种类型。

第一类：GPIB 总线虚拟仪器。GPIB 总线也称 HPIB 或 IEEE488 总线，最初是由 HP 公司开发的仪器总线。该类虚拟仪器可以说是虚拟仪器早期发展阶段的产物，也是虚拟仪器与传统仪器结合的典型例子。它的出现使电子测量从独立的单台手工操作向大规模自动测试系统发展。典型的 GPIB 测试系统由一台计算机、一块 GPIB 接口卡和若干台 GPIB 总线仪器通过 GPIB 电缆连接而成。一块 GPIB 接口卡可连接 14 台仪器，电缆长度可达 40 m。

利用 GPIB 技术实现计算机对仪器的操作和控制，替代传统的人工操作方式，可以方便地把多台仪器组合起来，形成自动测量系统。GPIB 测量系统的结构和命令简单，主要应用于控制高性能专用台式仪器，适合于对精确度要求高但对计算机高速传输不要求的情况。此类带有 GPIB 接口的仪器，也带有 RS232 接口，可以在传输速度要求不高的情况下，用 RS232 接口替代 GPIB 接口完成对仪器的控制。

第二类：PC 总线插卡型虚拟仪器。这种方式借助于插入计算机内的板卡（数据采集卡、图像采集卡等）与专用的软件（如 LabVIEW、LabWindows/CVI）或通用编程工具（如 Visual C++ 和 Visual Basic 等）相结合，它可以充分利用计算机或工控机内的总线、机箱、电源及软件的便利。但是该类虚拟仪器受普通计算机机箱结构和总线类型的限制，并且存在电源功率不足、机箱内部的噪声电平较高、插槽数目较少、插槽尺寸小以及机箱内无屏蔽等缺点。该类虚拟仪器曾有 ISA、PCI 和 PCMCIA 总线等，但目前 ISA 总线的虚拟仪器已经基本淘汰，PCMCIA 因结构连接强度太弱而影响了它的工程应用，而 PCI 总线虚拟仪器广为应用。

第三类：并行口式虚拟仪器。这种类型的虚拟仪器是一系列可连接到计算机并行口的测试装置，它们把仪器硬件集成在一个采集盒内，仪器软件装在计算机上，通常可以完成各种测量仪器的功能，可以组成数字存储示波器、频谱分析仪、逻辑分析仪、任意波形发生器、频率计、数字万用表、功率计、程控稳压电源、数据记录仪和数据采集器。它们的最大好处是既可与便携式计算机相连，方便野外作业，又可与台式计算机相连，实现便携式和台式两用，非常灵活。由于其价格低廉、用途广泛，故适合于研发部门和各种教学实验室应用。

第四类：PXI 总线虚拟仪器。PXI 总线是在 PCI 总线内核技术基础上增加了成熟的技术规范和要求形成的，包括多板同步触发总线的技术，并增加了用于相邻模块高速通信的局域总线。PXI 具有高度可扩展性，具有多个扩展槽，通过使用 PCI – PCI 桥接器，可扩展到 256 个扩展槽。对于多机箱系统，则可利用 MXI 接口进行连接，将 PCI 总线扩展到 200 m 远。而台式机 PCI 系统只有 3~4 个扩展槽，台式机的性价比和 PCI 总线面向仪器领域的扩展优势结合起来，将形成未来的虚拟仪器平台。

第五类：VXI 总线虚拟仪器。VXI 总线是一种高速计算机 VME 总线在仪器领域的扩展，它具有稳定的电源、强有力的冷却能力和严格的 RFI/EMI 屏蔽。由于它具有标准开放、结构紧凑、数据吞吐能力强、定时和同步精确、模块可重复利用、众多仪器厂家支持的优点，很快得到了广泛的应用。经过十几年的发展，VXI 系统的组建和使用越来越方便，尤其是在组建大、中规模自动测量系统以及对速度、精度要求高的场合，具有其他仪器无法比拟的优势。然而，组建 VXI 总线要求有机箱、零槽管理器及嵌入式控制器，造价比较高。目前，这种类型的仪器市场占有率有逐步减小的趋势。

第六类：外挂型串行总线虚拟仪器。这类虚拟仪器是利用 RS232 总线、USB 和 IEEE1394 总线等目前计算机能提供的一些标准总线，可以解决基于 PCI 总线的虚拟仪器在插拔卡时都需要打开机箱操作不方便和 PCI 插槽数量有限的问题。同时，测试信号直接进入计算机，各种现场的被测信号对计算机的安全造成很大的威胁。而且，计算机内部的强电磁干扰对被测信号也会造成很大的影响，故外挂型虚拟仪器系统成为廉价型虚拟仪器测试系统的主流。

RS232 主要用于前面提到过的仪器控制。目前应用较多的是近年来得到广泛支持的 USB，但是 USB 也只限于用在较简单的测试系统中。用虚拟仪器组建自动测试系统，更有前途的是采用 IEEE1394 串行总线，因为这种高速串行总线能够以 200 Mb/s 或 400 Mb/s 的速率传输数据，显然会成为虚拟仪器发展比较有前途的总线。

这类虚拟仪器可把采集信号的硬件集成在一个采集盒里或一个探头上，软件装在计算机上。特别是由于具备传输速度快、可以热插拔、联机使用方便等特点，因此很有发展前途，将成为具有巨大发展前景和广泛市场的虚拟仪器的主流平台。

第七类：网络化虚拟仪器。现场总线、工业以太网和 Internet 为共享测试系统资源提供了支持。工业现场总线是一个网络通信标准，它使得不同厂家的产品通过通信总线使用共同的协议进行通信。现在，各种现场总线在不同行业均有一定应用；工业以太网也有望进入工业现场，应用前景广阔；Internet 已经深入各行各业乃至千家万户。通过 Web 浏览器可以对测试过程进行观测，通过 Internet 操作仪器设备，能够方便地将虚拟仪器组成计算机网络。利用网络技术将分散在不同地理位置、不同功能的测试设备联系在一起，使昂贵的硬件设备和软件在网络上得以共享，减少了设备重复投资。现在，有关 MCN（Measurement and Control Networks）方面的标准已经取得了一定进展。

以上七类虚拟仪器当中，GPIB、VXI、PXI 适合大型高精度集成测试系统；PC - DAQ、并行口式、串行口式（如 USB 式）系统适合普及型的廉价系统；现场总线系统主要用于大规模的网络测试。有时，可以根据不同需要组建不同规模的自动测试系统，也可以将上述几种方案结合起来组成混合测试系统。

1.3　虚拟仪器的形成

1.3.1　测试集成

现今，无论在实验室、生产车间或户外现场对机械设备、电气设备、通信设备和环境污染或其他对象动态进行测试，除传感器和信号调理器之外还需要多种、多台测试仪器。对于复杂的测试系统，还需要 FFT 分析仪以及个人计算机及其外设等，这使得测试分析系统的价格十分昂贵，体积庞大，操作复杂，测试分析效率也比较低。

为了从根本上改变现行测试系统的模式，必须从概念更新入手，建立新型现代测试系统。"测试集成"新概念便是建立全新测试系统的新思想。所谓"测试集成"，就是对多种硬件化测试仪的测试功能进行"集成"，即将众多测试仪器功能集成在 PC 的一个"测试功能软件库"中，通过与专用的模块卡和接口搭配，使之在一台工作站或 PC 中精确无误地实现被集成的测试仪器操作与维护，大大降低了测试仪器的价格，使测试技术的进步发生质的飞跃。

利用"测试集成"的概念，用软件实现的测试仪器系统既可以是某一种测试仪器，也可以是一个由多用途虚拟仪器集成的虚拟仪器。

1.3.2 虚拟仪器的形成

传统的硬件仪器，主要由机箱和底盘，插在底盘上的反映仪器功能、性能、精度指标的电子卡和与电子卡有序连接，用以控制仪器的工作状态、调用仪器功能和参数的面板控件等四部分组成。如果将 PC 作为一套有基本智能化功能的仪器通用的机箱和底盘，把电子卡组成的硬功能库和面板控件组成的硬控件库软件化，从而形成"软功库"和"软控件库"，然后将它们置入计算机，在开发系统内进行软装配、软连接、软组合、软修改、软测试等一系列软性操作，最后便形成一台从外观到功能到操作方法都与同类硬件化仪器一样的虚拟仪器。若在计算机的总线槽内插入模块化数据采集卡，就可以进行测试与分析了。

1.3.3 虚拟仪器库的形成

如果三台 PC 内只包含一台虚拟仪器，则远不能充分体现虚拟仪器的优点，也不能对 PC 进行充分利用。虚拟仪器的一大优点是具有集成性，通过"测试集成"可以将多种（台）仪器的功能集成在一个"测试功能库"中；同样，也可将多种（台）仪器的面板控件软件化后——集成于"控件库"中，并使这些仪器的功能软件和控件软件在机内的开发系统中进行软装配、软调试等软操作，最后在一台 PC 内便形成一个多品种的虚拟仪器库，这时用户便可从仪器中调用自己需要的仪器或由若干仪器组成实验研究所需要的测试系统。

1.4 虚拟仪器的特点

1.4.1 传统仪器的特点

传统的电子测量仪器，如示波器、电压表、频率计、信号源等是由专业厂家生产的具有特定功能和仪器外观的测试设备。其共同特点是仪器由厂商制造，具有固定不变的操作面板，采用固定不变的硬件电子线路和专用的接口器件，采用固化了的系统软件，而且功能固定，用户只能用单台仪器完成单一的或固定的测试工作。

从外观上看，传统仪器一般是一台独立的装置，其外部一般由操作面板、信号输入端口、检测结果输出显示器件这几个部分组成。操作面板上一般有一些开关、按钮、旋钮、调节机构等，通过它们对仪器内部可控、可调部件和电路实施直接的手动控制与调节。测量结果的输出方式有数字显示、指针式表头显示、图形显示及打印输出等。

从功能方面来看，传统仪器所包含的三个基本功能都是通过硬件电路或固化软件实现的，而且由仪器生产厂家给定，其功能和规模一般都是固定的，用户无法随意改变其结构和功能。传统仪器大都是一个封闭的系统，与其他设备的连接受到限制。另外，传统仪器价格昂贵，技术更新慢（周期为 5～10 年），开发费用高。随着计算机技术、微电子技术和大规模集成电路技术的发展，出现了数字化仪器和智能仪器。尽管如此，传统仪器还是以独立使用和手动操作的模式为主，在较为复杂的应用场合或测试参数较多的情况下，使用起来就不太方便。

1.4.2　虚拟仪器的技术特点

与传统仪器相比，虚拟仪器有以下特点。

1）仪器功能方面

（1）虚拟仪器是一种创新的计算机仪器，而非一种传统意义上的具体仪器。它是一种功能意义上而非物理意义上的仪器，仪器功能可由用户软件定义，柔性结构，灵活组态，给用户一个充分发挥自己能力和想象力的空间。

（2）一台计算机被设计成多台不同功能的测量仪器，能集多种功能于一体，构成多功能和多用途的综合仪器，极大地丰富和增强了传统仪器的功能。

（3）由于计算机有极其丰富的软件资源、极高的运算速度和庞大的存储空间，对测量数据有强大的分析和处理能力，可以进行快捷、实时的处理，也可以将数据存储起来，以供需要时调出分析之用。这种能力所引申出的仪器功能，在传统仪器中是不可能具有的。

2）用户界面方面

（1）友好的人机交互界面使仪器的使用操作十分简便，图形化的用户界面形象、美观，可以方便地由用户自己定义，使之更具个性化。

（2）功能复杂的仪器面板可以划分成几个分面板，这样在每个分面板上就可以实现功能操作的单纯化和面板布置的简洁化，从而提高操作的正确性与便捷性。

（3）软面板上虚拟的显示器件和操作元件的种类与形式不受"标准件"和"加工工艺"的限制，通过编程可随时从库中取用，可根据用户认知要求和操作要求来进行面板设计，具有极大的灵活性和创新性。

3）系统集成方面

（1）由于虚拟仪器硬件和软件都制定了开放的工业标准和基于计算机的开放式标准体系结构，用户可以将仪器的设计、使用和管理统一到一个标准上来，提高资源的可重复利用率，可根据需要选用不同厂家的产品，可以随心所欲地集成一个满足复杂测试要求的虚拟仪器系统，其开发技术难度低、效率高、周期短、成本低。

（2）基于标准化的计算机总线和仪器总线，仪器硬件实现了模块化、系列化，大大方便了系统集成，缩小了系统尺寸，提高了系统的工作速度。加之软件的标准化和互换性，可方便地组建小型化、多用途、高性能的即插即用的模块化仪器系统。

（3）基于计算机网络技术的虚拟仪器网络化技术，广泛支持各种网络标准，可实现方便灵活的互连，可以通过高速计算机网络组建一个大型的分布式测试系统，即构成网络化的集成系统，进行远程测试、监控与故障诊断。

（4）决定虚拟仪器具有传统仪器不可能具备的特点的根本原因在于"虚拟仪器的关键是软件"。

1.4.3　虚拟仪器与传统仪器比较

虚拟仪器和传统仪器的比较如表1.4.1所示。

表 1.4.1　虚拟仪器和传统仪器的比较

比较内容	虚拟仪器	传统仪器
系统构成	软件和通用硬件，软件是关键	专用硬件系统
开发周期	开发时间短，技术要求低，系统通用性强	开发时间长，技术要求高，系统功能较专一
开发费用	软件使得开发和维护费用降至最低	开发与维修开销高
技术更新周期	短（1～2 年）	长（5～10 年）
价格	价格低，可复用与可重配置性强	价格昂贵
功能可塑性	用户定义仪器功能，柔性	厂商定义仪器功能，刚性
系统开放性	开放、灵活，与计算机技术同步发展	封闭、固定
构成复杂系统能力	易与网络及其他周边设备互连	功能单一的独立设备
人机交互	软面板，无限的显示选项，界面友好	硬面板，有限的显示选项

1.5　虚拟仪器的应用

虚拟仪器技术已在测试和测量领域中广为应用。利用不断革新的 LabVIEW 等软件以及数以百计的测量硬件设备，虚拟仪器技术逐渐扩大了它所触及的应用范围。现在，虚拟仪器技术扩展到了控制和设计领域。

1.5.1　虚拟仪器技术在测试中的应用

测试一直是虚拟仪器技术成熟应用的领域，大部分测试和测量公司都在使用虚拟仪器技术。数以万计的 R&D、验证和产品测试工程师以及科学家正在使用虚拟仪器技术。

现在客户对于测试的需求越来越大，随着创新步伐的加快，希望更多具有竞争力的新产品更快投入市场的压力也越来越大。一个能与创新保持同步的测试平台是必需的，这个平台必须包含具有足够适应能力的快速测试开发工具以在整个产品开发流程中使用。产品的快速上市和高效生产都要求有高吞吐量的测试技术。为了测试消费者所需求的复杂多功能产品，需要精确的同步测量能力，并且随着公司不断地创新以提供有竞争力的产品，测试系统必须能够进行快速调整以满足新的测试需求。

虚拟仪器是应对这些挑战的一种革新性的解决方案，它将快速软件开发和模块化、灵活的硬件结合在一起，从而创建用户自定义的测试系统。虚拟仪器提供：

（1）用于快速测试开发的直观的软件工具。

（2）基于创新商用技术的、快速的、精确的模块化 I/O。

（3）具有集成同步功能的基于计算机的平台，以实现高精确度和高吞吐量。

1.5.2　虚拟仪器技术在产品设计中的应用

在研发和设计阶段，工程师和科学家们要求快速开发和建立系统原型。利用虚拟仪器，可以快速创建程序，并对系统原型进行测量及分析结果，完成这一切只需花费传统仪器完成同样任务的一小部分时间即可。虚拟仪器技术还是一个可升级的开放式平台，能够以各种形式出现，包括台式机、嵌入式系统和分布式网络等。

研发设计阶段需要软硬件的无缝集成，不论是使用 GPIB 接口与传统仪器连接，还是直接使用数据采集板卡及信号调理硬件采集数据，虚拟仪器技术都使这一切变得更加简单。通过虚拟仪器，可以使测试过程自动化，以消除人工操作引起的误差，并能确保测试结果的一致性。

虚拟仪器系统是具有内在集成属性的系统，容易扩展并且能适应不断增长的产品功能。一旦需要新的测试，工程师只需要简单地给测试平台添加新的模块就可以完成新的测试任务。虚拟仪器软件的灵活性和虚拟仪器硬件的模块化使得虚拟仪器成为缩短开发周期的必备工具。

1.5.3　虚拟仪器技术在测试开发和验证中的应用

利用虚拟仪器的灵活性和强大功能，能轻松地建立复杂的测试体系。对自动化设计认证测试应用来说，工程师可在 LabVIEW 中完成测试程序开发并与 NI TestStand 等测试管理软件集成使用。这些开发工具在整个过程中提供的另一个优势是代码重复使用功能，在设计过程中开发代码，然后将它们插入各种功能工具中进行认证、测试或生产工作。

1.5.4　虚拟仪器技术在生产中的应用

生产应用要求软件具有可靠性和共同操作性。基于 LabVIEW 的虚拟仪器具有这些优势，集成了如报警管理、历史数据追踪、安全、网络、工业 I/O 和企业内部联网等功能。利用这些功能，可以轻松地将多种工业设备（如 PLC 控制技术、工业网络、分布式 I/O 和插入式数据采集卡等）集成在一起使用。

1.5.5　虚拟仪器技术在工业 I/O 和控制领域的应用

计算机和 PLC 控制技术在控制和工业应用中都发挥着十分重要的作用，计算机带来了更大的软件灵活性和更高的性能，而 PLC 则提供了优良的稳定性和可靠性。但是，随着控制需求越来越复杂，提高性能并同时保持稳定性和可靠性就成为公认的需要。

独立的工业专家们已经意识到了对工具的需求，这种工具应该能够满足不断增长的对更加复杂、动态、自适应和基于算法控制的需要。可编程自动控制器（PAC）正是工业所需的，结合虚拟仪器技术可以给出完美的解决方案。

PAC 定义为：多域功能（逻辑、运动、驱动和过程）——这个概念支持多种 I/O 类型。逻辑、运动和其他功能的集成是不断增长的复杂控制方法的要求。

PAC 给 PC 软件的灵活性增添了 PLC 的稳定性和可靠性。LabVIEW 软件和稳定、实时的控制硬件平台十分有利于创建 PAC。

1.6　虚拟仪器技术发展趋势

虚拟仪器的发展取决于三个重要因素：计算机是载体，软件是核心，高质量的 A/D 采集卡及调理放大器是关键。随着微电子技术、计算机软硬件技术、通信技术和网络技术的飞速发展，虚拟仪器技术日新月异。

1.6.1　虚拟仪器网络化

将网络技术和虚拟仪器相结合，构成网络化虚拟仪器系统，是自动测试仪器系统的发展方向之一。网络化测试的最大特点就是可以实现资源共享，使现有资源得到充分利用，从而实现多系统、多专家的协同测试与诊断。网络化测试解决了已有总线在仪器台数上的限制，使一台仪器能被多个用户同时使用，不仅实现了测量信息的共享，而且实现了整个测控过程的高度自动化、智能化，同时减少了硬件的设置，有效降低了测控系统的成本。另外，由于网络不受地域限制，网络化测试系统能够实现远程测试，这样测试人员可以不受时间和空间的限制，随时随地获取所需的信息。同时，网络化测试系统还可以实现被测设备的远距离测试与诊断，从而提高测试效率，减少测试人员的工作量。正是由于网络化测试系统具有这些优点，网络化测试技术倍受关注。近年来，世界著名仪器开发商安捷伦公司与 NI 公司联手，致力于网络化测试软硬件的研发。国内一些实力较强的公司（如中科泛华）也在积极探索虚拟仪器网络设备的研究和设计。"网络就是仪器"的概念，确切地概括了仪器的网络化发展趋势。

1.6.2　虚拟仪器标准化

虚拟仪器的标准化主要是在硬件平台和软件模块的标准化。目前，虚拟仪器硬件平台已经有了标准化和通用化趋势，如 VXI 联盟、PXI 规范、PCI 规范等自发性标准化组织和措施；另一些要求，如标准化触发方式，不同通道的共用时基，同步、延迟以及执行参数是否连续可调或断续可调等，涉及信号及其质量和相互关系等方面，尚未形成标准化和通用化，这将影响其在不同平台上的互换性和移植性，也将影响虚拟仪器软件模块的标准化。1998年 9 月成立了 IVI（Interchangeable Virtual Instrument）基金会，它是最终用户、系统集成商和仪器制造商的一个开放的联盟。该组织已经制定了示波器/数字化仪、数字万用表、任意波形发生器/函数发生器、开关/多路复用器/矩阵及电源等五类仪器的规范。IVI 制定的虚拟仪器统一规范，提升了仪器驱动软件标准化水平。

1.6.3　虚拟仪器新型化

把各种最新的控制理论和方法应用到虚拟仪器的开发中来将是 VI 发展的又一个重要方向。软件工程领域的新方法、新理论在虚拟仪器设计中得到了广泛应用，面向对象技术、ActiveX 技术、组件技术（Component Object Model，COM）等被广泛用来进行虚拟仪器的测试分析软件和虚拟界面（控件）软件设计，出现了许多数据处理高级分析软件和大量的仪器面板控件，这些软件为快速组建虚拟仪器提供了良好的条件，"能够在测试、控制和设计领域最优化地使用最新现成即用的商业技术，这一直是推动虚拟仪器技术进步的重要动力之一",NI 总裁、创始者兼 CEO Dr. Jamas Truchard 先生概括了虚拟仪器未来发展的总趋势。总之,不断吸收新技术的 VI 将会适应更多的应用领域,将会为实际的测控带来更大的便利和效率。

1.7 练习

[练习1] 什么叫虚拟仪器?虚拟仪器相对于传统仪器的优势在哪里?

[练习2] 虚拟仪器有哪些组成?分别是什么?虚拟仪器的主要特点有哪些?

[练习3] 什么是 LabVIEW?LabVIEW 的主要优势是什么?

[练习4] 虚拟仪器有哪些应用?结合学习与工作实际谈谈虚拟仪器的发展趋势。

第2章 总线类虚拟仪器

2.1 概述

2.1.1 总线的基本概念

总线是微机系统中广泛采用的一种技术，各种计算机设备都是由总线（接口）连接起来的。任何一个微处理系统都要与一定数量的部件和外围设备连接，但如果将部件和每一种外围设备都分别用一组线路与 CPU 直接连接，那么连线将会错综复杂，甚至难以实现。为了简化硬件电路设计和系统结构，常用一组线路配置以适当的接口电路，与各部件和外围设备连接，这组共用的连接线路被称为总线。采用总线结构便于部件和设备的扩充，尤其是制定了统一的总线标准容易使不同设备间实现互连。

简单来说，总线是一组信号线，是在多于 2 个模块（子系统或设备）间相互通信的通路，也是微处理器与外部硬件接口的核心。

2.1.2 总线的构成与分类

微机中总线一般有系统总线、扩充总线和局部总线。

系统总线是微处理器芯片对外引线信号的延伸或映射，是微处理器与片外存储器及 I/O 接口传输信息的通路。系统总线信号按功能可分为 3 类。

地址总线（Where）：指出数据的来源与去向，地址总线的位数决定了存储空间的大小。

数据总线（What）：提供模块间传输数据的路径，数据总线的位数决定微处理器结构的复杂度及总体性能。

控制总线（When）：提供系统操作必需的控制信号，对操作过程进行控制与定时。

扩充总线亦称设备总线，用于系统 I/O 扩充。扩充总线与系统总线工作频率不同，经接口电路对系统总线缓冲、变换、隔离，进行不同层次的操作（ISA、EISA、MAC）。其主要作用是将许多 I/O 接口连接在一起，集中起来经桥接电路与系统总线相连，减轻系统总线的负载，提高系统性能。系统总线与扩充总线之间有专门的连接电路，它们各自工作在不同的频宽下，可适应不同工作速度的模块的需要。

局部总线是在系统总线和扩充总线之间增加的一级总线或管理层。早期的扩充总线（ISA 总线）工作频率低，不能满足像图形、视频网络接口等高速传输速率 I/O 设备的要求。

因此，在处理器的系统总线与传统扩充总线之间插入一个总线层次，它的频率高于传统扩充总线，专门连接高速 I/O 设备，满足它们对传输速率的要求，这一层次的总线就是局部总线。局部总线经桥接器与系统总线、传统扩充总线相连，3 个层次的总线相互隔开，各自工作在不同的频宽上，适应不同模块的需要。

2.1.3　总线的发展及常见类型

自 IBM PC 问世 20 余年来，随着微处理器技术的飞速发展，PC 的应用领域不断扩大，随之相应的总线技术也得到不断创新，由 PC/XT 到 ISA、MCA、EISA、VESA 再到 PCI、AGP、IEEE1394、USB 总线等。究其原因，主要是 CPU 的处理能力迅速提升，但与其相连的外围设备通道带宽过窄且落后于 CPU 的处理能力，这使得人们不得不改造总线，尤其是局部总线。

目前，AGP 局部总线的数据传输速率可达 529 Mb/s，PCI－X 可达 1 Gb/s，系统总线传输速率也由 66 Mb/s 到 100 Mb/s 甚至更高的 133 Mb/s、150 Mb/s。总线的这种创新促进了 PC 系统性能的日益提高。随着微机系统的发展，有的总线标准仍在发展和完善，与此同时，某些总线标准也因其技术过时而淘汰。当然，随着应用技术发展的需要，也会有新的总线技术被不断研制出来，同时在竞争的市场中，不同总线还会拥有自己特定的应用领域。目前除了较为流行的 PCI、AGP、IEEE1394、USB 等总线外，又出现了 EV6 总线、PCI－X 局部总线、NGIO 总线等，它们的出现从某种程度上代表了未来总线技术的发展趋势。

本章结合虚拟仪器，从仪器总线的角度来介绍 LabVIEW 能调用支持的各种 I/O 接口设备。虚拟仪器的硬件平台主要由计算机和 I/O 接口设备两部分组成，用于实现数据采集、信号分析处理和信号输出显示等功能。

计算机是虚拟仪器的硬件基础，对于工业自动控制、测试与测量而言，计算机是功能强大、价格低廉的运行平台。I/O 设备主要完成信号的输入、采集、放大、A/D 转换任务，正确驱动 I/O 设备是采集真实被测信号的基础。当设备被驱动后，由软件进行数据的分析处理，并由特定的程序来实现测试功能，获得测试结果。

2.2　USB 虚拟仪器

RS232 总线是最早采用的通用串行总线（Universal Serial Bus，USB），最初用于数据通信上，但随着工业测控行业的发展，许多测量测试仪器都带有 RS232 串口总线接口。当今，PC 则更多采用了 USB 总线和 IEEE1394 总线。这里简单介绍 USB 总线在虚拟仪器系统中的应用。

USB 总线具有传输速率高、支持异步和等时传输等特点，适合于大数据量、数据传输速率要求比较高的数据传输场合。基于这项技术的设计使得虚拟逻辑分析仪不需要为了实现高速的数据传输而将它设计成一种插入主板 PCI 总线插槽或 ISA 总线插槽的工作方式，而可以将虚拟逻辑分析仪直接连接到计算机外部设备接口。它支持电源自动管理技术，这样就可以节约逻辑分析仪的能耗并提高仪器的使用寿命。同时它可以通过与计算机的通信来获得 USB 设备的配置指令，从而灵活地改变自己的外部特性，实现了智能化的接口功能。另外，它还支持多个外设共享串行总线的功能，这样可以在一台仪器的硬件设备上挂多个前端 I/O 接口设备，实现关键设备的资源共享，减少了成本，充分利用了 USB 传输设备的带宽资源。基于 USB 口设计的虚拟逻辑分析仪使得用户不必打开主机箱就可以安装设备，它支持真正意义上的即插即用（plug and play）和热插拔（hot plug），甚至不需要重新启动计算机。当插入 USB 设备时，主机检测该外设并通过自动加载相关的驱动程序来对该设备进行配置，并使其正常工作。

2.3　GPIB 虚拟仪器

目前，工程中的仪器设备种类繁多、功能各异，一个系统经常需要多台不同类型的仪器协同工作，这就需要有一种能将一系列仪器设备和计算机连成整体的接口系统。GPIB（General Purpose Interface Bus）正是这样的接口，从此电子测量由独立的、传统的单个仪器向大规模自动测试系统的方向发展。

GPIB 总线，即 IEEE488 通用接口总线，是 HP 公司在 20 世纪 70 年代推出的台式仪器接口总线，因此又叫 HPIB（HP Interface Bus），1975 年 IEEE 和 IEC 确认为 IEEE488 和 IEC652 标准。该标准总线在仪器、仪表及测控领域得到了最为广泛的应用。这种系统是在微机中插入一块 GPIB 接口卡，通过 24 或 25 线电缆连接到仪器端的 GPIB 接口。一块 GPIB 接口卡最多可带 14 台仪器。当微机总线变化时，例如采用 ISA 和 PCI 等不同总线，接口卡也要随之变更，其余部分可保持不变，从而使 GPIB 系统能适应微机总线的快速变化。由于 GPIB 系统在 PC 出现的初期问世，所以有一定的局限性，如其数据线只有 8 根，传输速率最高为 1 Mb/s，传输距离只有 20 m（加驱动器可达 500 m）等。尽管如此，它目前仍是仪器、仪表及测控系统与计算机互连的主流并行总线。

其优点包括：

（1）GPIB 接口编程方便，减轻了软件设计的负担，可使用高级语言编程。

（2）提高了仪器设备的性能指标。利用计算机对带有 GPIB 接口的仪器实现操作和控制，可实现系统的自校准、自诊断等要求，从而提高测量精度。

（3）便于将多台带有 GPIB 接口的仪器组合起来，形成较大的自动测试系统。

（4）便于扩展传统仪器。

GPIB 总线虚拟仪器测试系统 I/O 接口设备由 GPIB 接口卡和具有 GPIB 接口的仪器组成。其中 GPIB 接口卡完成 GPIB 总线和微机的 ISA 或 PCI 总线的连接。GPIB 接口的仪器是一个独立的仪器，可以结合 GPIB 接口卡、微机构成 GPIB 虚拟测试系统，也可以作为独立的单台仪器使用，使用前需安装 GPIB 接口卡驱动。

GPIB 子模块的调用途径是"Functions"→"All Functions"→"Instrument I/O"→"GPIB"，如图 2.3.1 所示。

GPIB 总线控制有许多命令，对一般的工程应用而言，没有必要理解这些命令，下面就一些常用的子 VI 及其端口进行介绍。

（1）GPIB Initialization.vi：对 GPIB 设备进行初始化，其图标及端口定义如图 2.3.2 所示。

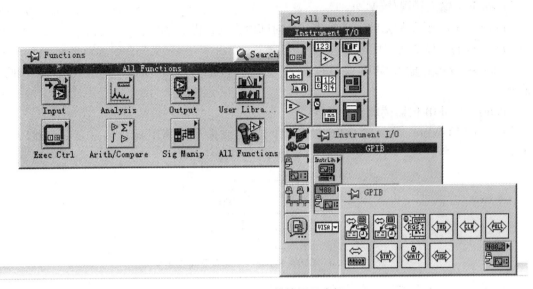

图 2.3.1　GPIB 子模块调用途径

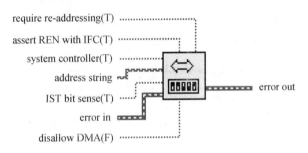

图 2.3.2　GPIB Initialization . vi 图标及端口定义

require re-addressing（T）：如果该项为真，则 GPIB 仪器每次读写后需要更新地址号；如果为假，则保留原有地址号。

assert REN with IFC（T）：如果该项为真，并且控制器是系统控制器时，GPIB 发送一个远程信号。

system controller（T）：如果该项为真，GPIB 作为系统控制器使用。

address string：设置使用的 GPIB 控制器地址，默认值为主 GPIB 控制器的配置地址，通常为 0。如果只有一个控制器，则该项无须设置。

IST bit sense（T）：如果该项为真，设备的独立状态位响应 TRUE，否则响应 FALSE。

（2）GPIB Read . vi：从 GPIB 设备读取数据，其图标及端口定义如图 2.3.3 所示。

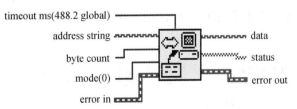

图 2.3.3　GPIB Read . vi 图标及端口定义

error in：输入错误代码。

timeout ms：操作的限时。如果未在该时间段完成，操作终止。

byte count：设置读取的字节数。

address string：输入 GPIB 仪器的地址，可使用 primary + secondary 的形式输入主次两个地址。

data：从 GPIB 仪器读取的数据。

（3）GPIB Write．vi：向 GPIB 设备写入数据或命令，其图标及端口定义如图 2.3.4 所示。

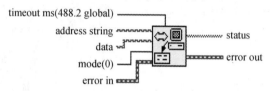

图 2.3.4　GPIB Write．vi 图标及端口定义

data：向 GPIB 仪器写入的数据。

status：一个 16 位布尔型数组，每一位都描述了 GPIB 控制器的状态。例如超时，操作终止，则第 14 位置为 TRUE。

（4）GPIB Clear.vi：结束 GPIB 设备的数据读写，其图标及端口定义如图 2.3.5 所示。

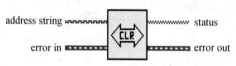

图 2.3.5　GPIB Clear．vi 图标及端口定义

2.4　IEEE1394 接口虚拟仪器

2.4.1　IEEE1394 概述

1995 年美国电气和电子工程师学会（IEEE）制定了 IEEE1394 标准，它是一个串行接口，但它能像并联 SCSI 接口一样提供同样的服务，而其成本低廉。它的特点是传输速度快，现在确定为 400 Mb/s，以后可望提高到 800 Mb/s、1.6 Gb/s、3.2 Gb/s，所以传送数字图像信号也不会有问题。用电缆传送的距离现在是 4.5 m，进一步要扩展到 50 m。目前，在实际应用中，当使用 IEEE1394 电缆时，其传输距离可以达到 30 m；而在使用 NEC 研发的多模光纤适配器时，使用多模光纤的传输距离可达 500 m。在 2000 年春季正式通过的 IEEE1394—2000 中，最大数据传输速率可达到 1.6 Gb/s，相邻设备之间连接电缆的最大长度可扩展到 100 m。

2.4.2　IEEE1394 的特点

IEEE1394 的特点可以归结如下：

（1）高速率。

IEEE1394—1995 中规定速率为 100 ~ 400 Mb/s，IEEE1394b 中更高的速度是 800 Mb/s ~ 3.2 Gb/s，其实 400 Mb/s 就几乎可以满足所有的要求。现在通常可能达到的 LSI（大规模集成电路）速度是 200 Mb/s。另外，实际传输的数据一般都要经过压缩处理，并不是直接传输原始视频数据。因此可以说，200 Mb/s 已经是能够满足实际需要的速度，但对多路数字视频信号传输来说，传输速率总是越高越好，永无止境。

（2）实时性。

IEEE1394 的特点是利用等时性传输来保证实时性。

（3）采用细缆，便于安装。

4 根信号线与 2 根电源线构成的细缆使安装十分简单，而且价格也比较便宜。但接点间距只有 4.5 m，似乎略显不足，所以也有人在探讨延伸接点间距的方法。已发表的实验品 POF 可以将接点间距延长至 70 m。

（4）总线结构。

IEEE1394 是总线，不是 I/O，向各装置传送数据时，不是像网络那样用 I/O 传送数据，而是按 IEEE1212 标准读写列入转换的空间。总之，从上一层看，IEEE1394 是与 PCI 相同的总线。

IEEE1394 总线和常见的 USB 总线的不同之处在于，IEEE1394 是一个对等的总线，对等总线即任何一个总线上的设备都可以主动发出请求，有点像圆桌会议，大家地位平等。而 USB 总线上的设备则都是等待主机发送请求，然后做相应的动作。因而 IEEE1394 设备更加智能化，当然也更复杂，成本更高。IEEE1394 总线的这个特性决定了 IEEE1394 可以脱离以桌面主机为中心的束缚，对于数字化家电来说，IEEE1394 更加有吸引力。

IEEE1394 总线的拓扑结构与 USB 一样，是树形结构。树形结构就是所有连接在一起的设备不能形成一个环（圈），否则可能无法正常工作。不过 IEEE1394b 提出了一个避免环状结构的方法，即使在设备连接形成一个圆圈时，也能保证正常工作。IEEE1394 和 USB 这类串行总线与 PCI 这类并行总线不一样，IEEE1394 和 USB 这类总线，两个设备之间如果必须经过第三个设备，那么数据必须也从第三个设备穿过，也就是说第三个设备也要参与传输。而 PCI 这类并行总线就像一条大马路铺到各家的门口，两个设备如果商量好传输数据，并申请到了总线，就可以直接在两个设备间传输，无须经过第三家。当然更本质的区别是 IEEE1394 是串行的，而 PCI 是并行的。

IEEE1394 总线上的设备之间也会选出一些设备作为总线的管理，做些额外的工作，例如：

根节点：主要是在总线仲裁中做最终的裁判。

同步资源管理器：主要是在同步传输中管理带宽，或者提供总线的拓扑结构和有限的电源管理。

总线管理器：可以设置根节点，提供总线拓扑结构，优化网络的响应时间和更高级的电源管理。

（5）热插拔。

能带电插拔，增删新装置，不必关闭电源，操作非常简单。

（6）即插即用。

增加新装置不必设定 ID，可自动予以分配。SCSI 使用者必须设定 SCSI 地址，而 IEEE1394 的使用者不需要任何相关知识，操作非常简单，接上就可以用。

2.5　RS232/RS485 接口虚拟仪器

串口是计算机上一种通用设备的通信协议，同时也是仪器仪表设备通用的通信协议，也可以用于获取远程采集设备的数据。串口通信接口标准经过使用和发展，目前已经有好几种，为人们所熟知的有 RS232、RS422 和 RS485。

2.5.1　RS232 串行接口标准

RS232 是美国电子工业联盟（Electronic Industry Association）制定的串行数据通信的接口标准，原始编号全称是 EIA – RS – 232（简称 232 或 RS232）。RS232 标准中，字符是以一系列的比特串一个接一个地以串行方式传输，优点是传输线少，配线简单，传送距离可以较远。

机械特性：RS232 标准采用的接口是 9 针或 25 针的 D 型插头，常用的一般是 9 针插头，如图 2.5.1 所示。

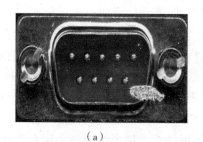

（a）　　　　　　　　　　　　　　　　（b）

图 2.5.1　RS232 接口

（a）DB9 公头；（b）DB9 母头

RS232C 标准接口有 25 根线，常用的只有 9 根，它们是：

（1）接收线信号检出（Received Line Signal Detection，RLSD）——用来表示 DCE 已接通通信链路，告知 DTE 准备接收数据。当本地的 MODEM 收到由通信链路另一端（远地）的 MODEM 送来的载波信号时，使 RLSD 信号有效，通知终端准备接收，并且由 MODEM 将接收下来的载波信号解调成数字数据后，沿接收数据线 RXD 送到终端。此线也叫作数据载波检出（Data Carrier Detection，DCD）线。

（2）接收数据（Received Data，RXD）——通过 RXD 线终端接收从 MODEM 发来的串行数据（DCE→DTE）。

（3）发送数据（Transmitted Data，TXD）——通过 TXD 终端将串行数据发送到 MODEM（DTE→DCE）。

（4）数据终端准备好（Data Set Ready，DTR）——有效时（ON）状态，表明数据终端可以使用。

（5）地线 – GND。

（6）数据装置准备好（Data Set Ready，DSR）——有效时（ON）状态，表明通信装置处于可以使用的状态。

（7）请求发送（Request to Send，RTS）——用来表示 DTE 请求 DCE 发送数据，即当

终端要发送数据时，使该信号有效（ON 状态），向 MODEM 请求发送。它用来控制 MODEM 是否要进入发送状态。

（8）清除发送（Clear to Send，CTS）——用来表示 DCE 准备好接收 DTE 发来的数据，是对请求发送信号 RTS 的响应信号。当 MODEM 已准备好接收终端传来的数据并向前发送时，使该信号有效，通知终端开始沿发送数据线 TXD 发送数据。

（9）振铃指示（Ringing，RI）——当 MODEM 收到交换台送来的振铃呼叫信号时，使该信号有效（ON 状态），通知终端，已被呼叫。

2.5.2　RS232 的电气特性

在 TXD 和 RXD 上：逻辑 1（MARK）= -3 ~ -15 V；逻辑 0（SPACE）= 3 ~ 15 V。

在 RTS、CTS、DSR、DTR 和 DCD 等控制线上：信号有效（接通，ON 状态，正电压）= 3 ~ 15 V；信号无效（断开，OFF 状态，负电压）= -3 ~ -15 V。

以上规定说明了 RS232C 标准对逻辑电平的定义。对于数据（信息码），逻辑 1（传号）的电平低于 -3 V，逻辑 0（空号）的电平高于 +3 V；对于控制信号，接通状态（ON）即信号有效的电平高于 3 V，断开状态（OFF）即信号无效的电平低于 -3 V，也就是当传输电平的绝对值大于 3 V 时，电路可以有效地检查出来，介于 -3 ~ 3 V 的电压无意义，低于 -15 V 或高于 15 V 的电压也认为无意义，因此，实际工作时，应保证电平在 ±（3 ~ 15）V。

用 RS232 总线连接系统时有近程通信方式和远程通信方式两种，近程通信是指传输距离小于 15 m 的通信，可以用 RS232 电缆直接连接；15 m 以上的长距离通信，需要采用调制调解器。

RS232 的不足主要有以下四点：

（1）接口的信号电平值较高，易损坏接口电路的芯片，又因为与 TTL 电平不兼容，故需使用电平转换电路才能与 TTL 电路连接。

（2）传输速率较低，异步传输时，波特率为 20 Kb/s。

（3）接口使用一根信号线和一根信号返回线而构成共地的传输形式，这种共地传输容易产生共模干扰，所以抗噪声干扰性弱。

（4）传输距离有限，最大传输距离标准值为 50 英尺[①]，实际上也只能用在 50 m 左右。

2.5.3　RS422 电气规定

由于接收器采用高输入阻抗和发送驱动器比 RS232 更强的驱动能力，故允许在相同传输线上连接多个接收节点，最多可接 10 个节点。即一个主设备（Master），其余为从设备（Salve），从设备之间不能通信，所以 RS422 支持点对多的双向通信。RS422 四线接口由于采用单独的发送和接收通道，因此不必控制数据方向，各装置之间任何必需的信号交换均可以按软件方式（XON/XOFF 握手）或硬件方式（一对单独的双绞线）实现。RS422 的最大传输距离为 4 000 英尺（约 1 219 m），最大传输速率为 10 Mb/s。其平衡双绞线的长度与传输速率成反比，在 100 Kb/s 速率以下才可能达到最大传输距离，只有在很短的距离下才能获得最高传输速率。一般 100 m 长的双绞线上所能获得的最大传输速率仅为 1 Mb/s。RS422

---

① 1 英尺 = 0.304 8 米。

需要一终接电阻，要求其阻值约等于传输电缆的特性阻抗。在短距离传输时无须终接电阻，即一般在 300 m 以下无须终接电阻。终接电阻接在传输电缆的最远端。

2.5.4　RS485 接口标准

RS485 采用差分信号负逻辑，2~6 V 表示"0"，–6~–2 V 表示"1"。RS485 有二线制和四线制两种接线，四线制只能实现点对点的通信方式，现很少采用，现在多采用二线制接线方式，这种接线方式为总线式拓扑结构，在同一总线上最多可以挂接 32 个节点。在RS485 通信网络中，一般采用的是主从通信方式，即一个主机带多个从机。很多情况下，连接 RS485 通信链路时只是简单地用一对双绞线将各个接口的"A""B"端连接起来，而忽略了信号地的连接，这种连接方法在许多场合是能正常工作的，但却埋下了很大的隐患。主要有两个原因：

（1）共模干扰问题：RS485 接口采用差分方式传输信号，并不需要相对于某个参照点来检测信号，系统只需检测两线之间的电位差就可以了。但人们往往忽视了收发器有一定的共模电压范围，RS485 收发器共模电压范围为 –7~12 V，只有满足上述条件，整个网络才能正常工作。当网络线路中共模电压超出此范围时就会影响通信的稳定可靠，甚至损坏接口。

（2）EMI 问题：发送驱动器输出信号中的共模部分需要一个返回通路，如没有一个低阻的返回通道（信号地），就会以辐射的形式返回源端，整个总线就像一个巨大的天线向外辐射电磁波。

PC 默认只带有 RS232 接口，有以下两种方法可以得到 PC 上位机的 RS485 电路：

（1）通过 RS232/RS485 转换电路将 PC 串口 RS232 信号转换成 RS485 信号，对于情况比较复杂的工业环境最好是选用防浪涌带隔离栅的产品。

（2）通过 PCI 多串口卡，可以直接选用输出信号为 RS485 类型的扩展卡。

2.5.5　RS485 电气规定

由于 RS485 是从 RS422 基础上发展而来的，所以 RS485 的许多电气规定与 RS422 相仿，如都采用平衡传输方式及都需要在传输线上接终接电阻等。RS485 可以采用二线制与四线制，二线制可实现真正的多点双向通信。RS485 总线，在要求通信距离为几十米到上千米时，广泛采用 RS485 串行总线标准。RS485 采用平衡发送和差分接收，因此具有抑制共模干扰的能力。加上总线收发器具有高灵敏度，能检测低至 200 mV 的电压，故传输信号能在上千米以外得到恢复。RS485 采用半双工工作方式，任何时候只能有一点处于发送状态，因此发送电路需由使能信号加以控制。RS485 用于多点互连时非常方便，可以省掉许多信号线。应用 RS485 可以联网构成分布式系统，其允许最多并联 32 台驱动器和 32台接收器。RS485 与 RS422 的不同还在于其共模输出电压是不同的，RS485 是 –7~12 V，而 RS422 是 –7~7 V；RS485 满足所有 RS422 的规范，所以 RS485 的驱动器可以在RS422 网络中应用。RS485 与 RS422 一样，其最大传输距离约为 1 219 m，最大传输速率为 10 Mb/s。平衡双绞线的长度与传输速率成反比，在 100 Kb/s 速率以下，才可能使用规定最长的电缆长度。只有在很短的距离下才能获得最高传输速率，一般 100 m 长双绞线最大传输速率仅为 1 Mb/s。

2.6　并行接口虚拟仪器

2.6.1　概述

通常所说的并行接口一般称为 Centronics 接口，也称为 IEEE1284，最早由 Centronics Data Computer Corporation 公司在 20 世纪 60 年代中期制定。当初，Centronics 接口是为点阵行式打印机设计的并行接口，1981 年被 IBM 公司采用，后来成为 IBM PC 的标准配置。它采用了当时主流的 TTL 电平，每次单向并行传输 1 字节（8 bit）数据，速度高于当时的串行接口（每次只能传输 1 bit），获得广泛应用，成为打印机的接口标准。1991 年，Lexmark、IBM、Texas Instruments 等公司为扩大其应用范围而与其他接口竞争，改进了 Centronics 接口，使它能够实现更高速的双向通信，以便能连接磁盘机、磁带机、光盘机、网络设备等计算机外部设备（简称外设），最终形成了 IEEE1284—1994 标准，全称为"Standard Signaling Method for a Bi – directional Parallel Peripheral Interface for Personal Computers"，数据率从 10 KB/s提高到可达 2 MB/s（16 Mb/s）。但事实上这种双向并行通信并没有获得广泛使用，并行接口仍主要用于打印机和绘图仪，其他方面只有少量设备应用，这种接口一般被称为打印接口或 LPT 接口。

2.6.2　分类

在 IEEE1284 标准中定义了多种并行接口模式，常用的有以下三种：

SPP（Standard Parallel Port）：标准并行接口。

EPP（Enhanced Parallel Port）：增强并行接口。

ECP（Extended Capabilities Port）：扩展功能并行接口。

这几种模式因硬件和编程方式的不同，传输速度可以从 50 Kb/s 到 2 MB/s 不等。一般用以从主机传输数据到打印机、绘图仪或其他数字化仪器的接口，是一种称为 Centronics 的 36 针弹簧式接口（通常主机上是 25 针 D 型接口，打印机上是 36 针 Centronics 接口）。

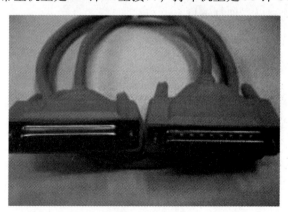

图 2.6.1　IEEE1284 接口连接器

IEEE1284 标准规定了 3 种连接器，分别称为 A、B、C 型。

（1）A 型。

25 PIN DB－25 连接器，只用于主机端。DB－25 孔型插座（也称 FEMALE 或母头）用于 PC 上，外形如图 2.6.2 所示。这种 A 型的 DB－25 针型插头（也称 MALE 或公头），外形如图 2.6.3 所示，因为尺寸较小，有少数小型打印机（如 POS 机打印机等）使用（非标准使用），但电缆要短。

图 2.6.2　DB－25 孔型插座（母头）　　　图 2.6.3　DB－25 针型插头（公头）

（2）B 型。

36PIN 0.085 in[①] 间距的 Champ 连接器，带卡紧装置，也称 Centronics 连接器，只用于外设，外形如图 2.6.4 所示。

36PIN Centronics 插座（SOCKET 或 FEMALE），用于打印机上，其外形如图 2.6.5 所示。

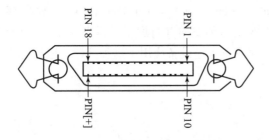

图 2.6.4　36 PIN Centronics 电缆插头　　　图 2.6.5　36 PIN Centronics 插座

（3）C 型。

新增加的 Mini－Centronics 36 PIN 连接器，也称为 Half－Pitch Centronics 36 Connector（HPCN36），或者称为 MDR36，外形如图 2.6.6 所示。36 PIN 0.050 in 间距的连接器，带夹紧装置，既可用于主机，也可用于外设，应用还不够普遍，因有竞争力的新的接口标准的不断出现，普及应用很难。新接口还增加了两个信号线 Peripheral Logic High 和 Host Logic High，通过电缆能检测到另一端是否打开电源。

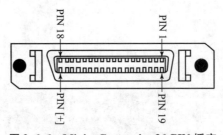

图 2.6.6　Mini－Centronics 36 PIN 插座

---

①　1 in = 25.4 mm。

2.7 PCI 虚拟仪器

利用 PC 作为数据采集平台，通过 PC 的数据总线将采集到的数据高速传输到 PC 内存中，是实现采集系统数据存储的有效手段，也是虚拟仪器系统的重要支撑。随着 GUI（Graphical User Interface）、多媒体等技术在 PC 上的应用，传统的 PC 总线如 ISA 由于其带宽、位数等的限制，已不能满足系统工作的要求而逐渐被淘汰，新型主板和高版本操作系统已不再支持 ISA 等总线。PCI 总线作为外部元件互连总线，被认为是最可靠、最灵活、高速的方案，具有众多独特的优点，使得大多数媒体插卡和数据采集卡都挂在 PCI 总线上。如今购买 PC 而没有 PCI 插槽是不可想象的。对于基于计算机的测试仪器，PCI 总线为应用计算机到新的测试仪器，即满足在插卡和系统存储中高速传输数据的要求提供了很好的途径。

这种方式借助于插入 PC 中的数据采集卡和 LabVIEW 组合，完成具体的数据采集和处理任务。它充分利用了 PC 的总线、机箱和电源等硬件资源以及丰富的软件资源。其关键还在于 A/D 转换技术，即模/数转换的精度和速度。特点包括：

（1）PCI 总线是一种靠近系统处理器的局部总线，所以有很高的传输速率。当以 33 MHz 总线时钟同步操作时，32 位的总线带宽可使数据通道的传输速率达到 132 Mb/s。

（2）独立于 PC 的系统处理器，不受 PC 的微处理器性能和速度的影响。因为为 PCI 设计的器件是针对 PCI 的，而不是针对系统处理器的，因此设备的升级独立于处理器的升级。

（3）PCI 总线为 32 位，可扩展为 64 位，由于采用地址、数据总线复用的结构，减少了管脚个数和 PCI 部件的封装尺寸，从而使板卡小型化，方便嵌入计算机系统中。

（4）具有即插即用功能，支持即插即用的操作系统，能够自动配置参数并支持 PCI 总线扩展板，使用方便。

（5）PCI 部件的驱动程序可以跨平台，兼容性好。

PCI 总线虚拟测试系统主要是由 PCI 数据采集卡获取数据，通常也叫作 PCI - DAQ 卡式虚拟仪器。将数据采集卡插入 PC 的标准总线扩展槽内，安装驱动程序，并在"Measurement & Automation"中设置采集卡属性。

PCI 数据采集子模板的调用途径是"Functions"→"All Functions"→"NI Measurements"→"Data Acquisition"。

2.8 VXI 虚拟仪器

VXI（VMEBus eXtensions for Instrumentation）总线是高速 VME 计算机总线在仪器领域中的扩展，由 HP 等公司于 1987 年提出，1992 年成为 IEEE1155 标准。在该系统中，围绕机械、电气、控制方式、通信协议、电磁兼容、软面板、驱动程序、I/O 控制，乃至机箱、印刷电路板的结构、通风散热等都作了详细的规定，使不同厂家的 VXI 总线产品相互兼容。1995 年，VXI 总线联合体将计算机网络传输控制协议（TCP）和网络协议（IP）作为 VXI 总线 1.4 版本的补充规范，这样基于 VXI 总线的自动测试系统可直接与计算机系统联网，作为网络内的测量服务器，共享网络资源，执行测量作业。VXI 系统综合了计算机技术、GPIB 技术、PC 仪器技术、接口技术、VME 总线和模块化结构技术的成果，1998 年修订的

VXI20 版本规范采用了 VME 总线的最新进展，提供了 64 位扩展能力，数据传输速率最高可达 80 Mb/s。VXI 系统中最多可包含 256 个器件（装置），可组成一个或多个子系统，每个子系统最多可包含 13 个插入式模块，插入同一个机箱内，在组建大、中规模自动测量系统以及对速度、精度要求高的场合，具有其他仪器无法比拟的优势。VXI 总线支持即插即用，人机界面良好，资源利用率高，容易实现系统集成，大大缩短了研制周期，且便于升级和扩展。不足之处是 VXI 系统的成本相对较高。

VXI 总线虚拟仪器因其集成化、标准化、快速的数据传输能力和良好的电磁兼容性而迅速发展，将会成为未来计算机仪器发展的主流。

VXI 虚拟测试系统由 VXI 机箱、VXI 零槽控制器、VXI 模块组成。这里零槽控制器是插入 VXI 机箱最左边的插槽，并与背板总线直接相连的嵌入式计算机，控制整个 VXI 系统，同时把 VXI 模块直接插入 VXI 机箱。

另外，VXI 总线系统还可以采用外挂方案与普通 PC 相连，可以通过 IEEE1394 高速串行总线将基于 PCI 总线的计算机与 VXI – 1394 套件连接，这样等效于嵌入式控制器，并直接映射 VXI 内存空间；也可以通过插入计算机的 GPIB 接口卡、位于 VXI 零槽的 GPIB – VXI 模块相连，这样等效于 GPIB 总线，传输速率低；还可以通过插入计算机的 PCI – MXI – 2 接口卡、位于 VXI 零槽的 VXI – MXI – 2 模块相连，这样等效于嵌入式控制器，并直接映射 VXI 内存空间，可实现多机箱扩展。

2.9　PXI 虚拟仪器

PXI 总线是 1997 年美国 NI 公司发布的一种高性能、低价位的开放性、模块化仪器总线。PXI 是 PCI 在仪器领域的扩展（PCI eXtensions for Instrumentation），是用于自动测试系统机箱底板总线的规范，在机械结构方面与 Compact PCI 总线的要求基本相同，不同的是 PXI 总线规范对机箱和印刷电路板的温度、湿度、振动、冲击、电磁兼容性和通风散热等提出了要求，与 VXI 总线的要求非常相似。在电气方面，PXI 系统完全与 Compact PCI 总线兼容，所不同的是 PXI 总线为适应测控仪器、设备或系统要求，增加了系统参考时钟、触发总线、星型触发器和局部总线等内容。除了 PXI 系统具有多达 8 个插槽（1 个系统槽和 7 个仪器模块槽），而绝大多数台式 PCI 系统仅有 3 个或 4 个 PCI 插槽这点差别之外，PXI 总线与台式 PCI 规范具有完全相同的 PCI 性能。利用 PCI – PCI 桥接技术扩展多台 PXI 系统，可以使扩展槽的数量在理论上最多达到 256 个。PXI 将 Windows NT 和 Windows 95 定义为其标准软件框架，并要求所有的仪器模块都带有按 VISA 规范编写的 Win32 设备驱动程序，使 PXI 成为一种系统级规范，保证系统易于集成和使用，从而进一步降低用户的开发费用，所以在数据采集、工业自动化系统、计算机机械光测系统和图像处理等方面获得了广泛应用。

简单地说，PXI 体系结构是以国内最普及的 PCI 总线为基础的体系结构，由于其总线吞吐率极高、硬件的价格较低，被业内人士普遍认为是符合国情的一种体系结构。PXI 总线方式比 VXI 总线方式更容易在近期内抢占国内的虚拟仪器市场。

PXI 总线虚拟测试系统由 PXI 机箱、PXI 系统控制器、PXI 模块（如 PXI/Compact PCI 数据采集卡）和显示器组成。这里需要说明的是，PXI 总线的数据采集卡是插到 PXI 机箱，而非通用计算机的扩展槽。当把 PXI 数据采集卡插入 PXI 机箱插槽后，安装检验与参数设置方法与 PCI 数据采集卡相同。

2.10　数据采集卡式 DAQ

随着计算机和总线技术的发展，基于 PC 的数据采集（Data Acquisition，以下简称 DAQ）板卡产品得到广泛应用。一般而言，DAQ 板卡产品可以分为内插式板卡和外挂式板卡两类。内插式 DAQ 板卡包括基于 ISA、PCI、PXI/Compact PCI、PCMCIA 等各种计算机内总线的板卡，外挂式 DAQ 板卡则包括 USB、IEEE1394、RS232/RS485 和并口板卡。内插式 DAQ 板卡速度快，但拔插不方便；外挂式 DAQ 板卡使用方便，但速度相对较慢。NI 公司最初以研制开发各种先进的 DAQ 产品成名，因此，丰富的 DAQ 产品支持和强大的 DAQ 编程功能一直是 LabVIEW 系统的显著特色之一，并且许多厂家也将 LabVIEW 驱动程序作为其 DAQ 产品的标准配置。另外，NI 公司还为没有 LabVIEW 驱动程序的 DAQ 产品提供了专门的驱动程序开发工具——LabWindows/CVI。

一般情况下，DAQ 硬件设备的基本功能包括模拟量输入（A/D）、模拟量输出（D/A）、数字 I/O（Digital I/O）和定时（Timer）/计数（Counter）。因此，LabVIEW 环境下的 DAQ 模板设计也是围绕着这 4 大功能来组织的。下面将介绍一些与此相关的 DAQ 基本概念。

2.10.1　A/D 转换器

A/D 转换器是把输入模拟量转换为输出数字量的器件，也是 DAQ 硬件的核心。就工作原理而言，A/D 转换有三种方法：逐次逼近法 A/D、双积分法 A/D 和并行比较法 A/D。在 DAQ 产品中，应用较多的方法是逐次逼近法 A/D。双积分法 A/D 主要应用于速度要求不高，但可靠性和抗干扰性要求较高的场合，如数字万用表等。并行比较法 A/D 主要应用于高速采样，如数字示波器、数字采样器等应用场合。衡量 A/D 转换器性能好坏的指标主要有两个：一是采样分辨率，即 A/D 转换器位数；二是 A/D 转换速度。这二者都与 A/D 转换器的工作原理有关。

2.10.2　D/A 转换器

DAQ 系统经常需要为被测对象提供激励信号，也就是输出模拟量的信号。D/A 转换器就是将数字量信号转换为模拟量输出的器件。D/A 转换器的主要性能参数是分辨率和线性误差分辨率，分辨率取决于 D/A 转换器的位数，线性误差则刻画了 D/A 转换器的精度。

2.10.3　数字 I/O

在 DAQ 应用中经常需要采集外部设备的工作状态，建立与外部设备的通信，此时就需要用到 DAQ 设备的数字 I/O 功能。一般的数字 I/O 板卡均采用 TTL 电平。需要强调的一点是，对于大功率外部设备的驱动需设计专门的信号处理装置。

2.10.4　定时/计数器

在 DAQ 应用中还经常用到定时/计数器功能，如脉冲周期信号测量、精确时间控制和脉冲信号产生等。定时/计数器的两个主要性能指标是分辨率和时钟频率，分辨率越大，计数器位数越大，计数值也越高。

2.11 练 习

［练习1］ 什么是总线？总线类虚拟仪器的概念是什么？

［练习2］ 常见的虚拟仪器总线有哪几种？分别有什么特点？

［练习3］ 结合实际，分析各类总线仪器的应用前景。

第3章 LabVIEW 基础

3.1 LabVIEW 的操作面板

LabVIEW 的编辑界面包括前面板和程序框图两个界面。前面板就是图形化用户界面，该界面可以模拟真实仪器的前面板，用于设置输入数值和观察输出量。LabVIEW 前面板界面如图 3.1.1 所示，图中放了一个波形图显示控件。

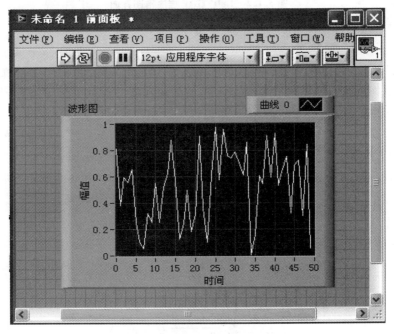

图 3.1.1 LabVIEW 前面板界面

每一个前面板都有一个程序框图与之对应，它是用图形化编程语言 G 语言编写的。程序框图是定义 VI 功能的图形化源代码。程序框图由节点、端口和数据连线组成。在框图中对 VI 编程就是对输入信息进行运算和处理，最后在前面板上把结果反馈给用户。LabVIEW 程序框图界面如图 3.1.2 所示，在图中用户可以看到与在前面板中放置的波形图显示控件对应的图表函数。

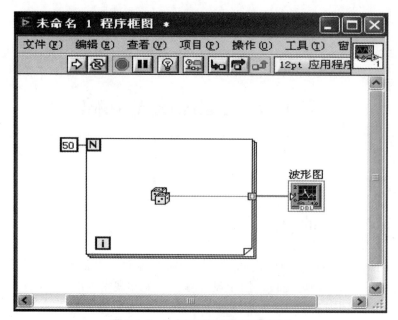

图 3.1.2　LabVIEW 程序框图界面

3.1.1　"工具"选板

LabVIEW 为用户提供的"工具"选板如图 3.1.3 所示，在系统菜单中选择"查看"→ "工具选板"选项即可打开"工具"选板。在前面板和程序框图中都可以看到"工具"选板。"工具"选板上的每一个工具都对应鼠标的一个操作模式，它提供了各种用于创建、修改和调试 VI 程序的工具。光标对应于选板上所选择的工具图标，可选择合适的工具对前面板和程序框图上的对象进行操作和修改。当从"工具"选板内选择了一种工具后，鼠标箭头就会变成与该工具相应的形状。当鼠标在工具图标上停留 2 s 后，会弹出说明该工具的提示框。

图 3.1.3　"工具"选板

使用自动选择工具可以提高 VI 的编辑速度，如果自动选择工具已打开，其指示灯呈现高亮状态。当光标移到前面板或程序框图的对象上时，LabVIEW 将自动从"工具"选板中选择相应的工具。

如需取消自动选择工具功能，可以单击"工具"选板上的"自动选择工具"按钮，指示灯呈灰色，表示自动选择工具功能已经关闭。按 Shift + Tab 组合键或单击"自动选择工具"按钮可重新打开自动选择工具功能。"工具"选板上的工具及其功能如表 3.1.1 所示。

表 3.1.1　"工具"选板上的工具及其功能

图标	名称	功能
	自动选择工具	选中该工具，则在前面板和程序框图中的对象上移动鼠标指针时，LabVIEW 将根据相应对象的类型和位置自动选择合适的工具
	操作工具	用于操作前面板的控制器和指示器，可以操作前面板对象的数据，或选择对象内的文本或数据
	定位工具	用于选择对象、移动对象或者缩放对象的大小
	标签工具	用于输入标签或标题说明的文本，或者用于创建自由标签
	连线工具	用于在框图程序中节点端口之间连线，或者定义子 VI 端口
	对象快捷键	选中该工具，在前面板或程序框图中单击鼠标左键，即可弹出单击右键的快捷菜单
	滚动窗口	同时移动窗口内的所有对象
	断点操作	用于在程序框图中设置或清除断点
	探针工具	可在程序框图内的连线上设置探针
	复制颜色	用于复制选定对象颜色
	着色工具	用于给对象上色，包括对象的前景色和背景色

3.1.2　"控件"选板

　　"控件"选板仅位于前面板上，它包括创建前面板所需的输入控件和显示控件。控件的种类有数值控件（如滑动杆和旋钮）、图形、图表、布尔控件（如按钮和开关）、字符串、路径、数组、簇、列表框、树形控件、表格、下拉列表控件、枚举控件和容器控件，等等。根据不同输入控件和显示控件的类型，将控件归入不同的子选板中。"控件"选板根据类别显示控件，如图 3.1.4 所示。

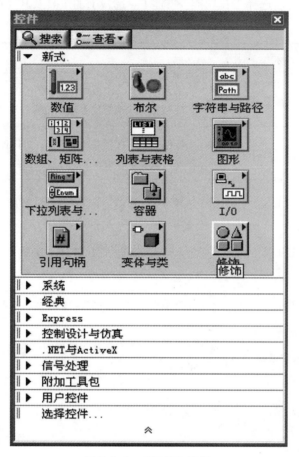

图 3.1.4　"控件"选板

　　如需显示"控件"选板，可选择单击"查看"→"控件选板"选项或在前面板活动窗口单击鼠标右键。控件有多种可见类别和样式，用户可以根据自己的需要来选择。在"控件"选板中共有新式、系统、经典和 Express 四种样式的子选板可供选择。

　　"新式"及"经典"子选板上的许多控件对象具有高彩外观。为了获取对象的最佳外观，显示器最低应设置为 16 色。位于"新式"子选板上的控件也有相应的低彩对象。"经典"子选板上的控件适于创建在 256 色和 16 色显示器上显示的 VI。

　　"系统"控件常用于用户创建的对话框中。"系统"控件专为在对话框中使用而特别设计，包括下拉列表和旋转控件、数值滑动杆、进度条、滚动条、列表框、表格、字符串和路径控件、选项卡控件、树形控件、按钮、复选框、单选按钮和自动匹配父对象背景色的不透明标签。这些控件仅在外观上与前面板控件不同，颜色与系统设置的颜色一致。"系统"控件的外观取决于 VI 运行的平台，因此在 VI 中创建的控件外观应与所有 LabVIEW 平台兼容。在不同的平台上运行 VI 时，"系统"控件将改变其颜色和外观，与该平台的标准对话框控件匹配。与"新式"及"经典"子选板最大的不同是，"系统"子选板不分类且无波形显示控件。

　　"Express"子选板中包含最常用的输入控件和显示控件，如图 3.1.5 所示。

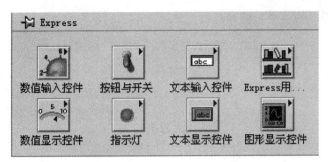

图 3.1.5　"Express"子选板

"控件"选板有不同的可见类别，默认的类别是"Express"子选板。如果要将其他子选板设置为首选可见类别，可以选择控件工具栏的"查看"→"更改可见类别"选项，如图3.1.6所示。

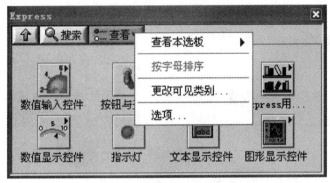

图 3.1.6　可见类别的更改

单击"更改可见类别"选项，则弹出如图3.1.7所示的"更改可见类别"对话框。在该对话框中可以选择用户希望的可见类别，如果选择可见类别为"新式"，则"控件"选板如图3.1.4所示。

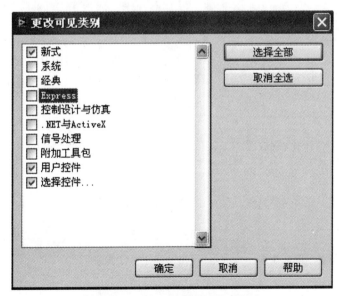

图 3.1.7　"更改可见类别"对话框

"新式"子选板中的各个控件及其功能如表3.1.2所示。

表 3.1.2　"新式"子选板中的控件及其功能

图标	名称	功能
	数值控件	存放各种数字控制器，包括数值控件、滚动条、旋钮、颜色盒等
	布尔控件	用于创建按钮、开关和指示灯
	字符串与路径控制器	创建文本输入框和标签、输入或返回文件或目录的地址
	数组、矩阵与簇控制器	用来创建数组、矩阵与簇，包括标准错误簇输入控件和显示控件
	列表与表格控制器	创建各种表格，包括树形表格和 Express 表格
	图形控件	提供各种形式的图形显示对象
	下拉列表与枚举控件	用来创建可循环浏览的字符串列表，下拉列表控件将数值与字符串或图片建立起关联的数值对象，枚举控件用于向用户提供一个可供选择的项列表
	容器控件	用于组合控件，或在当前 VI 的前面板上显示另一个 VI 的前面板
	I/O 名称控件	I/O 名称控件将所配置的 DAQ 通道名称、VISA 资源名称和 IVI 逻辑名称传递至 I/O VI，与仪器或 DAQ 设备进行通信
	引用句柄控件	可用于对文件、目录、设备和网络连接进行操作
	变体与类控件	用来与变体和类数据进行交互
	修饰控件	用于修饰和定制前面板的图形对象

3.1.3　"函数"选板

"函数"选板仅位于程序框图中，它包含创建程序框图所需的 VI 和函数。按照 VI 和函数的类型，将 VI 和函数归入不同的子选板中。

"函数"选板根据显示类别显示不同的 VI 和函数。如需显示"函数"选板，可选择"查看"→"函数选板"选项或在程序框图活动窗口单击鼠标右键。LabVIEW 将记住"函数"选板的位置和大小，因此当 LabVIEW 重启时选板的位置和大小不变。"函数"选板如图 3.1.8 所示，包括最基本的"编程"子选板和其他 13 个特殊功能选板。"编程"子选板中的模块及其功能如表 3.1.3 所示。

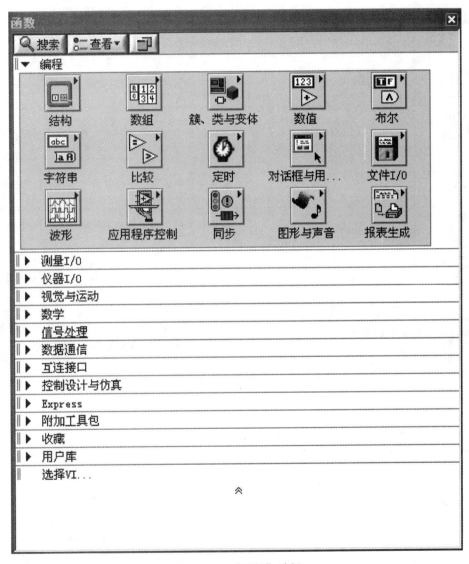

图 3.1.8　"函数"选板

表 3.1.3 "编程" 子选板中的模块及其功能

图标	名称	功能
	结构子模块	提供循环、条件、顺序结构、公式节点、全局变量、结构变量等编程要素
	数组子模块	提供数组运算和变换的功能
	簇与变体子模块	提供各种捆绑、解除捆绑、创建簇数组、索引与捆绑数组、簇和数组之间的转换、变体属性设置等功能
	数值子模块	提供数学运算、标准数学函数、各种常量和数据类型变换等编程要素
	文件 I/O 子模块	提供文件管理、变换和读/写操作模块
	布尔子模块	提供包括布尔运算符和布尔常量在内的编程要素
	字符串子模块	提供字符串运算、字符常量和特殊字符等编程要素
	比较子模块	提供数字量、布尔量和字符串变量之间比较运算的功能
	定时子模块	提供时间计数器、时间延迟、获取时间日期、设置时间标识常量等功能
	对话框与用户界面子模块	提供各种按钮对话框、简单错误处理、颜色盒常量、菜单、游标和简单的帮助信息等功能
	波形子模块	提供创建波形、提取波形、数模转换、模数转换等功能
	应用程序控制子模块	提供外部程序或 VI 调用和打印选单，帮助管理等辅助功能
	同步子模块	提供通知器操作、队列操作、信号量和首次调用等功能
	图形和声音子模块	用于 3D 图形处理、绘图和声音的处理
	报表生成子模块	提供生成各种报表和简易打印 VI 前面板或说明信息等功能

3.2　创建与编辑 VI

前面已经提到，一个完整的 VI 是由前面板、程序框图、图标和连接端口组成的。下面的例子就是一个完整的 VI。

例：计算两数之积。

如图 3.2.1 所示，左侧的窗口是 VI 的前面板窗口，右侧的窗口是程序框图窗口，图标位于前面板窗口及程序框图窗口的右上角，连接端口隐藏在图标之中。在前面板窗口中的图标上单击鼠标右键，在弹出的快捷菜单中选择"显示连线板"选项，可将图标状态切换到连接端口状态。

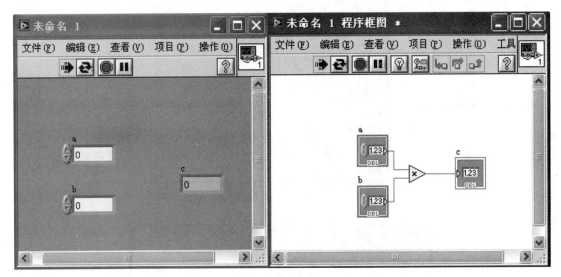

图 3.2.1　VI 的前面板和程序框图

3.2.1　创建 VI

创建 VI 是 LabVIEW 编程应用中的基础，下面详细介绍如何创建 VI。

1. 创建一个新的 VI

在 LabVIEW 主窗口中选择"新建"→"新建 VI"选项，出现如图 3.2.2 所示的 VI 窗口。前面是 VI 的前面板窗口，后面是 VI 的程序框图窗口，在两个窗口的右上角是默认的 VI 图标/连线板。

2. 创建 VI 前面板

在 VI 前面板窗口的空白处单击鼠标右键，或者选择菜单栏中的"查看"→"控件选板"选项，弹出"控件"选板。在"控件"选板中，选择"新式"→"数值"→"数值输入控件"子模块，并将其放在前面板窗口的适当位置。用文本编辑工具，单击数值输入控件的标签，把名称修改为"a"，如图 3.2.3 所示。

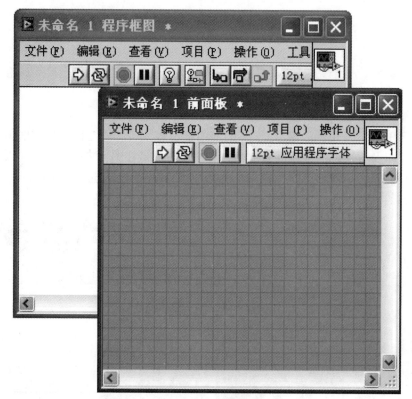

图 3.2.2　新建 VI 窗口

图 3.2.3　修改数值输入控件名称

　　此时，在程序框图中就会出现一个名称为"a"的端口图标与输入量"a"相对应，如图 3.2.4 所示。

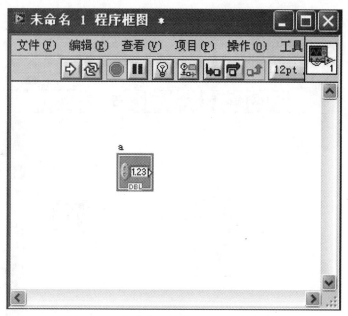

图 3.2.4　数值输入控件"a"的端口图标

以同样的方式创建数值输入控件"b"。

在"控件"选板中，选择"新式"→"数值"→"数值输出控件"子模块，并将其放置在前面板窗口的适当位置，用文本编辑工具单击数值输出控件的标签，把名称修改为"c"。

此时，就完成了 VI 前面板的创建，如图 3.2.5 所示。

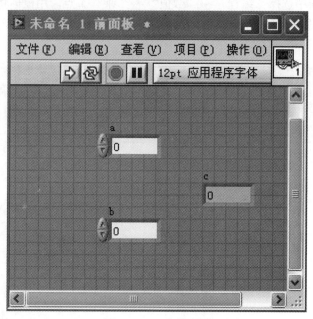

图 3.2.5　VI 前面板

3. 创建程序框图

在前面板窗口的菜单栏中选择"窗口"→"显示程序框图"选项，将前面板窗口切换到程序框图窗口，此时在程序框图中会看到 3 个名称分别为"a""b"和"c"的端口图标，如图 3.2.6 所示。这 3 个端口图标与前面板的 3 个对象一一对应。

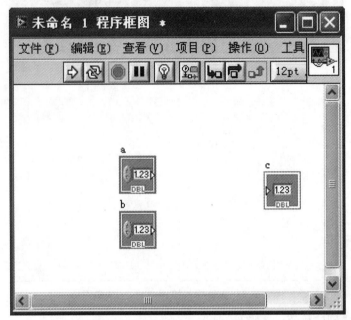

图 3.2.6 前面板对象的端口图标

在程序框图窗口中的空白处单击鼠标右键，或在程序框图窗口的菜单栏中选择"查看"→"函数选板"选项，弹出"函数"选板。

在"函数"选板中选择"编程"→"数值"→"乘"节点。用鼠标将"乘"节点的图标拖到程序框图窗口的适当位置。这样，就完成了一个"乘"节点的创建工作，如图 3.2.7所示。

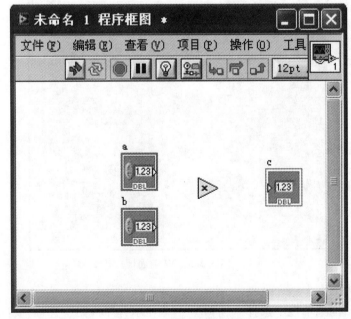

图 3.2.7 创建"乘"节点

　　完成了程序框图所需的端口和节点的创建之后，下面的工作就是用数据连线将这些端口和图标连接起来，形成一个完整的程序框图。

　　用连线工具将端口"a"和"b"分别连接到"乘"节点的两个端口"x"和"y"上，将端口"c"连接到"乘"节点的输出端口"x∗y"上。完成数据连线的创建后，将鼠标切换到对象操作工具状态，适当调整各图标及数据连线的位置，使之整齐美观。完整的程序框图如图3.2.8 所示。

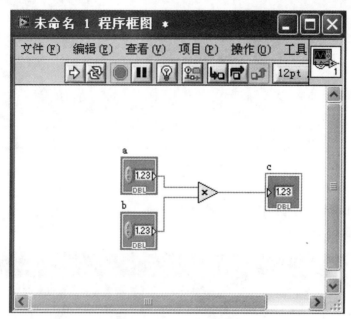

图 3.2.8　完整程序框图

4. 保存 VI

　　在前面板窗口或程序框图窗口的菜单栏中选择"文件"→"保存"命令，在弹出的"保存"对话框中选择适当的路径和文件名保存该 VI。如果一个 VI 修改后没有存盘，那么 VI 的前面板和程序框图窗口的标题栏中就会出现一个"∗"，提示注意存盘，如图 3.2.9 所示。

图 3.2.9　"∗"提示注意存盘

3.2.2　编辑 VI

　　创建 VI 后，还需要对 VI 进行编辑，使 VI 图形化交互式用户界面更加美观、友好而易于操作，使 VI 程序框图的布局和结构更加合理，易于理解、修改。

1. 选择对象

　　在"工具"选板中将鼠标切换为对象操作工具。

　　当选择单个对象时，直接用鼠标左键单击需要选中的对象；如果需要选择多个对象，则要在窗口空白处拖动鼠标，使拖出的虚线框包含要选择的目标对象，或者按住 Shift 键用鼠标左键单击多个目标对象，如图 3.2.10 所示。

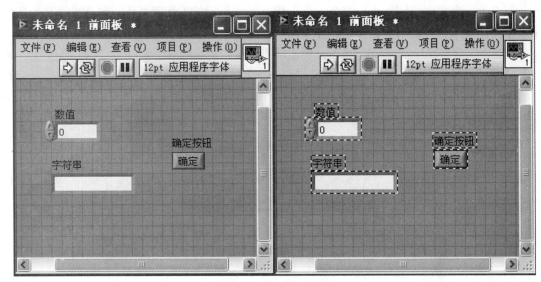

图 3.2.10　选择对象

2. 删除对象

选中对象按 Delete 键，或在窗口菜单栏中执行"编辑"→"删除"命令，即可删除对象，其结果如图 3.2.11 所示。

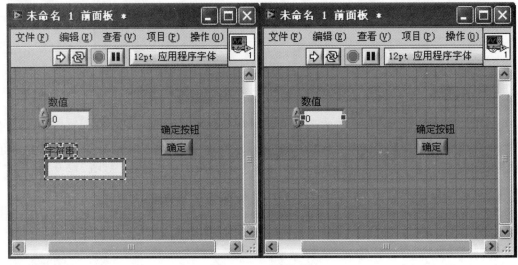

图 3.2.11　删除对象

3. 变更对象位置

用对象操作工具拖动目标对象到指定位置，如图 3.2.12 所示。

4. 改变对象大小

几乎每一个 LabVIEW 对象都有 8 个尺寸控制点，当对象操作工具位于对象上时，这 8 个尺寸控制点会显示出来，用对象操作工具拖动某个尺寸控制点，可以改变对象在该位置的尺寸，如图 3.2.13 所示。注意，有些对象的大小是不能改变的，如程序框图中的输入端口或者输出端口、"函数"选板中的节点图标和子 VI 图标等。

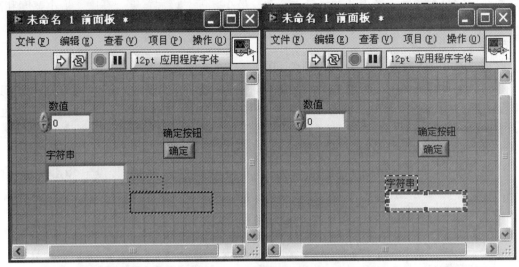

图 3.2.12 变更对象位置

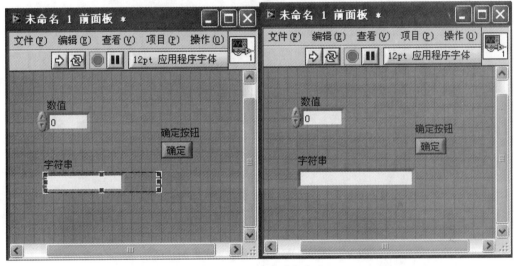

图 3.2.13 改变对象大小

另外，LabVIEW 前面板窗口的工具条上还提供了一个"调整对象大小"按钮 ，用鼠标单击该按钮，弹出一个图形化下拉菜单，如图 3.2.14 所示。

图 3.2.14 "调整对象大小"下拉菜单

利用该菜单中的工具可以统一设定多个对象的尺寸，包括将所选中的多个对象的长度设为这些对象的最大宽度、最小宽度、最大高度、最小高度、最大宽度和高度、最小宽度和高度以及指定的宽度和高度。

5. 改变对象颜色

在"工具"选板中将鼠标切换为颜色工具。

在颜色工具的图标中，有两个上下重叠的颜色框，上面的颜色框代表对象的前景色或边框色，下面的颜色框代表对象的背景色。单击其中一个颜色框，就可以在弹出的"颜色"对话框中为其选择需要的颜色。若"颜色"对话框中没有所需的颜色，可以单击"颜色"对话框中的"更多颜色"按钮，此时系统会弹出一个"Windows 标准颜色"对话框，如图3.2.15 所示，在这个对话框中可以选择预先设定的各种颜色，或者直接设定 RGB 三原色的数值，以更加精确地选择颜色。完成颜色的选择后，用颜色工具单击需要改变颜色的对象，即可将对象改为指定的颜色。

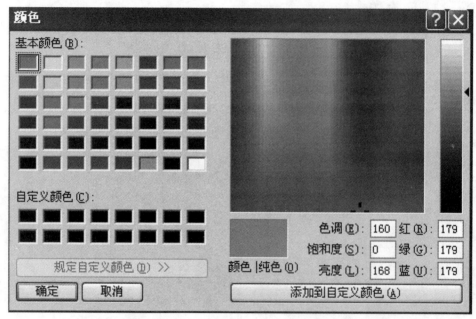

图 3.2.15   "Windows 标准颜色"对话框

6. 对齐对象

选中需要对齐的对象，然后在工具条中单击"对齐对象"按钮 ，会出现一个图形化的下拉菜单，如图 3.2.16 所示，在下拉菜单中可以选择各种对齐方式。菜单中的各种图标直观地表示了各种不同的对齐方式，有左边缘对齐、右边缘对齐、上边缘对齐、下边缘对齐、水平中轴线对齐以及垂直中轴线对齐6 种方式可选。

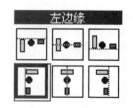

图 3.2.16   "对齐对象"
下拉菜单

例如，要将几个对象按左边缘对齐，步骤如下：

（1）选中目标对象，如图 3.2.17 所示。

（2）在"对齐对象"下拉菜单中选择"左边缘"对齐方式。左边缘对齐后的对象如图3.2.18 所示。

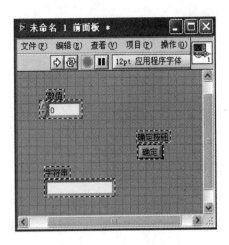

图 3.2.17　选中目标对象　　　　　图 3.2.18　左边缘对齐后的对象

7. 分布对象

选中对象，在工具条中单击"分布对象"按钮
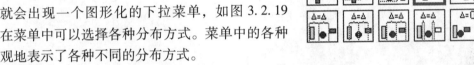，就会出现一个图形化的下拉菜单，如图 3.2.19
所示，在菜单中可以选择各种分布方式。菜单中的各种
图标直观地表示了各种不同的分布方式。

图 3.2.19　"分布对象"下拉菜单

例如，要将对象按照等间隔垂直分布，步骤如下：

（1）选中目标对象，如图 3.2.20 所示。

（2）在"分布对象"下拉菜单中选择"垂直间距"选项，等间隔垂直分布的对象如图
3.2.21 所示。

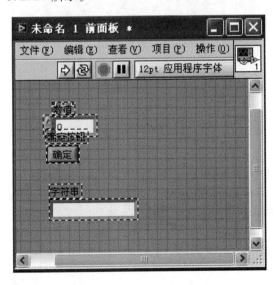

图 3.2.20　选中目标对象

图 3.2.21　等间隔垂直分布的对象

8. 改变对象在窗口中的前后次序

选中对象，在工具条中单击"重新排序"按钮，可以在下拉菜单中改变对象在窗

口中的前后次序。"重新排序"下拉菜单如图 3.2.22 所示。

    "向前移动"是将对象向上移动一层；"向后移动"是将对象向下移动一层；"移至前面"是将对象移至窗口的最顶层；"移至后面"是将对象移至窗口的最底层。

    例如，要将一个对象从窗口的最顶层移动至窗口的最底层，具体操作步骤如下：

    （1）选中目标对象，如图 3.2.23 所示。

    （2）在"重新排序"下拉菜单中选择"移至后面"选项。改变次序后的对象如图 3.2.24 所示。

组合
取消组合
———————
锁定
解锁
———————
向前移动 Ctrl+K
向后移动 Ctrl+J
移至前面 Ctrl+Shift+K
移至后面 Ctrl+Shift+J

图 3.2.22　"重新排序"下拉菜单

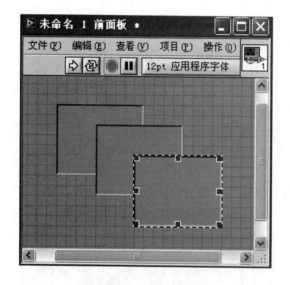

图 3.2.23　选中目标对象

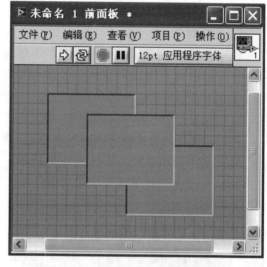

图 3.2.24　改变次序后的对象

9. 组合与锁定对象

    在"重新排序"下拉菜单中还有几个选项，它们分别是"组合"和"取消组合"、"锁定"和"解锁"。

    "组合"的功能是将几个选定的对象组合成一个对象组，对象组中的所有对象形成一个整体，它们的相对位置和相对尺寸都相对固定。当移动对象组或改变对象组的尺寸时，对象组中所有的对象同时移动相同的距离或改变相同的尺寸。注意："组合"的功能仅仅是将数个对象按照其位置和尺寸简单地组合在一起形成一个整体，并没有在逻辑上将其组合，它们之间在逻辑上的关系并没有因为组合在一起而得到改变。"取消组合"的功能是解除对象组中对象的组合，将其还原为独立的对象。

    "锁定"的功能是将几个选定的对象组合成一个对象组，并且锁定该对象组的位置和大小，不能改变锁定对象的尺寸。当然，也不能删除处于锁定状态的对象。"解锁"的功能是解除对象的锁定状态。

    当已经编辑好一个 VI 的前面板时，建议利用"组合"或者"锁定"功能将前面板中的对象组合并锁定，防止由于误操作而改变前面板对象的布局。

例如，将几个前面板对象组合在一起，其步骤如下：

（1）选中目标对象，如图 3.2.25 所示。

（2）在"重新排序"下拉菜单中选择"组合"选项。组合后的对象如图 3.2.26 所示。

图 3.2.25　选中目标对象

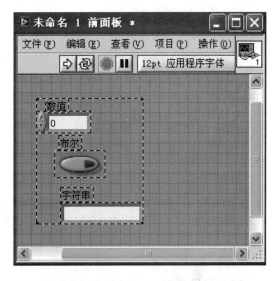

图 3.2.26　组合后的对象

10. 设置对象的字体

选中对象，在工具栏中的"文本设置"下拉列表框 12pt 应用程序字体 ▼ 中选择"字体设置"选项，弹出"选项字体"对话框后可设置对象的字体、大小、颜色、风格及对齐方式，如图 3.2.27 所示。

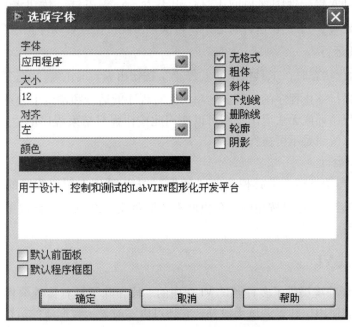

图 3.2.27　"选项字体"对话框

"文本设置"下拉列表框中的其他选项只是将"选项字体"对话框中的内容分别列出，若只改变字体的某一属性，可以方便地在这些选项中更改，而无须在对话框中更改。

另外，还可以在"文本设置"下拉列表框中将字体设置为系统默认的字体，包括应用程序字体、系统字体、对话框字体以及当前字体等。

11. 在窗口中添加标签

将鼠标切换至文本编辑工具状态，在窗口空白处中的适当位置单击鼠标，就可以在窗口中创建一个标签，然后根据需要键入文字，改变其字体和颜色。该工具也可用于改变对象的标签、标题、布尔量控件的文本和数字量控件的刻度值，等等。

3.3 运行与调试 VI

运行和调试程序是在任何一种编程语言中进行程序设计时最重要的一步。程序编写完成后，必须通过运行和调试来测试编写的程序能否产生预期的运行结果，从而查找程序中存在的一些错误，然后根据这些错误和运行结果修改和优化程序，最终得到一个正确、可靠的程序。LabVIEW 中提供了许多工具，用于完成程序的编译和调试。

3.3.1 运行 VI

在 LabVIEW 中，可以执行下列操作来运行 VI 程序。

（1）运行 VI。

在前面板窗口或程序框图窗口的工具栏中单击"运行"按钮 ⇨，就可以运行 VI。使用这种方式运行 VI 时，VI 只能运行一次。当 VI 处于运行状态时，运行按钮变为 ➡ 状态。

（2）连续运行 VI。

在前面板窗口或程序框图窗口的工具栏中单击"连续运行"按钮 ⟳，可以连续运行 VI。这时按钮变成 ⇄ 状态，在这种状态下，再次单击此按钮就可以停止连续运行。

（3）停止 VI 运行。

当 VI 处于运行状态时，工具栏中的"停止"按钮由编辑时的 ⬤ 状态变为可用状态 ⬤，单击此按钮可以强行停止程序的运行。这项功能对程序的运行和调试十分重要，如果在调试过程中程序进入死循环或无法退出，则可以使用此按钮强行结束程序的运行。但是当 VI 处于编辑状态时，该按钮是不可操作的。

（4）暂停 VI 运行。

当 VI 处于运行状态时，工具栏中的"暂停"按钮 ❚❚ 用来暂停程序的运行。单击该按钮，可暂停 VI 的运行，这时按钮的颜色由原来的黑色变成红色 ❚❚，再次单击该按钮，则可以恢复程序的运行。

3.3.2 调试 VI

LabVIEW 编译环境提供了多种调试 VI 程序的手段，除了具有传统编程语言支持的单步运行、设置断点和使用探针等调试手段外，它还可以实时显示数据流的运行过程，从而使用户更加清楚地观察程序运行的每一个细节，以查找错误、修改和优化程序。

1. 单步执行 VI

如果想使 VI 程序逐个节点执行，则可以采用单步执行方法。LabVIEW 单步执行 VI 是在程序框图中按照程序节点之间的逻辑关系，沿数据连线逐个节点地执行 VI 程序。单步执行 VI 有 3 种类型。

（1）单击程序框图工具栏中的 按钮进入单步步入执行方式，单击一次该按钮，程序执行一步。遇到循环结构或子 VI 时，进入循环结构或子 VI 内部继续单步执行程序。

（2）单击程序框图工具栏中的 按钮进入单步步过执行方式，单击一次该按钮，程序执行一步。但是遇到循环结构或子 VI 时，不进入循环结构或子 VI 内部执行其中的程序代码，而是将其作为一个整体节点来执行。

（3）单击程序框图工具栏中的 按钮进入单步步出执行方式，单击此按钮，可结束当前节点的操作并暂停程序的运行。VI 结束操作时，单步步出按钮将变为灰色。

在单步执行 VI 时，如果某些节点发生闪烁，则表示这些节点已准备就绪，可以执行。将鼠标移动到单步步过、单步步入或单步步出按钮时，可看到一个提示框，该提示框描述了单击该按钮后的下一步执行情况。通过单步执行方式可以清楚地查看程序的执行顺序和数据的流动方向，进而判断程序逻辑的正确性，这对有效地调试 VI 很有帮助。

2. 设置 VI 断点

当需要在 VI 的某个位置设置断点，查看程序的执行情况时，可以使用"工具"选板中的断点工具 ，如图 3.3.1 所示。选中断点工具后，单击程序框图中需要设置断点的地方，就可以为程序代码中的子 VI、节点和连线添加断点。当断点位于某一个节点上时，该节点图标的边框就会变红；当断点位于某一数据连线上时，该数据连线的中间就会出现一个红点，如图 3.3.2 所示。再次单击已设置断点的位置，

图 3.3.1　断点工具

可清除此断点。也可以通过鼠标右键单击窗口中的某个对象或数据连线，在弹出的快捷菜单中选择"设置断点"或"清除断点"命令来操作。

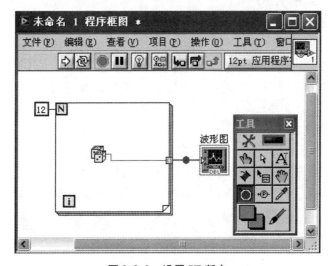

图 3.3.2　设置 VI 断点

当运行到断点处时，VI会自动暂停。如果断点设置在节点上，此时节点处于闪烁状态；如果断点设置在数据连线上，此时连线处于选中状态。此时，单击工具栏上的"暂停"按钮，程序会接着运行到下一个断点或直到程序运行结束。

3. 设置探针

设置探针可以观察程序运行时数据连线上的即时数据。在"工具"选板中选择探针工具 ⬤，用鼠标单击需要查看的数据连线，为其设置一个探针；或者鼠标右键单击数据连线，在弹出的快捷菜单中选择"探针"命令来设置探针。设置探针后会出现一个探针对话框，同时在数据连线上标示一个探针号，探针号与对话框编号相同。添加了探针的程序框图如图3.3.3所示，探针窗口中显示了运行时通过连线的数值。

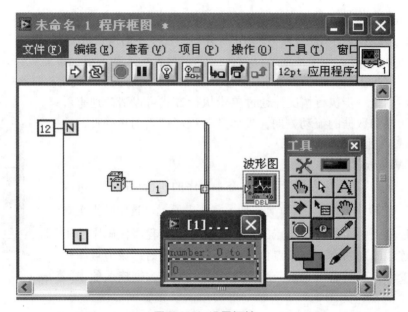

图3.3.3 设置探针

4. 高亮显示VI程序执行过程

单击程序框图窗口工具栏上的"高亮执行"按钮 💡，VI程序就可以在高亮方式下运行。当高亮显示VI程序的执行过程时，LabVIEW会在程序框图中实时显示程序执行过程，并实时显示每一条数据连线和每一个端口中流过的数据，如图3.3.4所示。再次单击该按钮，VI会恢复到正常执行状态。注意：高亮显示VI程序的执行过程将明显地降低程序的执行速度。

5. 使用错误列表窗口

LabVIEW中的程序错误一般分为两种。一种是程序编辑错误或者编辑结果不符合LabVIEW的编程语法，这时程序将无法运行，工具栏上"运行"按钮的白色箭头图标会变成灰色的折断箭头图标。对于这种错误，单击灰色的折断箭头图标，就会弹出程序的"错误列表"窗口，如图3.3.5所示。

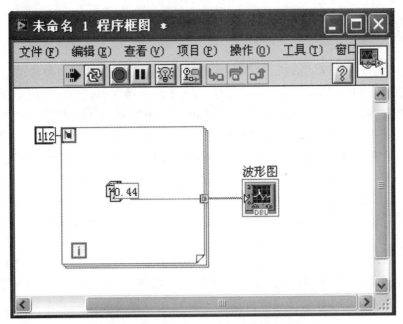

图 3.3.4　高亮显示 VI 程序的执行过程

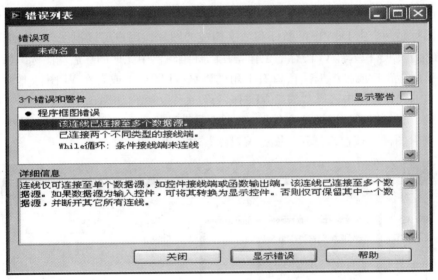

图 3.3.5　"错误列表"窗口

　　通过"错误列表"窗口可以清楚地看到系统的警告信息和错误提示。当运行 VI 时,警告信息让用户了解潜在的问题,但不会禁止程序的执行。双击其中的程序框图错误提示行,则可定位到程序框图中相应的错误处,然后根据正确的 LabVIEW 编程语法修改程序代码。最常见的错误有:必须连接的函数端子没有连接、数据类型不匹配和含有未连线的子程序等。

　　另一种错误是语义和逻辑上的错误,或者是程序运行时某种外部条件得不到满足引起的运行错误,这种错误很难排除。LabVIEW 无法指出语义错误的位置,必须由编程人员自己对程序进行充分的测试,并仔细观察运行结果,从错误的运行结果中发现并解决问题。

3.4 创建与调用 SubVI

LabVIEW 中的子 VI（SubVI）类似于文本编程语言中的函数、过程或子程序，也就是说，子 VI 是可以被其他的 VI 调用的 VI。在 LabVIEW 这种图形化编程环境中，图形连线会占据较大的屏幕空间，我们不可能把所有的程序都放在同一个 VI 程序框图中实现。因此，通过构建使用子 VI 能方便地实现 LabVIEW 的层次化和模块化编程，把复杂的编程问题划分为多个简单的任务，从而简化 VI 程序框图的结构，使其变得更加简单、清晰，层次更加分明，更易于理解。在 LabVIEW 中，可以把任何一个 VI 当作子 VI 调用。编程人员在使用 LabVIEW 语言开发程序时，可以和 C 语言、C++ 语言一样采用自顶向下、面向对象的设计方法，每创建一个 VI 程序，都可以将其作为上一级 VI 的子 VI 节点来调用，并且一个 VI 可以调用多个子 VI。

在介绍子 VI 的创建和调用方法前，首先要说明的是，创建一个子 VI 的重要工作是定义它的图标和连接器。因为在调用 VI 的程序框图中，用图标来代表子 VI。另外，子 VI 必须有一个正确连接端口的连接器来实现与其上一级 VI 的数据交换。

3.4.1 创建和编辑图标

在 LabVIEW 中，每个 VI 在前面板窗口和程序框图窗口右上角都显示了一个默认的图标。默认图标是一个由 LabVIEW 徽标和数字构成的图片，用户可以根据自己的需要创建和编辑 VI 图标。创建和编辑 VI 图标的工作是在图标编辑器中完成的。启动图标编辑器的方法是，双击前面板窗口或程序框图窗口右上角的默认 VI 图标，或者在 VI 图标上单击鼠标右键，在弹出的快捷菜单中选择"编辑 VI 图标…"命令，弹出如图 3.4.1 所示的"图标编辑器"对话框；也可以通过选择"文件"→"VI 属性"命令，在打开的"VI 属性"对话框中单击"编辑图标"按钮，打开"图标编辑器"对话框。

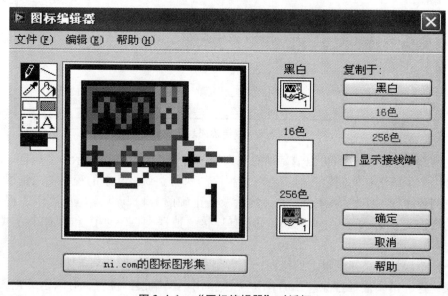

图 3.4.1　"图标编辑器"对话框

在"图标编辑器"对话框中，可以使用窗口左侧"工具"选板中的各种编辑工具设计图标编辑区中的图标，"图形编辑工具"选板的使用方法见表 3.4.1。为了使 VI 图标在具有不同颜色的显示器上都能正确显示，实际上一般需要同时建立不同颜色数的 3 个图标（黑白、16 色和 256 色），LabVIEW 中默认图标的颜色属性为 256 色。图 3.4.2 所示为一个经过编辑的图标，该图标是将原来的内容删除，然后在图像编辑区输入函数发生器的简称 FUNC。

注意，在 LabVIEW 中，将 LabVIEW 类或项目库图标覆盖在类或库图标上，所以在创建或编辑 LabVIEW 类或库图标时，为了避免图标遮盖住其他部分图标，图标的高度最好不大于 32 像素，宽度不大于 19 像素。

表 3.4.1　"图形编辑工具"选板

图标	名称	功能
	铅笔	以像素为单位绘制和擦除。在使用该工具时，拖动游标的同时按住 Shift 键，可绘制水平或垂直的线条
	线条	绘制直线。在使用该工具时，拖动鼠标的同时按住 Shift 键，可绘制水平线、垂直线和斜线
	颜色复制	复制图标中元素的前景色。从图标中复制一种颜色后，将自动返回到选取颜色复制工具前使用的工具
	填充	用前景色填充选定区域
	矩形	用前景色绘制一个矩形边框。双击这个工具，可使图标的边框颜色和前景色相同
	填充矩形	绘制一个边框颜色和前景色相同而内部用背景色填充的矩形。双击这个工具，可使图标的边框颜色和前景色相同，同时把图标内部填充成背景色
	选取	选中图标上的某个区域，进行剪切、复制、移动或其他更改。双击该工具则选中整个图标，双击工具并按下 Delete 键，可删除整个图标
A	文本	在图标中输入文本。双击该工具可选择字体，当文本处于活动状态时，可用方向键移动文本。Windows 图标中适合使用小字体
	前景色/背景色	显示当前的前景色和背景色。单击其中的每个矩形，均会显示一个颜色选择器，可在选择器中选择新颜色

图 3.4.2　编辑后的图标

3.4.2　定义连接器

图标是子 VI 在程序框图上的图形化表示，而连接器作为一个编程接口，定义了子 VI 输入、输出端口和主程序之间的参数形式和接口类型。这些输入、输出端口相当于编程语言中的形式参数和结果返回语句。当调用 VI 节点时，子 VI 输入端口接收从外部控件或其他对象传输到各输入端口的数据，经子 VI 内部节点处理后又从子 VI 输出端口输出结果，传送给子 VI 外部的显示控件，或作为输入数据传送给后续程序。

定义连接器的方法是，鼠标右键单击前面板窗口中的图标，在弹出的快捷菜单中选择"显示连线板"命令，这时连接器图标会取代前面板窗口右上角的图标，如图 3.4.3 所示。

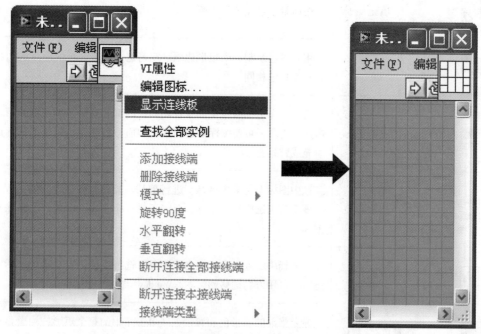

图 3.4.3　从图标窗口到连接器的切换

一般情况下，VI 只有设置了连接器端口才能作为子 VI 使用，如果不对其进行设置，则调用的只是一个独立的 VI 程序，不能改变其输入参数也不能显示或传输其运行结果。如果需要设置子 VI 的输入、输出端口，就需要在连接器面板中定义相应的连接器端口。与 LabVIEW7.1 版本不同的是，在 LabVIEW8.5 后的版本中第一次打开一个 VI 的连接器面板时，LabVIEW 不会自动根据当前面板上控制控件和显示控件的个数选择连接器模式（Pattems），而需要用户自定义连接器端口数目并和控制控件和显示控件建立连接。

连接器端口的设置分为两个步骤：

（1）创建连接器端口，包括定义端口的数目和排列形式。

（2）定义连接器端口和控制控件及显示控件的关联关系，包括建立连接和定义接线端类型。

在初始状态下，连接器端口是没有与任何控件连接的，即所有的输入、输出端口都是空白的 ▦，每个单元格代表一个输入或输出端口。用鼠标右键单击该图标，在弹出的快捷菜单中选择"模式"命令，弹出的选板中提供了 36 种预定义的连接器端口布局模式，用户可以选择所需的端口布局模式，如图 3.4.4 所示。如果其中的模式无法满足用户的要求，则可以先从该选板中选择一个和所需模式相近的模式，然后使用"添加接线端"和"删除接线端"命令对预定义模式进行修改，并且可以使用"旋转 90 度""水平翻转"和"垂直翻转"三个命令去改变模式的形状。

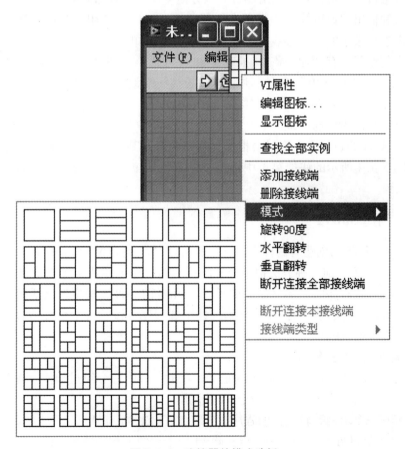

图 3.4.4　连接器的模式选板

连线板中最多可设置 28 个接线端。若前面板上的控件不止 28 个，可将其中的一些对象组合为一个簇，然后将该簇分配至连线板上的一个接线端。如果需要创建一组常用的子 VI，则需为这些子 VI 创建形式统一的连线板，并将常用输入端放在同一位置，以方便记住每个输入端的位置。如果创建一个子 VI，其输入为另一个子 VI 的输入，那么为了简化连线，输入端和输出端应排在同一直线上。

注意：一个 VI 的接线端尽量不要超过 16 个，接线端太多将降低该 VI 的可读性和可用性。

创建好连接器端口后，可以按照需要建立选择端口与相应的控制控件和显示控件的关联。如果定义的端口数超过所需的端口数，则应空置出附加接线端，等需要时再进行连接。为了使各种改变对 VI 层次结构的影响降到最小，连线板应有一定的灵活性。下面介绍如何定义连接器端口和控制控件及显示控件的关联关系，以此来完成连接器的设置。

首先打开"工具"选板，单击选板上的连线工具，这时鼠标移至连接器图标，单击其中一个端口，此时该单元格自动由白色改为该控件代表的数据类型的颜色，这表示连接器端口与控件已建立连接。单击前面板中的任何空白区域，虚线框自动消失。重复上述操作，为前面板上所有的控件定义连接器端口。通常，LabVIEW 会自动根据控件类型判断其是输入端口还是输出端口，且控制控件对应输入端口，显示控件对应输出端口。习惯上，连接器左边设置为输入端口，右边设置为输出端口，以方便使用、检查和调试。

输入端口和输出端口可设置为必需、推荐或可选，以避免用户忘记连接子 VI 接线端。鼠标右键单击连线板中的某个接线端，在弹出的快捷菜单中选择"接线端类型"命令，表明接线端的当前设置，有"必需""推荐"和"可选"三种类型供选择。也可选择"工具"→"选项"→"前面板"命令，并将连线板接线端设置为默认是必需的。该设置将连线板上的接线端从"推荐"改为"必需"。输入端口在推荐状态下默认为必须连接，输出端口在推荐状态下默认为可选连接。

在编辑调试 VI 的过程中，有时会根据实际需要断开某些端口与前面板对象的关联，具体做法是在图 3.4.4 所示的快捷菜单中选择"断开连接全部接线端"或"断开连接本接线端"命令。

3.4.3　创建 SubVI

LabVIEW 中子 VI 的创建有两种方法：一种方法是用现有 VI 创建子 VI，另一种方法是选定内容创建成子 VI。前一种方法把整个框图所示的程序创建成子 VI，是层次化编程的基础。后一种方法选定程序的一部分创建成子 VI，相对前一种方法更加灵活机动。选定部分被子 VI 节点所取代，实现程序的模块化编程并增加程序可读性。本节就结合实例具体介绍这两种创建子 VI 的方法。

1. 用现有 VI 创建子 VI

将 VI 创建成子 VI，关键是连接器的定义。在上一节中已介绍过如何设置连接器。当创建了图标和连接器后，此 VI 就可作为子 VI 被调用。

下面就编写一个求两数较大值的程序，并将此 VI 创建成子 VI。

（1）创建一个如图 3.4.5 所示的 VI，此 VI 用来求两个数中的较大值。首先在前面板的"控件"选板中选择两数值输入控件，分别命名为"x"和"y"。

（2）在程序框图的空白处单击鼠标右键，打开"函数"选板，找到大于等于节点和选择节点，完成图 3.4.5 所示连接。在选择节点输出端口单击鼠标右键，在快捷菜单中选择"创建显示控件"选项，并将显示控件命名为"MAX"。

选择"节点?"端子连接布尔型数据，如图 3.4.5 所示，用于判断布尔数据。当输入为真时，选择节点输出的是"T"端子的数据。当输入为假时，选择节点输出的是"F"端子的数据。

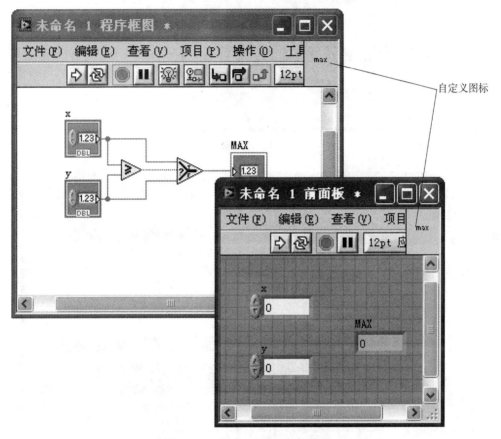

图 3.4.5　创建 VI 求两数较大值

（3）打开图标编辑器，为了显示此子 VI 的功能，可以编辑如图 3.4.5 所示的图标。

（4）切换到前面板，按前一节所示的方法选择连接器端口。本例中有两个输入端口和一个输出端口，因此可以选择图 3.4.6 所示的连接器端口并和前面板控件和指示器建立起相应关联。

（5）在前面板的"文件"菜单项中单击"保存"命令或"另存为"命令保存此子 VI。如果子 VI 比较常用，可以保存在"函数"选板中的用户库中。

图 3.4.5 中的选择节点有 3 个输入端子，依次为"T"端子、"?"端子、"F"端子。"T"端子和"F"端子为多态连线端。所谓多态连线端，就是端口可以连接不同的数据类型。但当"T"端子接线端连线类型确定后，"F"端子将失去多态性，仅支持和"T"端子连线类型相同的数据类型作为输入。如果在"T"端子和"F"端子连接不同类型的数据，则编辑无法通过，并会出现错误提示信息，如图 3.4.7 所示。

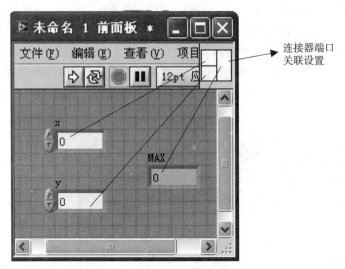

图 3.4.6　选择器的设置

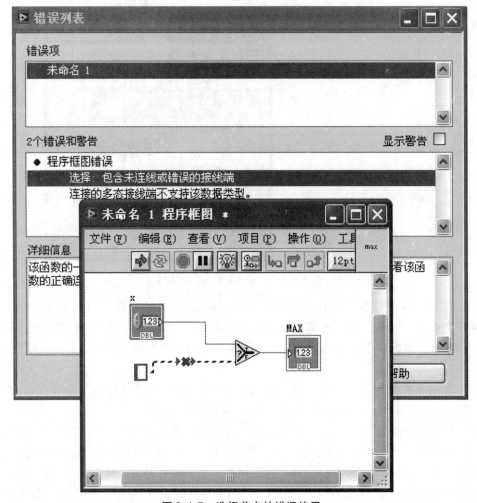

图 3.4.7　选择节点的错误使用

2. 选定内容创建成子 VI

当在设计程序的过程中需要模块化某段程序，以使程序结构清晰或方便以后调用时，可以使用选定内容创建成子 VI 的方法。在程序框图中操作鼠标，用定位工具框定需要创建成子 VI 的程序模块，从"编辑"菜单中选择"创建子 VI"选项，完成后所框定的内容成为一个子 VI，被一个显示默认图标的子 VI 节点所替换。LabVIEW 根据框定内容与外部端子的连接情况自动创建连接器端口并进行关联操作。有时，子 VI 的端子默认为可选状态，如果用户忘记给其输入数据，子 VI 仍可通过运行，但会输出错误的结果，这样的情况不利于程序的调试和检查。因此，如果用选定内容创建的子 VI 需要被频繁地调用，建议用户在连接器中对其端口的连接类型进行定义。

下面就在 LabVIEW 中 NI 范例的基础上修改一个程序，并选定此 VI 的部分内容创建成子 VI。步骤如下：

（1）打开"帮助"菜单的"查找范例"菜单项，在弹出的 NI 范例查找器中双击"Basic Amplitude Measurements. vi"，该 VI 位于范例"查找器信号分析和处理"菜单项的"电平测量"文件夹中。该 VI 通过垂直指针滑动杆来控制正弦信号的频率和幅值，输出正弦信号到波形图中，并通过幅值和电平测量节点监测正弦信号，输出给"数值显示"控件。为便于观测波形数据和数值，在框图中添加了一个默认延时为 0.01 s 的时间延时节点，如图 3.4.8 所示。

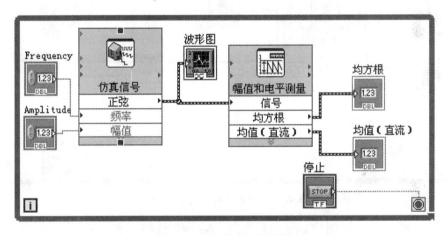

图 3.4.8　正弦信号的测量

（2）对图 3.4.8 程序进行修改，修改后的程序内容如图 3.3.9 所示。目标是选择 VI 的部分内容，创建一个新的子 VI，此子 VI 可以根据仿真信号节点仿真信号的不同选择显示三角波、方波等信号，并能实时监测和输出信号的均值和均方根两个数据。为方便观测，可以给时间延迟创建一个输入控件，默认值为 0.01 s。该输入控件在子 VI 中应定义为可选状态。使用此控件可以灵活地根据用户的需求控制时间延迟。需要注意的是，时间延迟不应设计太长，以免程序运行过慢。在程序运行中，仍然可以对控件值进行修改。

（3）要完成此子 VI，首先要选定程序框图中的相应部分并将其创建成子 VI，然后再对此子 VI 的图标和连接器进行修改。根据上述功能要求，首先单击鼠标左键不放，框定图 3.4.9 所示的功能部分，框定后选中的节点和端子连线变成虚线状态，"编辑"菜单中的"创建子 VI"选项会变为可选状态，单击此选项，选定的框图内容就被一个默认图标的子 VI 节点取代，原程序节点和外部的数据连线不会被改变，如图 3.4.10 所示。

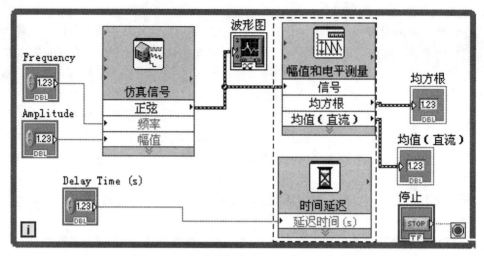

图 3.4.9　框定要创建成子 VI 的程序内容

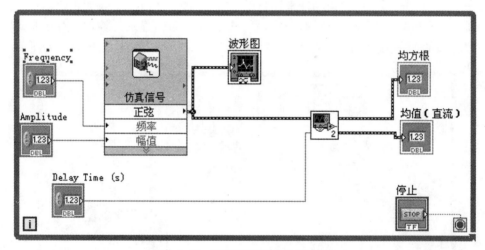

图 3.4.10　框定的程序被子 VI 取代

为了能方便选定所需创建成子 VI 的内容，可以对程序框图中节点、控件和指示器的位置进行重新排列。本例就把显示器的位置移动到了框图右边的选定区域外。

（4）对默认图标进行编辑，首先用截图软件截取幅值和电平测量节点图案![图案]，保存为 BMP 图片格式。在程序框图中双击子 VI 节点，打开子 VI。找到保存的图片，用鼠标左键单击图片，拖曳到 LabVIEW 前面板右上角的图标窗口中，则默认图标被新图标覆盖，如图 3.4.11 所示。对 JPEG 类型的图片也可进行此类操作。

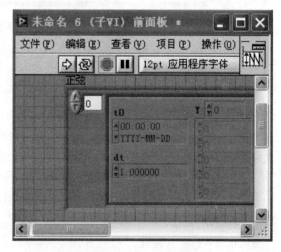

图 3.4.11　替换后的图标

（5）在图标窗口中单击鼠标右键，在快捷菜单中选择"显示连线板"选项。把默认的接线端类型修改为图 3.4.12 所示状态。如果不修改子 VI 的端口连接类型，则调用后不连接仿真信号节点也不会提示出错信息。图 3.4.13 所示为设置端口后调用的子 VI，可以发现运行无法通过，错误列表提示输入端子没连接。

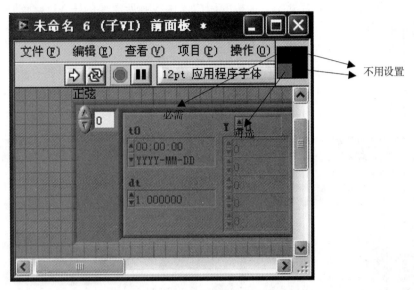

图 3.4.12　对连接器默认值进行修改

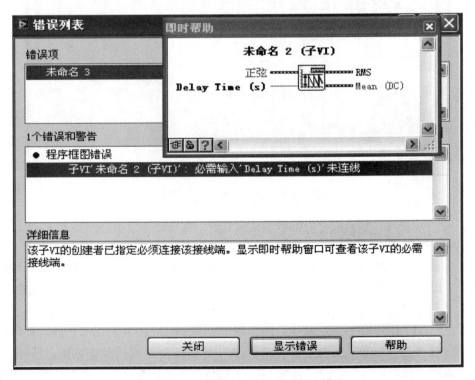

图 3.4.13　必需输入端未连接时提示错误

（6）对子 VI 命名并保存此子 VI。

3.4.4　调用 SubVI

如果创建的子 VI 被使用的频率较高，为方便调用，可以把子 VI 添加进"函数"选板的用户库中。调用时只需从"函数"选板的用户库中找到所需要的子 VI，拖动此子 VI 至程序框图即可完成调用。

按如下步骤可把子 VI 添加进用户库：

（1）打开前面板"工具"菜单高级选项中的"编辑"选板，单击"函数"选板中的用户库图标，进入"用户库"子选板。如图 3.4.14 所示，默认情况下，"用户库"子选板没有任何 VI 可以调用。

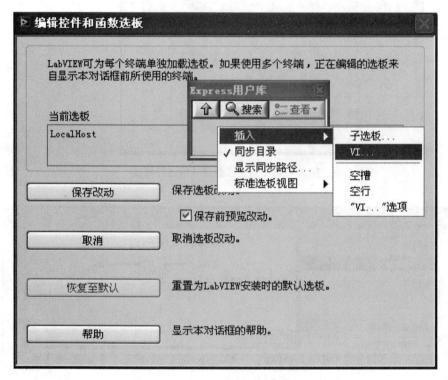

图 3.4.14　在用户库中插入子 VI

（2）在"用户库"子选板空白处单击鼠标右键，在快捷菜单中选择插入 VI 选项，在弹出的对话框中选择所需要加入用户库的 VI，单击"打开"按钮。

（3）完成步骤（2）后 VI 被添加进用户库，单击图 3.4.14 中的"保存改动"按钮，保存设置。完成后"函数"选板的"用户库"子选板就显示刚添加的子 VI 图标，如图 3.4.15 所示。

除了把子 VI 创建到用户库，从用户库调用子 VI 拖动到程序框图的方法外，还可以在主 VI 程序框图中通过"函数"选板上的"选择 VI"选项打开子 VI，实现调用。

首先选择"函数"选板中的"选择 VI"子选板，单击后会弹出一个对话框。在对话框中选择需要调用的子 VI，单击"确定"按钮，如图 3.4.16 所示。

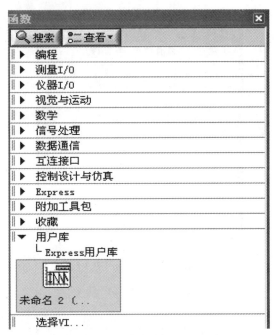

图 3.4.15　用户库面板子 VI 图标

图 3.4.16　选择需要调用的子 VI

打开后,鼠标切换为滚动工具状态,并出现要调用子 VI 的图标。移动图标到程序框图中,单击鼠标左键,则子 VI 被调入主 VI。此时,工具栏中的"运行"按钮状态为断开,如图 3.4.17 所示,说明子 VI 还未完成数据输入连接。当把子 VI 必须连接的端子和子 VI 中其他节点建立起连接后,"运行"按钮显示正常状态。

图 3.4.17 子 VI 调用主 VI 后

3.5 练习

［练习 1］简要叙述你对 VI 的理解，以及如何建立 VI。

［练习 2］怎样编辑 LabVIEW 的前面板与程序框图？简要介绍 LabVIEW 程序调试技术。

［练习 3］创建如图 3.5.1 所示的 VI，并命名为"认识 LabVIEW"。向前面板输入个人信息，运行程序，得到录入的个人信息结果。（提示：捆绑函数在"函数"→"编程"→"簇、类与变体"子选板中。）

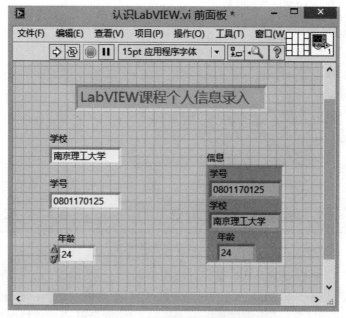

图 3.5.1 练习 3 前面板及程序框图

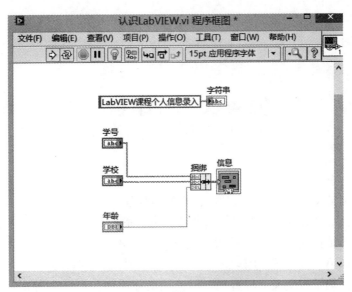

图 3.5.1　练习 3 前面板及程序框图（续）

第4章　程序结构

计算机编程的实践表明，仅仅有顺序执行的语法和语义是不够的，还必须有循环、分支等特殊的控制程序流程的程序结构才可能设计出功能完整的应用程序。

LabVIEW 采用结构化数据流图编程，能够处理循环、顺序、条件和事件等程序控制的结构框架，这是 LabVIEW 编程的核心，也是区别其他图形化编程开发环境的独特与灵活之处。LabVIEW 提供的结构定义简单直观，但应用变化灵活，形式多种多样，要完全掌握并灵活运用不是一件易事。本章对 LabVIEW 各种结构框架的定义、使用和主要语法规则进行了比较详细的论述，并配以大量的应用实例，介绍了各种结构的特殊用法及容易引起混淆的地方，希望能够帮助用户更好地理解和掌握这些结构的编程要点。

属性节点也是 LabVIEW 为增强图形化编程功能而设置的前面板对象特征，灵活运用属性节点控制是实现 LabVIEW 程序许多高级人机交互功能的主要途径，本章还将对属性节点的创建和前面板对象通用的属性特点进行介绍。

4.1　循环结构

LabVIEW 中的循环结构有 For 循环和 While 循环。其功能与文本语言的循环结构的功能类似，可以控制循环体内的代码执行多次。

4.1.1　For 循环结构

LabVIEW 提供的循环结构位于"编程"→"结构"子选板中，如图 4.1.1 所示。

For 循环（For Loop）是 LabVIEW 最基本的结构之一，它执行指定次数的循环，相当于 C 语言中的 For 循环：

```
for( i = 0 ; i < N ; i ++ )
{}
```

For 循环按照设定好的次数 N 执行结构内的对象，包含两个长整型参数：总的循环次数 N 和当前循环次数 i。建立 For 循环结构需要以下几个步骤：

第 1 步：放置 For 循环框。在"结构"子选板上单击鼠标左键或右键选择"For 循环"，然后在程序框图窗口空白区域单击鼠标左键，向右下方拖动鼠标使虚线框达到合适大小，再单击鼠标左键即完成 For 循环框的放置。For 循环框创建完成后，将鼠标移至边框上，出现方位箭头，按住鼠标拖动可改变框的大小。

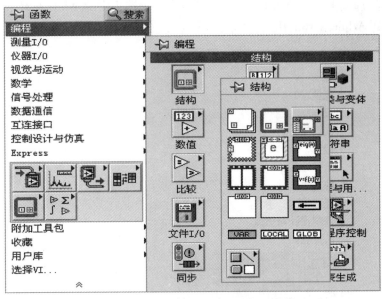

图 4.1.1　LabVIEW 的"结构"子选板

第 2 步：添加循环程序。在循环框中添加循环程序对象。注意，循环程序的所有对象都要包含在框内，否则不被视为循环程序。

第 3 步：设置循环次数。设置循环次数有直接设置和间接设置两种方法。直接设置方法就是通过直接给 N 赋值来设置循环次数。即在 N 上单击鼠标右键，从弹出的菜单中选择"创建变量"选项，在该变量控件中输入数值常量，就使循环次数 N 为整型量；如果所赋值不是整型量，则将其强制转换为最接近的整型量，如 0.5 转换为最接近的偶数。间接方法则是利用循环结构的自动索引功能来控制循环次数，具体会在后面的自动索引部分内容中讲到。创建的 For 循环如图 4.1.2 所示。

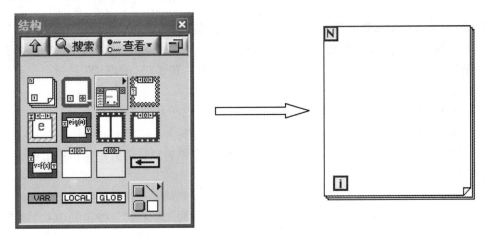

图 4.1.2　创建的 For 循环

4.1.2　While 循环结构

While 循环结构位于"编程"→"结构"子选板中，同时也存在于"Express"→"执行过程控制"子选板中，如图 4.1.3 所示。"结构"子选板中的 While 循环和"执行过程控制"子选板中的 While 循环的用法和作用是相同的，只不过在建立循环结构时有点小差别。

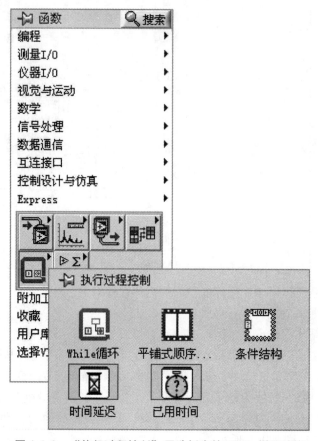

图 4.1.3 "执行过程控制"子选板中的 While 循环结构

While 循环有两个参数：当前循环次数 i 和条件判断布尔量。While 循环结构的循环次数不是由固定的数决定，而是根据布尔量来判断决定。每次循环结束后，布尔量判断是否继续执行。循环继续的条件有两种："真（T）时停止"和"真（T）时继续"，分别表示条件为真时停止循环和条件为真时继续循环。

建立 While 循环的步骤和建立 For 循环类似，需要以下几个步骤：

第 1 步：放置 While 循环框。选择"编程"→"结构"→"While 循环"结构，在程序框图窗口空白区域单击鼠标左键后拖动鼠标，使虚线框调整至合适大小，再单击鼠标左键完成 While 循环框的放置。

第 2 步：添加循环对象。同样，循环程序的所有对象都要包含在框内。

第 3 步：设置循环条件判断方式。在条件判断端单击鼠标右键，弹出如图 4.1.4 所示的快捷菜单。可以选择条件判断方式为"真（T）时停止"或"真（T）时继续"，默认设置为"真（T）时停止"。选择"创建输入控件"选项添加一个控件来控制布尔量，此时前面板窗口出现一个按钮，用来控制判断条件。

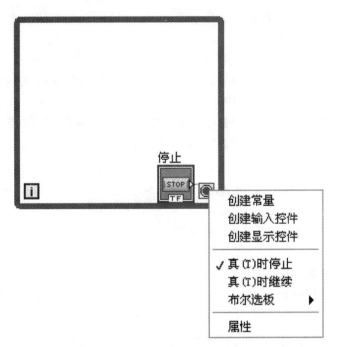

图 4.1.4　While 循环条件判断方式

"结构"子选板和"执行过程控制"子选板中的 While 循环的不同之处在于：如果选择"执行过程控制"子选板中的 While 循环，则在放置循环框时会自动建立一个输入控件，可以省略上述第 3 步。

4.1.3　循环结构数据通道与自动索引

循环结构数据通道是循环结构内数据与结构外数据交换（输入/输出）的必经之路，位于循环结构框上，显示为小方格。图 4.1.5 和图 4.1.6 所示分别为 For 循环结构和 While 循环结构的数据通道。通道的数据类型和输入的数据类型相同，通道的颜色也和数据类型的系统颜色相同，如浮点数据通道的颜色为橙色。

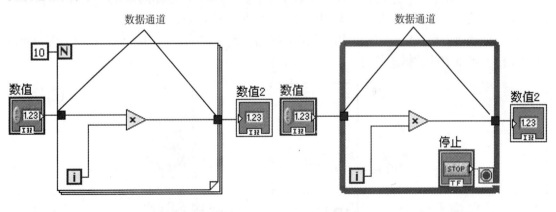

图 4.1.5　For 循环结构数据通道　　　　图 4.1.6　While 循环结构数据通道

以图 4.1.5 中左侧的数据通道的添加为例，在程序框图界面中，单击"工具"选板上的"进行连线"工具后，连接显示控件和乘法（"×"）函数控件的输入端口后，系统自动生成数据通道。

在执行循环程序过程中，循环结构内的数据是独立的，即输入循环结构中的数据是在进入循环结构之前完成的，进入循环结构以后不再输入数据；而循环结构输出数据是在循环执行完毕以后进行的，循环执行过程中不输出数据。

例如执行图 4.1.5 所示程序，输入控件"数值"在循环结构中保持不变，输出数据为循环结构结束时的 i（值为 9）乘以输入控件"数值"。当"数值"输入为 1 时，输出结果"数值 2"为 9，如图 4.1.7 所示。

图 4.1.7　前面板结果

当循环结构外部和数组连接时，在数据通道可以选择自动索引功能。自动索引可以自动计算数组的长度，并根据数组最外层的长度确定循环次数。在数据通道上单击鼠标右键，选择快捷菜单中的"启用索引"命令，即可启用自动索引功能，如图 4.1.8 所示。

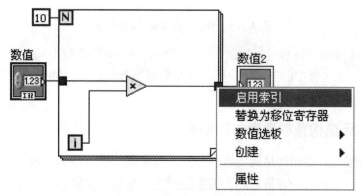

图 4.1.8　启用自动索引功能

图 4.1.5 所示的程序中，循环结构中每次循环都产生一个相乘的结果，如果保留每次循环相乘的结果，并将所有结果组成数组输出，则需要启用自动索引功能。

启用自动索引后，For 循环结构的输出数据通道发生变化，如图 4.1.9 所示，变为两侧分别连接不同维数的数据。此时，前面板的界面形式及结果如图 4.1.10 所示。

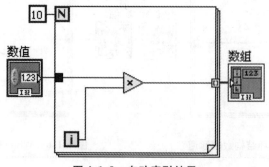

图 4.1.9　自动索引结果

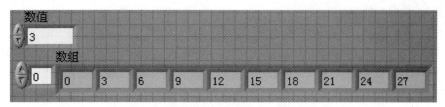

图 4.1.10 前面板的界面形式及结果

利用循环结构的自动索引功能可以间接设置循环次数。

例如图 4.1.11 所示程序中,不设置循环次数 N,启用自动索引功能后程序会根据输入数组的长度来确定循环次数。输入长度为 5 的数组[1 2 3 4 5],循环执行的总次数为数组长度 5,结果如图 4.1.12 所示;输入长度为 7 的数组[1 2 3 4 5 6 7],则循环执行的总次数为数组长度 7,结果如图 4.1.13 所示。

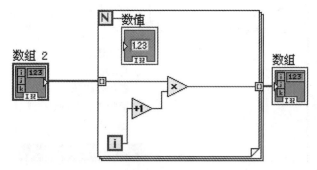

图 4.1.11 间接设置循环次数程序框图

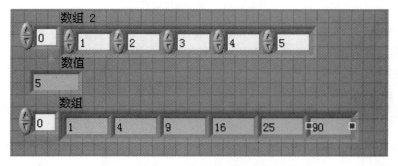

图 4.1.12 长度为 5 的数组结果

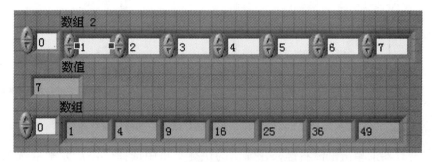

图 4.1.13 长度为 7 的数组结果

4.1.4 移位寄存器

在循环结构中经常用到一种数据处理方式，即把第 i 次循环执行的结果作为第 $i+1$ 次循环的输入，LabVIEW 循环结构中的移位寄存器可以实现这种功能。在循环结构框左侧或右侧边框单击鼠标右键，在弹出的快捷菜单中选择"添加移位寄存器"选项可添加移位寄存器，如图 4.1.14 所示。

图 4.1.14　添加移位寄存器

图 4.1.15 显示为 For 循环结构和 While 循环结构添加移位寄存器后的结果。移位寄存器在循环结构框的左右两侧是成对出现的，一个寄存器右侧的端子只能有一个元素，而左侧的端子可以有多个元素。移位寄存器的颜色和输入数据类型的系统颜色相同，在数据为空（没有输入）时是黑色的。

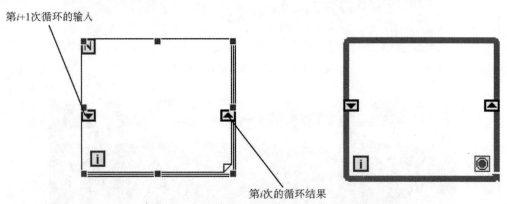

图 4.1.15　For 循环和 While 循环结构中的移位寄存器

在移位寄存器上单击鼠标右键，在弹出的快捷菜单中选择"添加元素"选项可为左侧端子添加一个元素；选择"删除元素"选项删除一个元素；选择"删除全部"选项则删除整个移位寄存器。在一个循环框中可以添加多个移位寄存器，如图 4.1.16 所示。

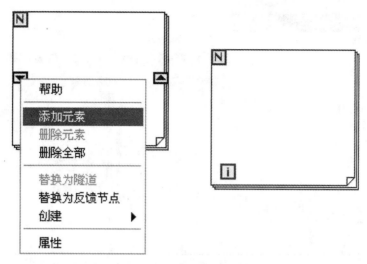

图 4.1.16　移位寄存器元素

移位寄存器左侧端子的元素分别对应前几次循环寄存器的输入。

如图 4.1.17 所示的程序中，数值对应前一次循环寄存器的输入"99"，数值 2 对应前两次循环寄存器的输入"98"，数值 3 对应前三次循环寄存器的输入"97"，如图 4.1.18 所示。在一个循环框中可以添加多个移位寄存器。

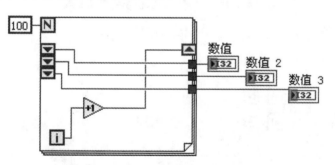

图 4.1.17　多元素移位寄存器

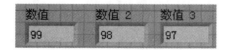

图 4.1.18　前面板结果

4.1.5　反馈节点

反馈节点位于"函数"选板的"编程"→"结构"→"反馈节点"子选板中，如图 4.1.19 所示。

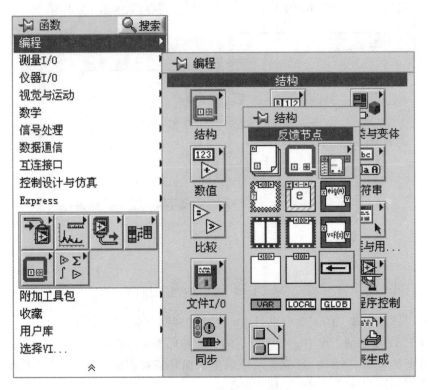

图 4.1.19　"函数"选板中的反馈节点

反馈节点用来在循环结构之间传递数据，相当于只有一个左侧端子的移位寄存器。图 4.1.20 所示为反馈节点的程序。

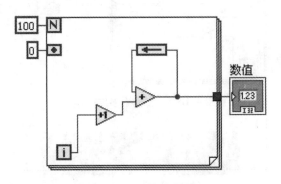

图 4.1.20　反馈节点程序

反馈节点和有一个左侧端子的移位寄存器可以相互转换。在移位寄存器的右键快捷菜单中选择"替换为反馈节点"选项可将移位寄存器转换成反馈节点，如图 4.1.21 所示；在反馈节点的右键快捷菜单中选择"替换为移位寄存器"选项可将反馈节点转换为移位寄存器，如图 4.1.22 所示。

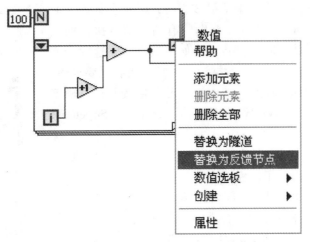

图 4.1.21 将移位寄存器转换为反馈节点

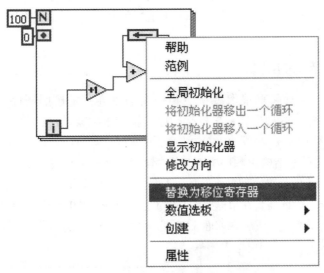

图 4.1.22 将反馈节点转换为移位寄存器

4.2 顺序结构

在传统编辑语言中，程序有明确的执行顺序，即程序按照程序代码从上到下的顺序执行，每个时刻只执行一步。这种程序执行方式称为控制流（Control Flow）。而 LabVIEW 却是一种数据流（Data Flow）语言，在 LabVIEW 中，只有当某个节点的所有输入均有效时，LabVIEW 才能执行该节点，这一点称为数据从属性（Data Depengdency）。

在控制流编程中，程序强制 GET A 在 GET B 之前执行，如数据 B 在数据 A 准备好之前已经准备好，程序就必须浪费时间取等待数据 A。而在数据流中 GET A 和 GET B 就没有前后之分，两个 GET 任务根据需要在时间上相互交叠。LabVIEW 允许在一个框图中并行执行多个不同的节点，也就是说，LabVIEW 环境支持并行执行多种任务和多 VIs。从控制流编程发展到数据流编程是编程语言技术的革新，也是 LabVIEW 编程特性的显著标志之一。

虽然数据流编程为用户带来了很多方便，但是在某些方面还存在不足。如果 LabVIEW 程序框图中有两个节点执行的条件，那么这两个节点就会同时执行。但如果编程需要这两个节点按一定的先后顺序执行，那么数据流控制是无法满足要求的，必须引入特殊的结构框，在此框架内程序要严格按照预先确定的顺序执行，这就是 LabVIEW 顺序结构（Sequence Structure）的由来。

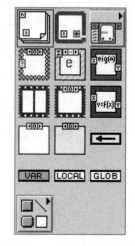

LabVIEW 顺序结构的功能是强制程序按一定的顺序执行，顺序结构可以从"结构"子选板中创建。

从图 4.2.1 中可以看出，LabVIEW 提供了两种顺序结构：层叠式顺序结构与平铺式顺序结构。层叠式顺序结构是 LabVIEW 中经典的顺序结构，存在于 LabVIEW 的各个版本中，而平铺式顺序结构是在 LabVIEW 7 Express 版本中新出现的。这

图 4.2.1　"结构"子选板

两种顺序结构的功能完全相同，只是其外观和用法稍有不同，下面详细介绍两种顺序结构的组成和使用。

4.2.1　顺序结构的组成

LabVIEW 顺序结构看起来很像装在照相机内的胶卷，是按照顺序一帧接一帧地拍照（运行）的。顺序结构有两种形式：单框架顺序结构和多框架顺序结构。

1. 层叠式顺序结构

最基本的层叠式顺序结构由顺序框架、选择器和递增/递减按钮组成。

按照上述方法创建的是单框架顺序结构，只能执行一步操作，但大多数情况下，用户需要按顺序执行多步操作，因此需要在单框架的基础上创建多框架顺序结构。在顺序框架的右键弹出菜单中选择"在后面添加帧"或"在前面添加帧"命令，就可以添加框架，如图 4.2.2 所示。

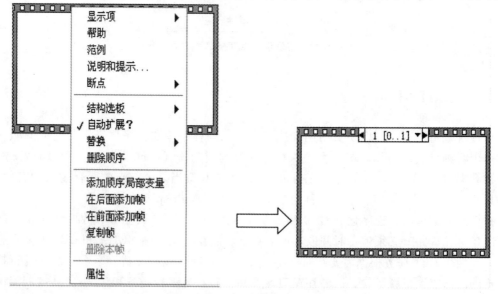

图 4.2.2　创建多框架顺序结构

　　程序运行时，顺序结构就会按选择器标签 0，1，2…的顺序逐步执行各个框架中的内容，具体用法见例 4.2.1。在程序编辑状态时，用鼠标单击递增/递减按钮即可将当前编号的顺序框架切换到前一编号或后一编号的顺序框架；用鼠标（操作工具）单击选择标签，可以从下拉选单中选择切换到任一编号的顺序框架，如图 4.2.3 所示。

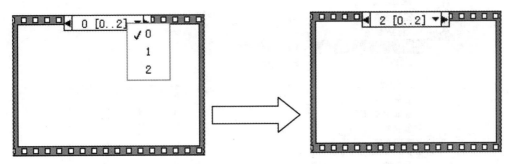

图 4.2.3　顺序框架的切换

　　另外，在编程时，还常常要将前一个顺序框架中产生的数据传递给后续框架中使用，此后 LabVIEW 在顺序框架中引入了本地变量（Sequence Local）的概念，通过顺序框架本地变量，就可以在顺序框架中向后传递数据。这里的框架通道没有 Enable Indexing 和 Disable Indexing 这两种属性。

2. 平铺式顺序结构

　　多框架层叠式顺序结构由多个框架组成，按照 0，1，2…的顺序执行，多框架平铺式顺序结构的多个框架不是叠加在一起，而是由左至右平铺，并且按照相同的顺序执行。添加框架的方法与层叠式顺序结构相同。

　　从功能上讲，层叠式顺序结构和平铺式顺序结构完全相同，平铺式顺序结构的所有框架在同一个平面上，较为直观，不需要用户在框架之间切换，但二者在用法上稍有区别。在顺序框架的右键菜单中选择"替换为平铺式顺序"或"替换为分支结构"，可以在层叠式顺序结构和平铺式顺序结构之间相互切换，如图 4.2.4 所示。

4.2.2　顺序结构的使用

　　[例 4.2.1]　用 For 循环产生一个长度为 2 000 点的随机波形，并计算所用的时间。

　　本例是一个典型的顺序结构应用。第 1 步确定 For 循环开始前的系统时间；第 2 步运行 For 循环；第 3 步确定 For 循环结束后的系统时间；最后两时间相减即得 For 循环的运行时间。程序框图如图 4.2.5 所示。本例采用层叠式顺序结构实现。

　　在顺序框架 0 和 2 中，采用了一个名为 Tick Count（ms）的节点，用于返回当前系统时间，单位为 ms。另外，为把在顺序框架 0 获得的系统时间传递到顺序框架 2 中求时间差，本例采用了顺序结构本地变量（Sequence Local），顺序结构本地变量是层叠式顺序结构中特有的变量，用于向后面的顺序框架中传递数据。在层叠式顺序框架的右键弹出菜单中选择"添加顺序局部变量"选项，可以添加顺序结构局部变量，如图 4.2.6 所示。

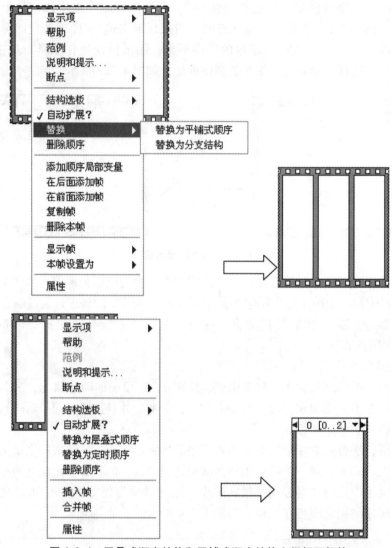

图 4.2.4　层叠式顺序结构和平铺式顺序结构之间相互切换

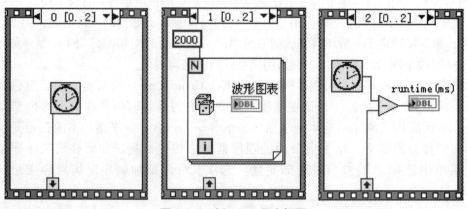

图 4.2.5　例 4.2.1 程序框图

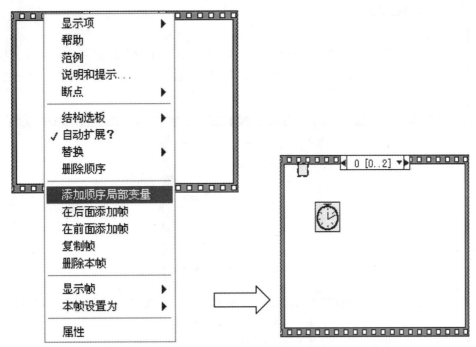

图 4.2.6 在层叠式顺序结构添加顺序结构局部变量

一个新的顺序结构本地变量是一个黄色的矩形,将需要传递的数据连接到顺序结构本地变量后,黄色的矩形会变成一个带箭头的矩形,在顺序框架 0 中,箭头指向顺序框架,在后续的顺序框架 1 中,箭头背向顺序框架,矩形的颜色由该数据的类型决定。注意:顺序结构本地变量只能向后续的顺序框架传递数据。

本例的计算结果如图 4.2.7 所示。

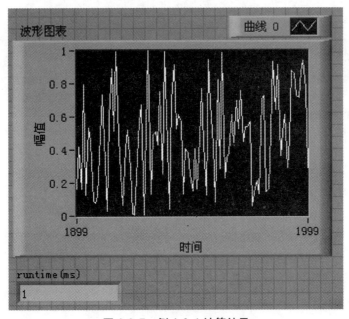

图 4.2.7 例 4.2.1 计算结果

3. 平铺式顺序结构的使用

[例4.2.2] 利用平铺式顺序结构实现例4.2.1的功能。

利用平铺式顺序结构也可以实现例4.2.1的功能，其程序框图如图4.2.8所示。与层叠式顺序结构不同的是，平铺式顺序结构没有顺序结构本地变量，需要向后续的顺序框架传递数据时，只需要将数据直接连接到后续的顺序框架中即可。

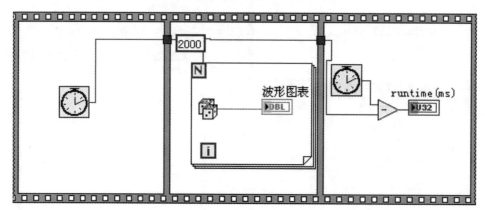

图4.2.8 例4.2.2程序框图

4.3 条件结构

条件结构（Case Structure）也是 LabVIEW 最基本的结构之一，相当于 C 语言中的 Switch 语句：

```
switch(表达式)
{case 常量表达式1:语句1;
 case 常量表达式2:语句2;
 case 常量表达式n:语句n;
 default:语句 n+1;
 }
```

在某种意义上，条件结构还相当于 C 语言中的 If 语句：

```
 if(条件判断表达式)
{
 }
 else
{
  }
```

C 语言中的 Switch 语句选择结构可以从"结构"子选板中创建，创建方法如图4.3.1所示。

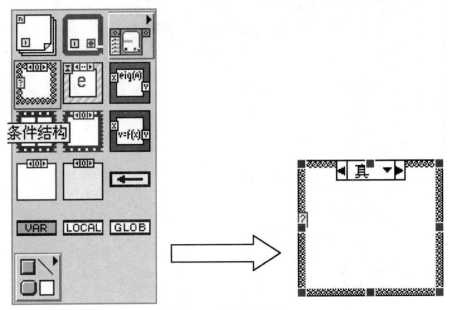

图 4.3.1　创建条件结构

4.3.1　条件结构的组成

最基本的条件结构由选择框架、选择端口、选择器标签，以及递增/递减按钮组成。

在条件结构中，选择端口相当于上述 C 语言 Switch 语句中的"表达式"，框图表示符相当于"表达式 n"。编程时，将外部控制条件连接至选择端口上，程序运行时选择端口会判断送来的控制条件，引导条件结构执行相应框架中的内容。

与 C 语言中的 Switch 语句相比，LabVIEW 中的条件结构比较灵活，输入端口中外部控制条件的数据类型有 3 种可选：布尔型、数字整型和字符串型。

当控制条件为布尔型时，条件结构的选择器标签的值为 True 和 False 两种，即有 True 和 False 两种选择框架，这是 LabVIEW 默认的选择框架类型。

当控制条件为数字整型时，条件结构的选择标签的值为整数 0，1，2…

条件结构的个数可根据实际需要确定，在选择框架的右键弹出菜单中选择"在后面添加分支"或"在前面添加分支"选项，可以添加选择框架，如图 4.3.2 所示。

当控制条件为字符串型时，条件结构的选择器标签的值为由双引号括起来的字符串，如"1"，选择框架的个数也是根据实际需要确定的，如图 4.3.3 所示。

注意：在使用条件结构时，控制条件的数据类型必须与选择器标签中的数据类型一致。二者若不一致，LabVIEW 会报错，同时选择器标签中字体的颜色将变为红色。

在 VI 处于编程状态时，用鼠标（对象操作工具状态）单击递增/递减按钮可将当前的选择框架切换到前一个或后一个选择框架；用鼠标单击选择器标签，可在下拉选单中选择切换到任一个选择框架，如图 4.3.4 所示。

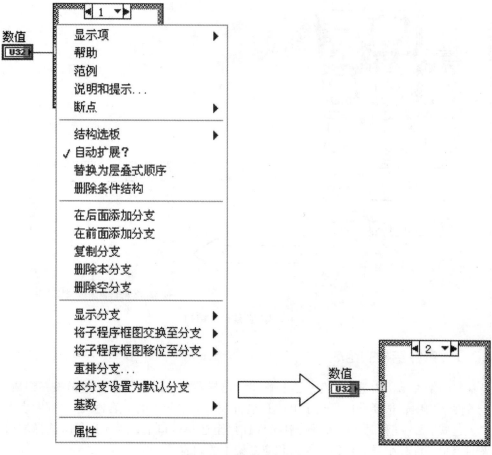

图 4.3.2　添加选择框架

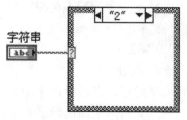

图 4.3.3　控制条件为字符串型时的条件结构

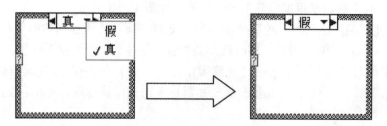

图 4.3.4　条件框架的切换

4.3.2　条件结构的使用

[例4.3.1]　求一个数的平方根，当该数大于等于0时，输出开方结果；当该数小于0时，用弹出式对话框报告错误，同时输出错误代码 – 99999.00。

本例就是条件结构的一个典型应用，输入一个数后，首先判断该数是否小于0，若小于0，则用弹出式对话框报告错误，输出错误代码 – 99999.00；否则就输出计算结果。程序框图如图4.3.5所示。

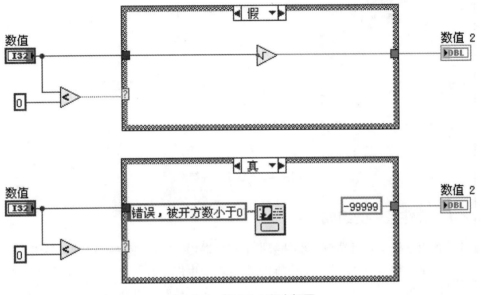

图4.3.5　例4.3.1程序框图

本例在 True 框架中采用了一个名为 One Button Dialog 的节点来实现弹出对话框。该节点相当于 Visual Basic 中的 Msgbox 函数，或相当于 Visual C ++ 中的 MessageBox 函数。

4.4　事件结构

在 LabVIEW 6.1 之前，旧版本的 LabVIEW 没有对事件进行处理的能力，这些事件包括鼠标事件（单击、双击等）、键盘事件、选单事件、窗口事件（如关闭窗口）、对象的数值变化等，这给用户的编程带来了很大的不便。从 LabVIEW 6.1 开始，LabVIEW 提供了一个新的结构，名为事件结构，解决了这个问题，事件结构使 LabVIEW 具备了事件驱动能力。

事件驱动是 Visual Basic、Visual C ++ 等编程语言早已具有的基本功能。使用事件驱动可以让 LabVIEW 应用程序在没有指定事件发生时处于休息状态，直到前面板窗口中有一个事件发生为止。在这段时间内，可以将 CPU 交给其他的应用程序使用，这大大提高了系统资源的利用率。事件结构可以从"结构"子选板中创建，创建方法如图4.4.1所示。

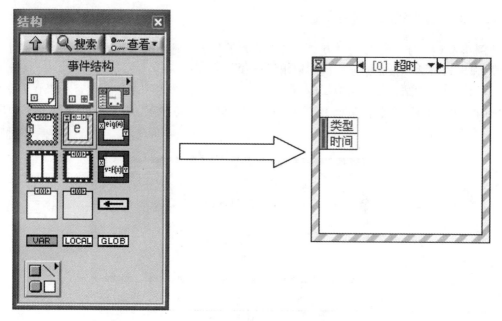

图 4.4.1　创建事件结构

4.4.1　事件结构的组成

事件结构由框架、超时端口、事件数据节点、递增/递减按钮和选择器标签组成。

事件结构是一种多条件结构，能够同时响应多个事件，例如单击鼠标左键的同时又移动鼠标，这是两个事件同时发生，而事件结构会同时响应这两个事件。但是传统的条件结构是没有这个能力的，它只能一次接受并响应一个选择。

递增/递减按钮和选择器标签用于在事件结构的多个框架之间切换。

超时端口用于设置事件结构在等待指定事件发生时的超时时间，其单位为 ms，默认值为 -1。若输入值为 -1，事件结构处于永远等待状态，直到指定的事件发生为止。若输入值为一个大于 0 的整数，例如 100，事件结构会等待相应的时间，当指定的事件在指定的时间内发生时，事件结构接受并响应该事件；若超过指定的时间，事件没有发生，则事件会停止执行，并返回一个超时事件。一般情况下，应当为事件结构指定一个超时时间，否则事件结构将一直处于等待状态，这会影响其他程序的运行。

事件数据节点位于事件结构框架的左内侧，用于输出事件的参数，节点的端口数目和数据类型根据事件的不同而不同。通过该节点可以获得事件的相关信息，如鼠标的坐标、鼠标按钮的编号、键盘按键、事件发生时间等。用户可以根据这些信息进行事件编程。对于某些事件，事件结构框架的右侧也会有一个节点，这个节点用于处理该事件，例如图 4.4.2 中右侧的事件结构框架中是一个"前面板关闭?"事件，这个事件结构框架右侧的节点只有一个名为"放弃?"的端口，该节点用于确定当前面板窗口关闭事件发生时是否关闭该窗口。

图 4.4.2　事件结构

4.4.2　事件结构的使用

事件结构与程序框图中的其他节点、模块在执行时的流程规则没有什么不同，当没有任何事件发生时，事件结构就会处于睡眠状态，直到有一个或多个预先设定的事件发生时，事件结构才会自动苏醒，并根据发生的事件执行用户预先设定的动作。

事件结构能够响应的事件有两种类型：通告事件和过滤事件。

通告事件通知 LabVIEW 一个动作已经发生，例如用户改变了一个控件的值，可以编写程序框图，当用户用鼠标单击前面板上的按钮时，通知事件结构。用户用鼠标单击按钮时，按钮值被改变，事件结构即得到该事件发生的通知。事件结构可以同时处理多个通告事件。

过滤事件用来控制用户界面的操作，通过过滤事件，可以在用户界面收到事件数据之前决定是否激活、修改这些数据，或者完全丢弃这些数据而使其对 VI 不产生任何作用。例如，可以通过设置菜单选择事件限制用户不能交互地关闭前面板；可以通过设置键按下事件使得键入某个字符串控件的字符一律大写，或者屏蔽掉某些字符。

一个事件结构的子框架可以处理多个过滤事件，但前提条件是这些事件返回值是相同的。如果试图在一个子框架中处理两个具有不同返回值的事件，如键按下事件和鼠标进入事件，VI 会出错。

在事件结构框架的右键选择菜单中选择"编辑本分支所处理的事件…"选项，可以弹出"编辑事件"对话框，如图 4.4.3 所示。

通过"编辑事件"对话框，可以设定某一个事件结构子框架响应的事件。"编辑事件"对话框由 5 栏组成。

（1）事件处理分支栏。选择事件结构的子框架，选定之后，可以设定这个子框架中响应的事件。

（2）事件说明符栏。在该栏中列出用户设定的事件，并列出该事件属于哪一个控件。按钮 ➕ 用于添加事件，按钮 ✖ 用于删除事件。

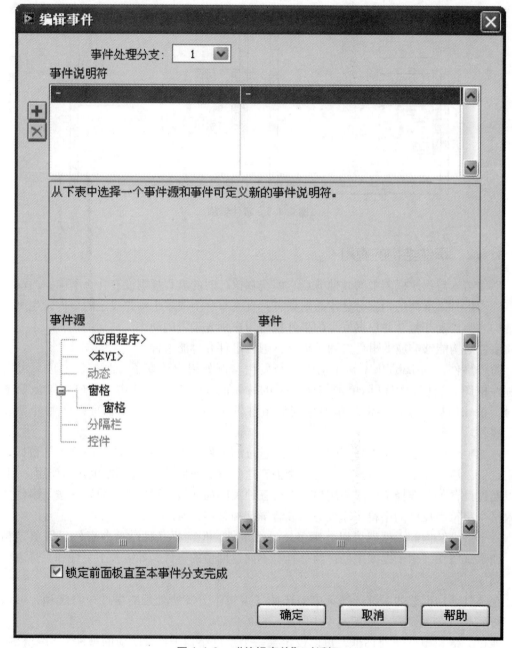

图 4.4.3 "编辑事件"对话框

（3）事件信息栏。当用户选定一个事件时，该栏会提示用户该事件的一些相关信息。

（3）事件源栏。该栏将 VI 中所有具有事件的对象列出。

（4）事件栏。当用户在事件源栏中选定一个对象时，该栏将该对象的事件列出。

用户可以在一个事件结构子框架中设定多个事件，当然，用户也可以在事件结构中添加多个子框架，以响应多个事件。添加子框架的方法是，在事件结构框架的右键选择菜单中选择"添加事件分支…"选项，如图 4.4.4 所示。

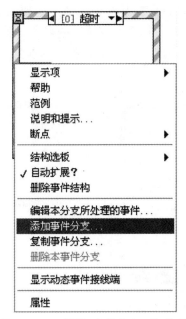

图 4.4.4 "添加事件分支…"选项

4.5 公式节点

4.5.1 公式节点的创建

基本公式节点的创建过程比较复杂,通常按以下步骤进行:

第一步,在"结构"子选板中选择"Formula Node",然后用鼠标在程序框图中拖动,画出基本公式节点的框架,如图 4.5.1 所示。

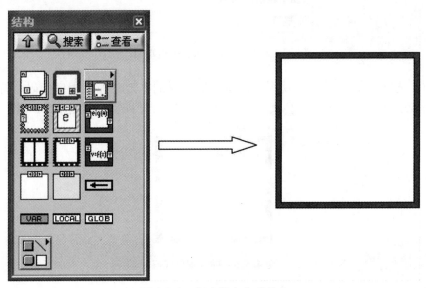

图 4.5.1 创建基本公式节点

第二步，添加输入、输出端口。在基本公式节点框架的右键弹出菜单中选择"添加输入"选项，然后在出现的端口图标中填入该端口的名称，就完成了一个输入端口的创建，输出端口的创建与此类似。注意输入变量的端口都在基本公式节点框架的左边，而输出变量的端口则分布在框架的右边，如图 4.5.2 所示。

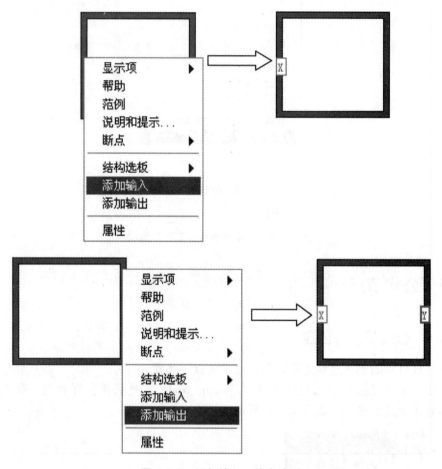

图 4.5.2　添加输入、输出端口

第三步，按照 C 语言的语法规则在基本公式节点的框架中加入程序代码。特别要注意的是，基本公式节点框架内每个公式后都必须有分号"；"标示，如图 4.5.3 所示。

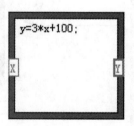

图 4.5.3　输入程序代码

至此，就完成了一个基本公式节点的创建。

4.5.2　公式节点的使用

完成一个基本公式节点的创建后，基本公式节点就可以像其他节点一样使用了。基本公式节点中代码的语法与 C 语言相同，可以进行各种数学运算。这种兼容性使 LabVIEW 的功能更加强大，也更容易使用。在基本公式节点中可以使用的数学函数如表 4.5.1 所示。

表 4.5.1　基本公式节点中可用的数学函数

函数名	说　　明
abs(x)	绝对值函数
acos(x)	反余弦函数，x 的单位是弧度
acosh(x)	反双曲余弦函数，x 的单位是弧度
asin(x)	反正弦函数，x 的单位是弧度
asinh(x)	反双曲正弦函数，x 的单位是弧度
atan(x)	反正切函数，x 的单位是弧度
atanh(x)	反双曲正切函数，x 的单位是弧度
ceil(x)	返回大于 x 的最小整数
cos(x)	余弦函数，x 的单位是弧度
cosh(x)	双曲余弦函数，x 的单位是弧度
cot(x)	余切函数，x 的单位是弧度
csc(x)	余割函数，x 的单位是弧度
exp(x)	指数函数
expml(x)	返回 $exp(x) - 1$
floor(x)	返回小于 x 的最大整数
getexp(x)	将 x 表示为 $x = mantissa * 2\^exponent$，返回指数 exponent
getman(x)	将 x 表示为 $x = mantissa * 2\^exponent$，返回指数 mantissa
int(x)	返回距 x 最近的整数
intrz(x)	返回 x 与 0 之间距 x 最近的整数
ln(x)	自然对数函数
lnpl(x)	返回 $ln(x) + 1$

函数名	说　明
log(x)	对数函数，以 10 为底
$\log_2(x)$	对数函数，以 2 为底
max(x, y)	返回 x，y 中值大者
min(x, y)	返回 x，y 中值小者
mod(x, y)	求模运算，返回 x/y 商的整数值
pow(x, y)	返回 x 的 y 次方
rand( )	产生(0，1) 区间上的随机数
rem(x, y)	返回 x/y 的余数
sec(x)	正割函数
sign(x)	符号函数，如果 x > 0，返回 1；如果 x = 0，返回 0；如果 x < 0，返回 −1
sin(x)	正弦函数，x 的单位是弧度
sinc(x)	sinc(x) = sin(x)/x，x 的单位是弧度
sinh(x)	双曲正弦函数
sizeOfDim(ary, di)	返回数组 ary 的第 di 维的长度
sqrt(x)	求解 x 的平方根
tan(x)	正切函数
tanh(x)	双曲正切函数
Pi	π

在基本公式节点中可以使用的操作符如表 4.5.2 所示。

表 4.5.2　基本公式节点中可用的操作符

操作符	
* *	求幂
+ − ! ~ ++ −−	正号、负号、逻辑非、位补码、算前/算后增量、算前/算后减量（ ++ 和 −− 在 Express 节点中无效）
* / %	乘、除、求模

操作符	
+ －	加、减
≫ ≪	算术右移位、算术左移位
＞　＜　＞＝　＜＝	大于、小于、大于等于、小于等于
！＝　＝＝	不等于，等于
&	位与
^	位异或
|	位或
&&	逻辑与
||	逻辑或
?:	条件选择
= op =	赋值、快捷操作和赋值 op 可以是 +、－、＊、／、≫、≪、&、^、|、% 或 ＊ ＊ = op = 在 Express 节点中无效

注意：在基本公式节点中不能使用循环结构和复杂的条件结构，但可以使用简单的条件结构：

＜逻辑表达式＞？ ＜表达式 1＞：＜表达式 2＞

基本公式节点支持的数据类型如表 4.5.3 所示，同时也给出了 C 语言中相对应的数据类型。

表 4.5.3　基本公式节点支持的数据类型

Formula node 数据类型	C 语言数据类型
无符号 8 位整数	Unsigned Short
无符号 16 位整数	Unsigned Int
无符号 32 位整数	Unsigned Long
有符号 8 位整数	Short
有符号 16 位整数	Int
有符号 32 位整数	Long
单精度浮点型	Float
双精度浮点型	Double

4.6 属性节点

LabVIEW 提供了各种样式的前面板对象，应用这些前面板对象，可以设计定制出仪表化的人机交互界面。但是，仅仅提供丰富的前面板对象还是不够的，在实际运用中，还经常需要实时地改变前面板对象的颜色、大小和是否可见等属性，达到最佳的人机交互功能。例如对一个实时监控系统画面，当出现参数超差和其他异常情况，需要提醒用户注意时，常常是通过改变对象的颜色来完成的，这一属性变化是在程序运行过程中由某一逻辑条件触发而非预先定义的。于是，LabVIEW 引入了属性节点（Property Node）这一概念，通过改变前面板对象属性节点中的属性值，可以在程序运行中动态地改变前面板对象的属性。本节主要介绍属性节点的创建与使用方法。

4.6.1 属性节点的创建

属性节点的创建比基本公式节点的创建简单。在前面板对象或其端口的右键弹出菜单中选择"创建"→"属性节点"选项，就可创建一个属性节点（位于程序框图窗口），如图 4.6.1 所示。

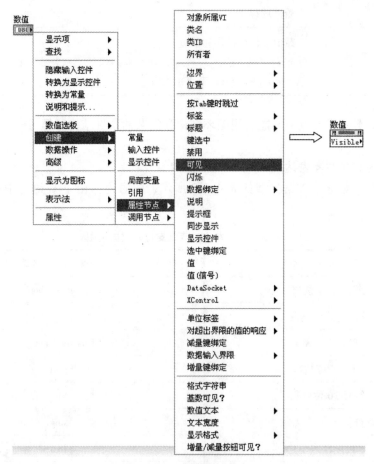

图 4.6.1　创建属性节点

用操作工具直接单击属性节点的图标，或在图标的右键弹出菜单中单击"选择属性"选项，会出现一个下拉菜单，菜单列出了前面板对象的所有属性，可根据需要选择相应的属性，如图4.6.2所示。

图 4.6.2　选择属性

若需要同时改变前面板对象的多个属性，一种方法是创建多个属性节点，另外一种更加简捷的方法是在一个属性节点的图标上添加多个端口。添加的方法是用鼠标（对象操作工具状态）拖动属性节点图标下边缘（或上边缘）的尺寸控制点，或在属性节点图标的右键弹出菜单中选择添加属性。

4.6.2 属性节点的使用

有效地使用属性节点可以使用户设计的图形化人机交互界面更加友好、美观，操作更加方便。由于不同类型前面板对象的属性种类繁多，各不相同，在有限的篇幅内很难对其进行一一介绍，因此本小节将主要介绍一些前面板对象共有且常用属性的用法。掌握了这些基本属性及用法之后，其他一些特殊属性的用法可以依此类推。

下面以数字量控制（Numeric Control）为例来介绍属性节点的用法。

1. 可见

该属性用来控制前面板对象在前面板窗口中是否可视，其数据类型为布尔型。

当 Visible 值为 True 时，前面板对象在前面板上处于可视状态。

当 Visible 值为 False 时，前面板对象在前面板上处于隐藏状态。

2. 禁用

通过这个属性，当 VI 处于运行状态时就可以控制用户是否可以访问一个前面板对象，其数据类型为整型。

当输入值为 0 时，前面板对象处于正常状态，用户可以访问前面板对象。

当输入值为 1 时，前面板对象的外观处于正常状态，但用户不能访问该前面板对象。

当输入值为 2 时，前面板对象处于 Disable 状态，此时用户不能访问这个前面板对象。

3. 键选中

该属性用于控制前面板对象是否处于键盘焦点状态，其数据类型为布尔型。

当输入值为 True 时，前面板对象处于键盘焦点状态。

当输入值为 False 时，前面板对象处于失去键盘焦点状态。

4. 闪烁

该属性用于控制前面板对象是否闪烁，其数据类型为布尔型。

当输入值为 True 时，前面板对象处于闪烁状态。

当输入值为 False 时，前面板对象处于正常状态。

前面板对象闪烁的速度和颜色是可以设置的，不过这两个属性不能由属性节点来设置，并且一旦设定了闪烁的速度和颜色，在 VI 处于运行状态时，这两种属性值就不能再改变。

在 LabVIEW 主选单工具中选择“选项”，弹出一个名为“选项”的对话框，在对话框中可以设置闪烁的速度和颜色。

在对话框左边的下拉列表框中选择“前面板”选项，对话框中会出现如图 4.6.3 所示的属性设定选项，可以在选项“闪烁延迟”中设置闪烁的速度。

在对话框左边的下拉列表框中选择“颜色”选项，对话框中出现“设定”选项，选项“闪烁前景”和“闪烁背景”中可以分别设置闪烁的前景色和背景色。

5. 位置

该属性用于设置前面板对象在前面板窗口中的位置，其数据类型为簇，簇中包含两个元素，均为整型，一个是前面板对象图标左边缘的 y 坐标，另一个是前面板对象图标上边缘的 x 坐标。窗口的左上角为坐标原点，水平向右为 x 轴，垂直向下为 y 轴。

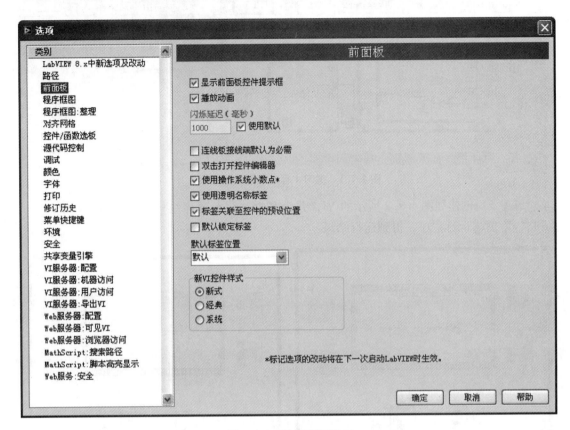

图 4.6.3　设置闪烁速度

6. 边界

该属性用于获得前面板对象图标的大小，包括高度和宽度。其数据类型为簇，包含两个整型元素，一个为前面板对象图标的宽度，另一个为高度。该属性端口的属性为只读，不能赋值。

4.7　练习

［练习 1］ LabVIEW 有哪几种结构类型？

［练习 2］ 简要介绍 For 循环和 While 循环的自动索引功能。

［练习 3］ 移位寄存器有什么用途？怎样初始化移位寄存器？

［练习 4］ 创建如图 4.7.1 所示的 VI，并命名为"阶次求和"。向前面板输入阶次 N，运行程序，得到 $1 + 2^2 + 3^2 + 4^2 + \cdots + N^2$。（提示：程序的算法关键在于移位寄存器的灵活使用。）

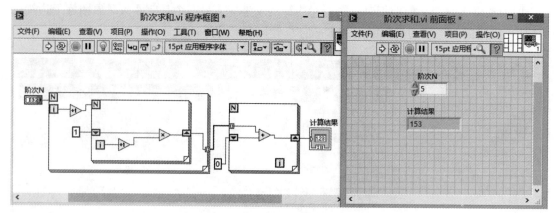

图4.7.1　练习4程序框图及前面板

［练习5］创建如图4.7.2所示的VI，并命名为"层叠顺序结构"。向前面板输入"x"值和"y"值，运行程序，得到运行结果。

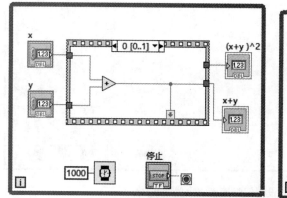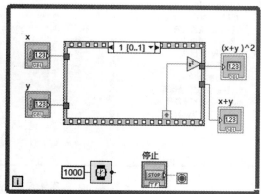

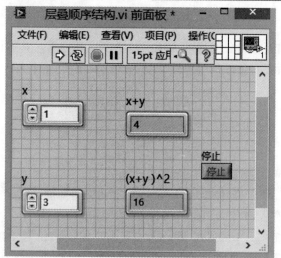

图4.7.2　练习5程序框图及前面板

［练习6］利用顺序结构和循环结构写一个跑马灯，使5个灯从左到右不停地轮流点亮，闪烁间隔由滑动条调节。

［练习7］创建如图4.7.3所示的 VI，并命名为"密码登录界面"。向前面板输入用户名和密码，运行程序，依据输入不同的内容得到不同的运行结果。

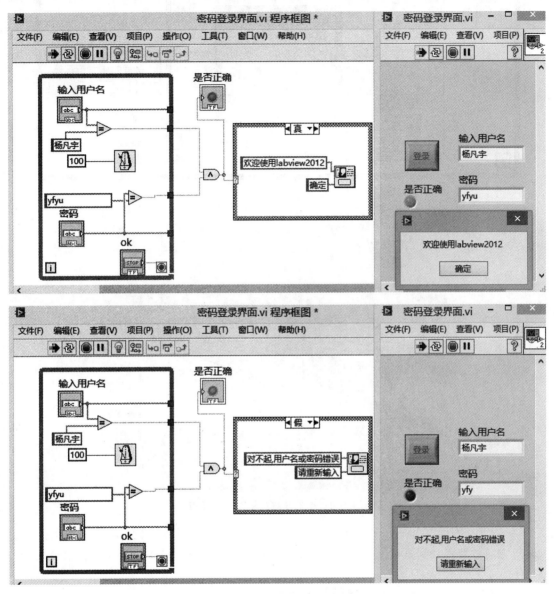

图 4.7.3 练习 7 程序框图及前面板

［练习8］创建如图4.7.4所示的 VI，并命名为"函数绘图"。向前面板输入"a""b"的数值以及点数，运行程序，得到运行结果。（提示：创建数组函数在"函数"→"编程"→"数组"子选板中。）

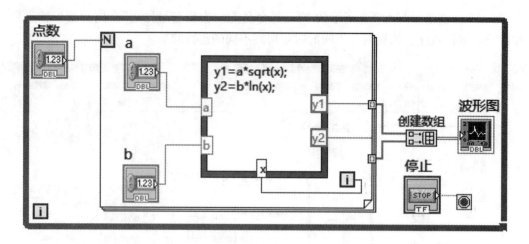

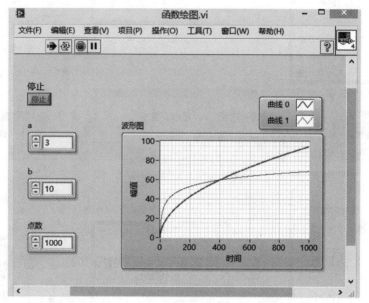

图4.7.4 练习8程序框图及前面板

[练习9] 编程求 Josephus（约瑟夫环）问题：m 个小孩围成一圈，从第一个小孩开始顺时针方向数数字，到第 n 个小孩离开，这样反反复复，最终只剩下一个小孩，求第几个小孩留下。

[练习10] 输入自变量为 x，输入方程系数 m 和 n。当 $x>0$ 时，$y=m*x^3+3*n*x^2-x+1$；当 $x\leqslant0$ 时，$y=-2*m*x^3+x-5$。试用两种方法求函数 y 的值。

第5章　数组、簇和波形

5.1　数组

当有一串数据需要处理时，它们很可能是一个数组（Array），大多数数组是一维数组（1D，列或向量），少数是二维数组（2D，矩阵），极少数是三维或多维数组。在 LabVIEW 中可以创建数字类型、字符串类型、布尔型以及其他任何数据类型的数组（数组的数组除外）。数组经常用一个循环来创建，其中 For 循环是最佳的，因为 For 循环的循环次数是预先指定的，在循环开始前它已分配好内存；而 While 循环却无法做到这一点，这是因为 LabVIEW 无法知道 While 循环将循环多少次。

数组是 LabVIEW 中常用的数据类型之一，与其他编程语言相比，LabVIEW 中的数组更加灵活多变，独具特色。

5.1.1　数组

在数组中，数组元素位于右侧的数组框架中，按照元素索引由小到大的顺序从左至右或从上至下排列。数组左侧为索引显示（Index Display），其中的索引值是位于数组框架中最左侧或最上侧元素的索引值，这样做是由于数组中能够显示的数组元素个数是有限的，用户通过索引显示可以很容易访问到数组中的任何一个元素。

数组的创建分两步进行：

第一步，从"控件"→"新式"→"数组、矩阵与簇"子选板中创建数组框架，如图 5.1.1 所示。注意，此时创建的只是一个数组框架，不包含任何内容。

第二步，根据需要将相应数据类型的前面板对象放入数组框架中。图 5.1.2 所示是将一个数字量控件放入数组框架，这样就创建了一个数字类型数组（数组的属性为控制）。从图 5.1.2 中可以看出，当数组创建完成后，数组在框架程序中相应的端口就变为相应颜色和数据类型的图标了。

另外，数组在创建之初都是一维数组，如果要用到二维以上的数组，用鼠标（对象操作工具状态）在数组索引显示边框下边的尺寸控制点上向下拖动，或者在数组的右键弹出菜单中选择"添加维度"（Add Dimension）选项即可添加数组的维数，如图 5.1.3 所示。注意：在程序框图中数组相对应的端口的图标中有一个方括号，方括号线条的粗细与数组的维数成正比，数组的维数越高，方括号的线条越粗。

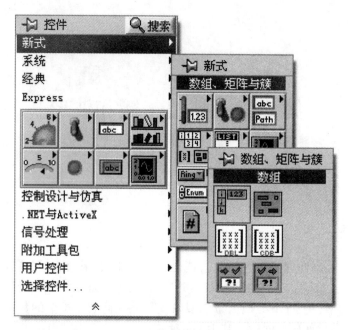

图 5.1.1 创建数组的第一步

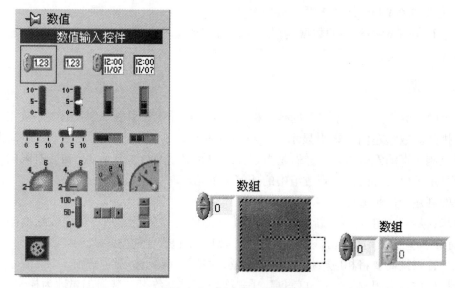

图 5.1.2 创建数组的第二步

图 5.1.3 添加数组的维数

5.1.2 数组操作函数

对一个数组进行操作，无非是求数组的长度、对数据排序、取出数组中的元素、替换数组中的元素或初始化数组等各种运算。传统编程语言主要依靠各种数组函数来实现这些运算，而在 LabVIEW 中，这些函数是以功能函数节点的形式表现的，本小节将详细介绍"函数"→"编程"→"数组"子选板（见图5.1.4）中各节点的用法。

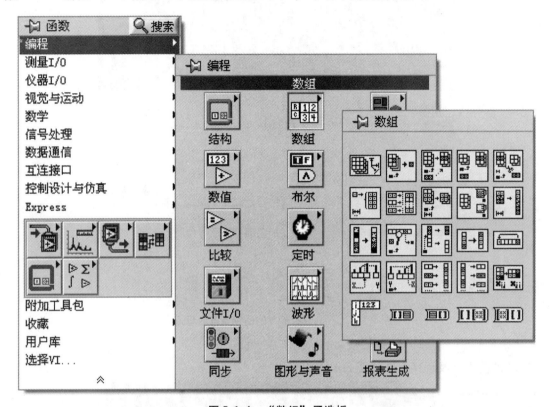

图5.1.4 "数组"子选板

1. 数组大小函数

返回输入数组的长度，节点的图标及其端口定义如图5.1.5所示。节点的输入为一个 n 维数组，输出为该数组各维包含元素的个数。当 $n=1$ 时，节点的输出为一个标量；当 $n>1$ 时，节点的输出为一个一维数组，数组的每一个元素对应输入数组中每一维的长度。

数组 —— 大小

图5.1.5 数组大小节点的图标及其端口定义

［例5.1.1］ 求一个一维数组和一个二维数组的长度。
VI 的前面板及程序框图如图5.1.6所示。

2. 索引数组函数

返回输入数组中由输入索引 index 指定的元素，节点的图标及其端口定义如图5.1.7所示。

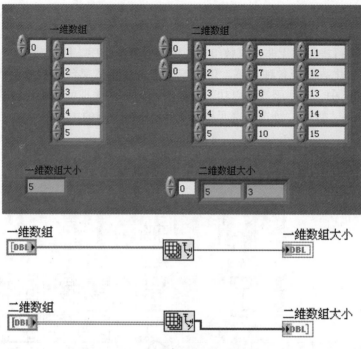

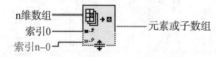

图 5.1.6 例 5.1.1 的前面板及程序框图

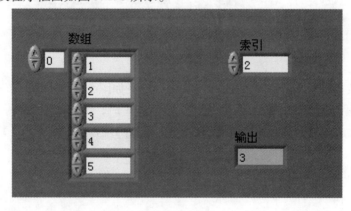

图 5.1.7 索引数组节点的图标及其端口定义

[**例 5.1.2**] 将一个一维数组中的第三个元素取出。

VI 的前面板及程序框图如图 5.1.8 所示。

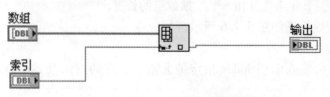

图 5.1.8 例 5.1.2 的前面板及程序框图

3. 替换数组子集函数

替换输入数组中的一个元素，节点的图标及其端口定义如图 5.1.9 所示。注意：输入替换数组子集节点上"新元素/子数组"端口的数据类型必须与输入数据的数据类型一致。

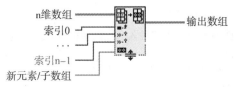

n 维数组　　　　　　　　　　　　　　输出数组
索引 0
…
索引 n-1
新元素/子数组

图 5.1.9　替换数组子集节点的图标及其端口定义

[例 5.1.3]　替换二维数组中的一个元素。

VI 的前面板及程序框图如图 5.1.10 所示。

利用替换数组子集节点可以一次性地替换二维数组中整行或整列的元素。

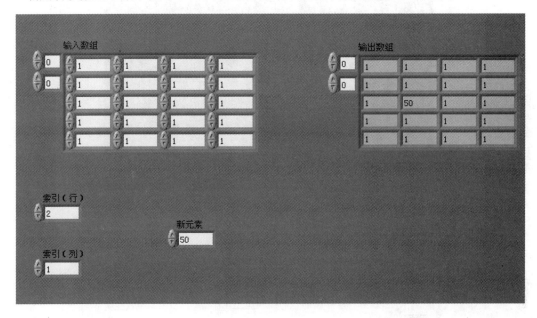

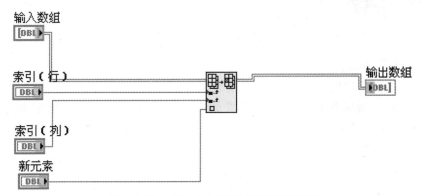

图 5.1.10　例 5.1.3 的前面板及程序框图

4. 数组插入函数

在数组中指定的位置插入元素，节点的图标及其端口定义如图 5.1.11 所示。

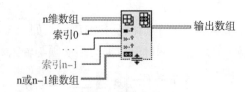

图5.1.11 数组插入节点的图标及其端口定义

[例5.1.4] 在一个一维数组中插入一个元素。

VI的前面板及程序框图如图5.1.12所示。

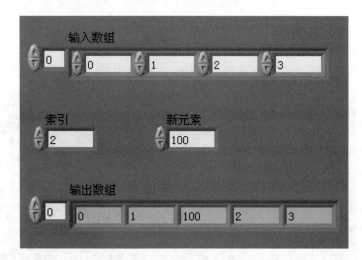

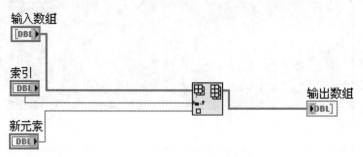

图5.1.12 例5.1.4的前面板及程序框图

5. 删除数组元素函数

从数组中删除指定数目的元素，节点的图标及其端口定义如图5.1.13所示。"索引"端口用于指定所删除元素的起始元素的索引号，长度端口用于指定删除元素的数目，"已经删除元素的数组子集"端口返回的是删除元素后的新数组，"已经删除的部分"端口返回的是所删除的元素。

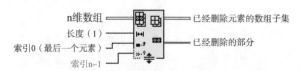

图5.1.13 删除数组元素节点的图标及其端口定义

[**例 5.1.5**]　在一个一维数组中删除指定数目的元素。

VI 的前面板及程序框图如图 5.1.14 所示。

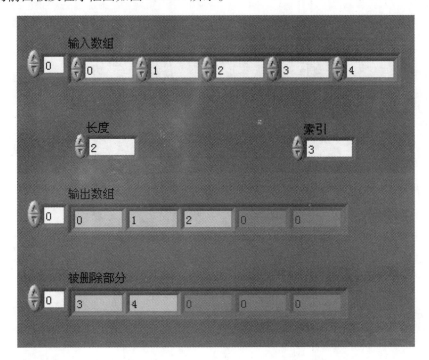

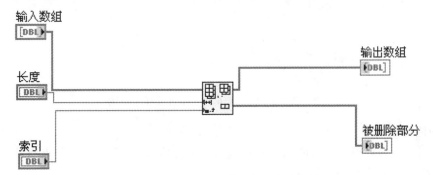

图 5.1.14　例 5.1.5 的前面板及程序框图

6. 初始化数组函数

在初始化数组时，节点的图标及其端口定义如图 5.1.15 所示。数组维数由节点左侧维数大小端口的个数决定。数组中所有的元素都相同，均等于输入元素端口中的值。

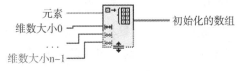

图 5.1.15　初始化数组节点的图标及其端口定义

用鼠标（对象操作工具状态）在节点图标下边缘的尺寸控制节点上向下拖动，或在"维数大小"端口的右键弹出菜单中选择"添加维度"选项，可添加维数大小端口。

[**例 5.1.6**]　初始化一个一维数组和一个二维数组。

VI 的前面板及程序框图如图 5.1.16 所示。

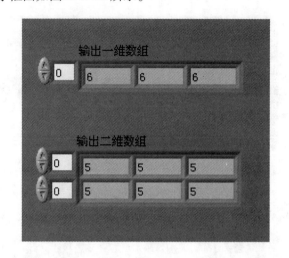

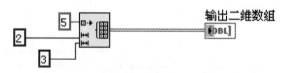

图 5.1.16　例 5.1.6 的前面板及程序框图

7. 创建数组函数

建立一个新的数组，节点的图标及其端口定义如图 5.1.17 所示。节点将从左侧端口输入的元素或数组按从上到下的顺序组成一个新的数组。

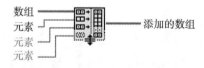

图 5.1.17　创建数组节点的图标及其端口定义

节点在创建之初只有一个输入端口，用鼠标（对象操作工具状态）在节点图标下边缘（或上边缘）的尺寸控制点上拖动，或在节点左侧端口的右键弹出菜单中选择"添加输入"选项，可添加输入端口，如图 5.1.18 所示。

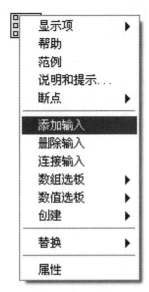

图 5.1.18　"添加输入"选项

[**例 5.1.7**]　利用创建数组节点的方法组建几个数组。

VI 的前面板及程序框图如图 5.1.19 所示。

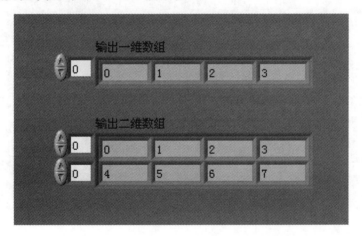

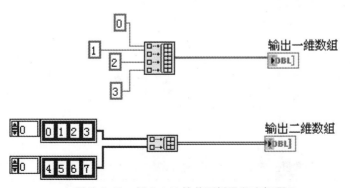

图 5.1.19　例 5.1.7 的前面板及程序框图

例 5.1.7 所实现的功能是几个数（标量）组合成一个一维数组，将两个一维数组组合成一个二维数组，即输出比输入高了一维。

8. 数组子集函数

从输入数组中取出指定的元素，节点的图标及其端口定义如图 5.1.20 所示。输入数组可为 n 维，节点的输出是输入数组中从索引处开始的，长度为长度输入端口输入值的那部分元素。注意：当输入数组为 n 维时，节点的输出数组也是 n 维。

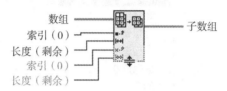

图 5.1.20　数组子集节点的图标及其端口定义

[**例 5.1.8**]　从一个二维数组中取出一部分元素。

VI 的前面板及程序框图如图 5.1.21 所示。

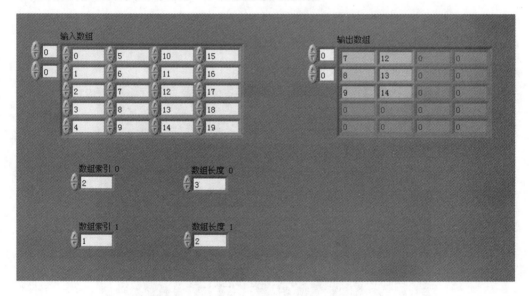

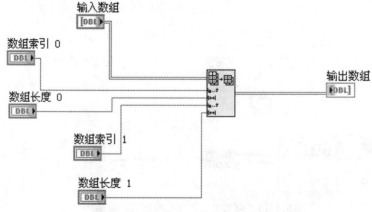

图 5.1.21　例 5.1.8 的前面板及程序框图

数组子集节点和索引数组节点的功能有些类似，但又有所不同。索引数组节点只能从数组中取出一个元素或一行（列）元素，不能同时取出数组中多个元素或多行（列）元素，而数组子集节点则可以实现，但数组子集节点的使用稍微复杂一些，需要更多的输入参数。用户可以根据自己的需要和编程习惯选择合适的节点。

9. 数组最大值与最小值函数

返回输入数组中的最大值和最小值，以及它们在数组中所在的位置，节点的图标及其端口定义如图 5.1.22 所示。数组可以是任意维的，当数组中有许多元素同为最大值或最小值时，节点只返回第一个最大值或最小值所在的位置。

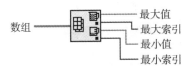

图 5.1.22　数组最大值与最小值节点的图标及其端口定义

[例 5.1.9]　查找一个二维数组中最大值和最小值以及它们在数组中的位置。

VI 的前面板及程序框图如图 5.1.23 所示。

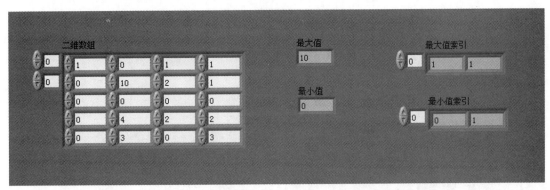

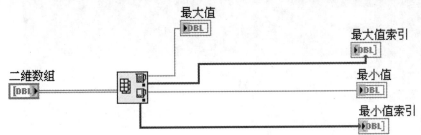

图 5.1.23　例 5.1.9 的前面板及程序框图

10. 重排数组维数函数

改变输入数组的维数，节点的图标及其端口定义如图 5.1.24 所示，输出数组的维数由节点图标左侧"维数大小"端口的个数决定。

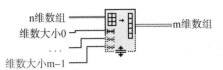

图 5.1.24　重排数组维数节点的图标及其端口定义

用鼠标（对象操作工具状态）在节点图标下边缘（或上边缘）的尺寸控制点上拖动，或在"维数大小"端口的右键弹出菜单中选择"添加维度"选项，可添加"维数大小"端口的个数，如图5.1.25所示。

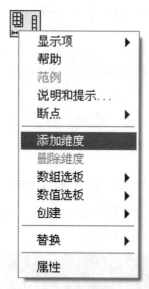

图5.1.25　"添加维度"选项

［例5.1.10］　将一个一维数组转化为二维数组。

VI的前面板及程序框图如图5.1.26所示。

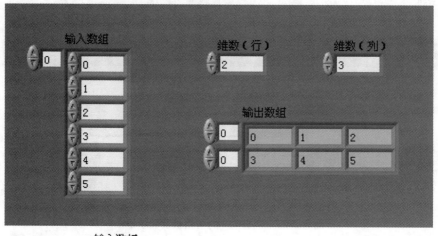

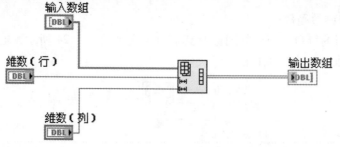

图5.1.26　例5.1.10的前面板及程序框图

11. 一维数组排序函数

将输入的一维数组按升序排序，节点的图标及其端口定义如图 5.1.27 所示。

数组 ————————— 已排序的数组

图 5.1.27　一维数组排序节点的图标及其端口定义

［例 5.1.11］　按升序和降序排列一个一维数组。

VI 的前面板及程序框图如图 5.1.28 所示。

注意：当输入数组中的元素为簇（有关簇的内容见第 5.2 节）时，节点将按照簇中的第一个元素进行排序，另外，若使用该节点为布尔数组排序，则 Ture 值比 Flase 值大。

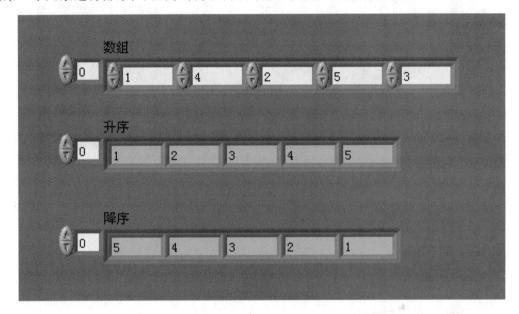

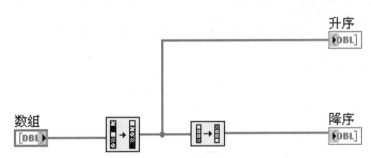

图 5.1.28　例 5.1.11 的前面板及程序框图

12. 搜索一维数组函数

搜索指定元素在一维数组中的位置，节点的图标及其端口定义如图 5.1.29 所示。由开始索引端口指定开始搜索的位置，当数组指定位置后的那部分元素没有该元素时，节点返回 −1；若该元素存在，则返回该元素所在位置。

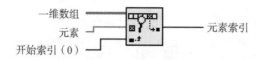

图5.1.29　搜索一维函数节点的图标及其端口定义

[例5.1.12]　在一个一维数组中搜索一个数字所在的位置。

VI的前面板及程序框图如图5.1.30所示。

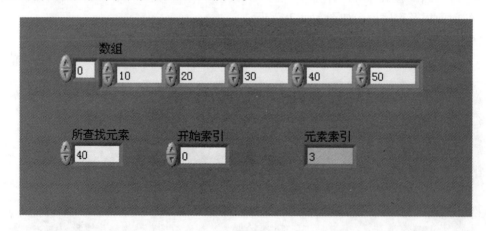

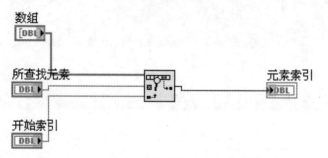

图5.1.30　例5.1.12的前面板及程序框图

13. 拆分一维数组函数

将输入的一维数组在指定的元素处截断，分成2个一维数组，节点的图标及其端口定义如图5.1.31所示。当输入的索引值小于等于0时，第一个子数组为空；当输入的索引值大于输入数组的长度时，第二个子数组为空。

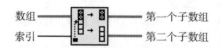

图5.1.31　拆分一维数组节点的图标及其端口定义

[例5.1.13]　将一个一维数组从第4个元素开始分成2个子数组。

VI的前面板及程序框图如图5.1.32所示。

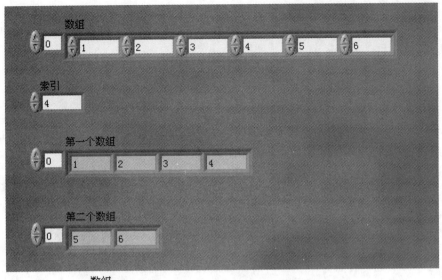

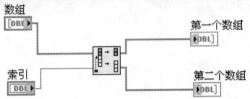

图5.1.32 例5.1.13 的前面板及程序框图

14. 反转一维数组函数

将输入的一维数组前后颠倒，输入数组可以是任意类型的数组，节点图标及其端口定义如图5.1.33 所示。

图5.1.33 反转一维函数节点的图标及其端口定义

[**例5.1.14**] 将一个一维数组前后颠倒。

VI 的前面板及程序框图如图5.1.34 所示。

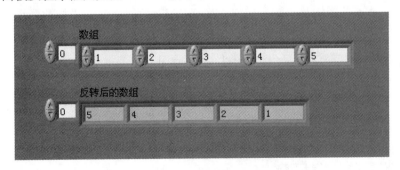

图5.1.34 例5.1.14 的前面板及程序框图

15. 一维数组移位函数

将一个一维数组的最后 n 个元素移至数组的最前面，节点的图标及其端口定义如图 5.1.35 所示。

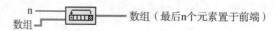

n ─────┐ ┌───── 数组（最后n个元素置于前端）
数组 ─────┘

图 5.1.35 一维数组移位节点的图标及其端口定义

[**例 5.1.15**] 利用一维数组移位函数将一个数组的最后两个元素移动到数组的最前面。
VI 的前面板及程序框图如图 5.1.36 所示。

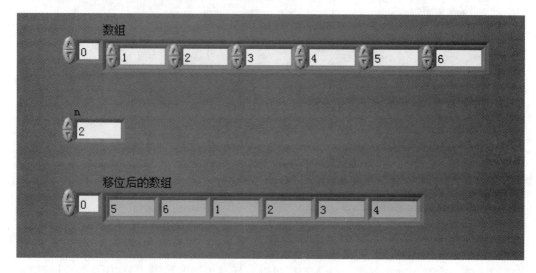

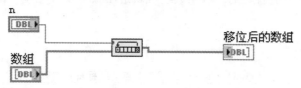

图 5.1.36 例 5.1.15 的前面板及程序框图

16. 一维数组插值函数

线性插值，节点的图标及其端口定义如图 5.1.37 所示。根据"指数索引或 x"端口的输入来确定输入数组中对应的"y 值"。

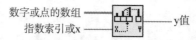

数字或点的数组 ───── ┌───┐
指数索引或x ───── └───┘ ───── y值

图 5.1.37 一维数组插值函数节点的图标及其端口定义

[**例 5.1.16**] 在一个一维数组中进行线性插值。
VI 的前面板及程序框图如图 5.1.38 所示。

17. 以阀值插值一维数组函数

一维数组阀值是线性插值的逆过程，节点的图标及其端口定义如图 5.1.39 所示。根据"过阀值的 y"端口所输入的"y 值"，从"开始索引"端口输入的开始位置在一维数组中确定"y 值"的位置。

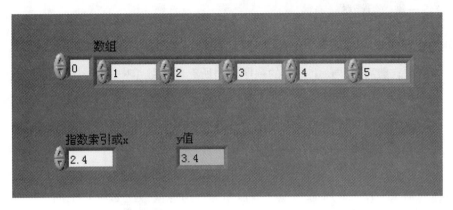

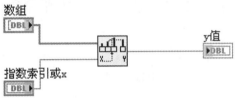

图5.1.38　例5.1.16的前面板及程序框图

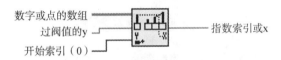

图5.1.39　以阀值插值一维数组节点的图标及其端口定义

[**例5.1.17**]　在一个一维数组中进行阀值插值。

VI的前面板及程序框图如图5.1.40所示。

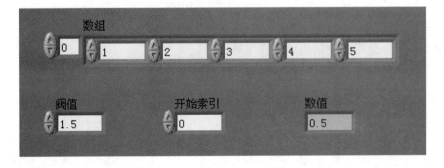

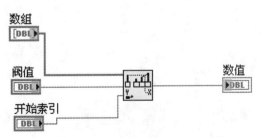

图5.1.40　例5.1.17的前面板及程序框图

18. 交织一维数组函数

将从输入端口输入的一维数组插入输出的一维数组中，节点的图标及其端口定义如图 5.1.41 所示。插入的顺序为：首先按从上到下的顺序取出所有输入数组中的第 0 个元素，放入输出数组中；然后再按从上到下的顺序取出所有输入数组中的第 1 个元素，放入输出数组中；其他元素的取法以此类推。

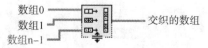

图 5.1.41　交织一维数组节点的图标及其端口定义

用鼠标（对象操作工具状态）拖动节点图标下边缘（或上边缘）上的尺寸控制点，或者在输入端口的右键弹出菜单中选择"添加输入"选项，可添加输入端口的个数，如图 5.1.42 所示。

图 5.1.42　"添加输入"选项

[例 5.1.18]　交织一维数组函数应用举例。

VI 的前面板及程序框图如图 5.1.43 所示。

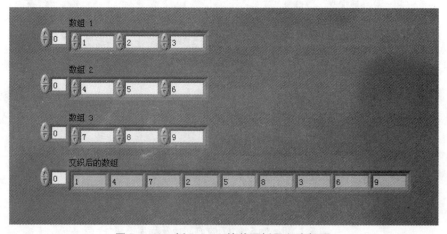

图 5.1.43　例 5.1.18 的前面板及程序框图

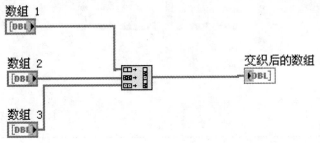

图 5.1.43 例 5.1.18 的前面板及框图程序（续）

19. 抽取一维数组函数

将输入的一维数组分成数个一维数组，是交织一维数组函数的逆过程。节点的图标及其端口定义如图 5.1.44 所示。

图 5.1.44 抽取一维数组节点的图标及其端口定义

当输出端口数为 n 时，第 1 个输出数组的组成元素为输入数组中的第 0，n，$2n$，…个元素；第 2 个输出数组的组成元素为输入数组中的第 1，$n+1$，$2n+1$，…个元素；第 3 个、第 4 个、…、第 n 个输出数组以此类推。

用鼠标（对象操作工具状态）拖动节点图标下边缘（或上边缘）的尺寸控制点，或者在输入端口的右键弹出菜单中选择"添加输出"选项，可添加输出端口的个数，如图 5.1.45 所示。

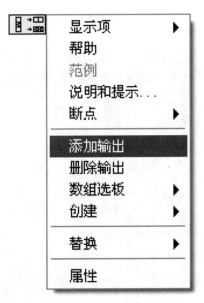

图 5.1.45 "添加输出"选项

［**例 5.1.19**］ 抽取一维数组函数应用举例。

VI 的前面板及程序框图如图 5.1.46 所示。

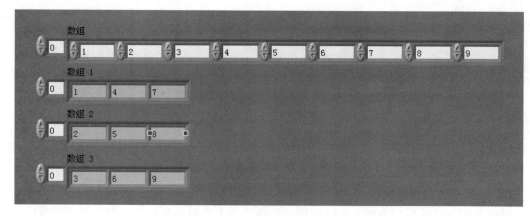

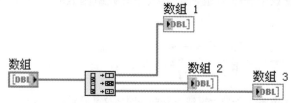

图 5.1.46 例 5.1.19 的前面板及程序框图

20. 二维数组转置函数

转置输入的二维数组，也即矩阵转置，节点的图标及其端口定义如图 5.1.47 所示。

图 5.1.47 二维数组转置节点的图标及其端口定义

[例 5.1.20] 转置一个矩阵。

VI 的前面板及程序框图如图 5.1.48 所示。

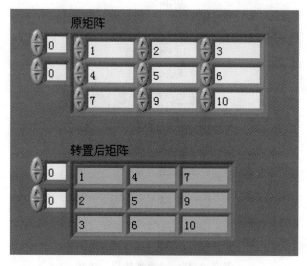

图 5.1.48 例 5.1.20 的前面板及程序框图

5.2 簇

簇（Cluster）是 LabVIEW 中一个比较特别的数据类型，它可以将几种不同的数据类型集中到一个单元中形成一个整体。簇类似于 Pascal 语言中的 Record 或 C 语言中的 Struct。簇通常可将程序框图中的多个相关数据元素集中到一起，这样只需要一条数据连线即可把多个节点连接在一起，不仅减少了数据连线的数量，还可以减少 SubVI 的连接端口的数量。

5.2.1 簇的创建

簇的创建类似于数组的创建。首先通过"控件"→"新式"→"数组、矩阵与簇子"子选板创建簇的框架，如图 5.2.1 所示。

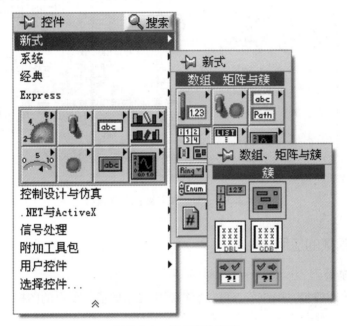

图 5.2.1 创建簇的框架

然后向框架中添加所需的元素，最后根据编程需要更改簇和簇中各元素的名称，如图 5.2.2 所示。

图 5.2.2 创建簇

用户在使用一个簇时，主要是访问簇中的各个元素，或者用不同类型但相互关联的数据组成一个簇。在 LabVIEW 中，这些功能由"函数"→"编程"→"簇、类与变体"子选板中的各个节点来实现，如图 5.2.3 所示，本小节将介绍如何使用这些节点。

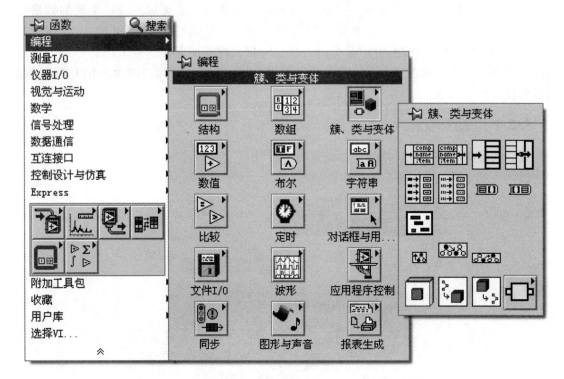

图 5.2.3　"簇、类与变体"子选板

5.2.2　簇函数的应用

1. 解除捆绑函数

解除捆绑函数即解包，用该节点可以获得簇中元素的值，节点的图标及其端口定义如图5.2.4 所示。

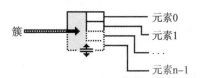

图 5.2.4　解除捆绑节点的图标及其端口定义

一个新的解除捆绑节点只有两个输出端口，当解除捆绑节点的输入端口簇中输入一个簇时，解除捆绑节点会检测输入簇元素的个数，自动生成相应个数的输出端口。

［例 5.2.1］　将一个簇中的各个元素值分别取出。

VI 的前面板及程序框图如图 5.2.5 所示。

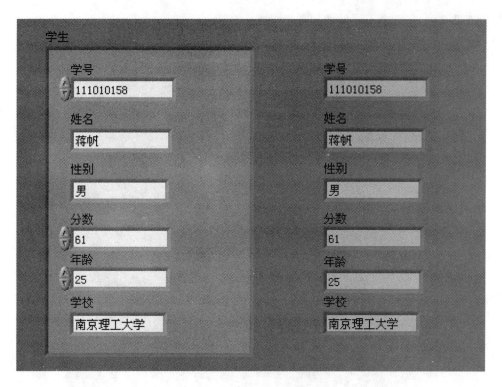

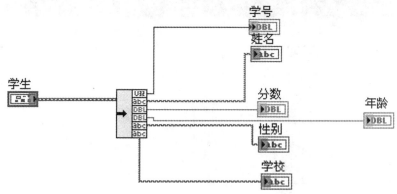

图 5.2.5　例 5.2.1 的前面板及程序框图

注意，节点将按照簇中元素的编号顺序从上到下依次输出簇中各个元素的值。

2. 捆绑函数

捆绑函数即打包，将相互关联的不同数据类型（当然也可以相同）的数据组成一个簇，或给簇中的某一个元素赋值，节点的图标及其端口定义如图 5.2.6 所示。

与解除捆绑节点相同，捆绑节点输入端口的个数必须与簇中元素的个数一致。

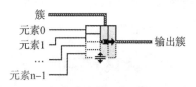

图 5.2.6　捆绑节点的图标及其端口定义

[**例 5. 2. 2**] 将几个不同的数据类型组成一个簇。

VI 的前面板及程序框图如图 5.2.7 所示。

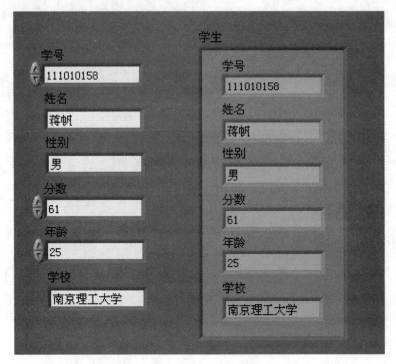

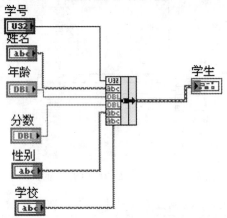

图 5.2.7　例 5.2.2 的前面板及程序框图

3. 按名称解除捆绑函数

按名称解包，节点的图标及其端口定义如图 5.2.8 所示。用该节点可以得到由元素名称指定簇中相应元素的值，与解除捆绑节点相比，该节点的应用较为灵活。

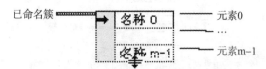

图 5.2.8　按名称解除捆绑节点的图标及其端口定义

[**例 5.2.3**]　按名称解除捆绑函数应用举例。

VI 的前面板及程序框图如图 5.2.9 所示。

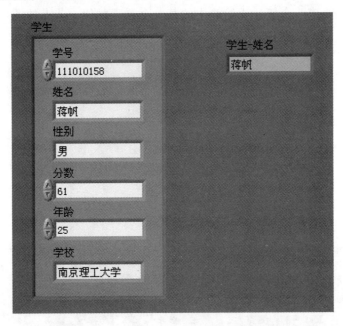

图 5.2.9　例 5.2.3 的前面板及程序框图

用数据操作工具单击"姓名"端口，在弹出的菜单中可选择输入簇的元素。在"姓名"端口的右键弹出菜单中的"选择项"子菜单中也可以选择元素，如图 5.2.10 所示。

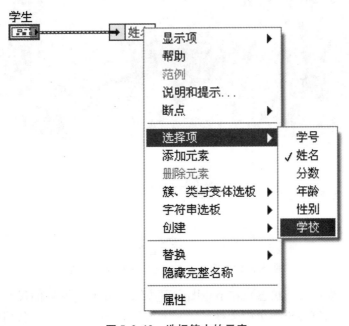

图 5.2.10　选择簇中的元素

4. 按名称捆绑函数

按名称打包，它是按名称解除捆绑的逆过程，可将相互关联的不同数据类型（当然也可以相同）的数据组成一个簇，或给簇中的某一个元素赋值。节点的图标及其端口定义如图 5.2.11 所示。

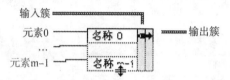

图 5.2.11　按名称捆绑节点的图标及其端口定义

与捆绑节点不同，在使用本节点构成一个簇时，必须在节点中间的输入端口中输入一个簇，确定输出簇的元素组成。

[**例 5.2.4**]　用按名称捆绑节点修改一簇中某一元素的值。

VI 的前面板及程序框图如图 5.2.12 所示。

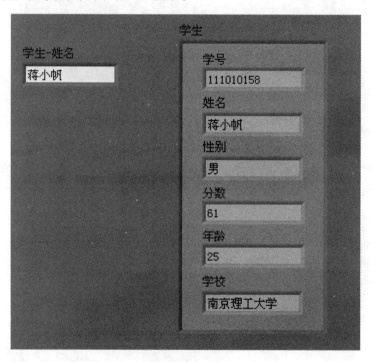

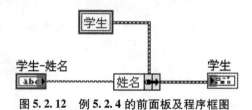

图 5.2.12　例 5.2.4 的前面板及程序框图

用鼠标（对象操作工具状态）在节点图标下边缘（或上边缘）的尺寸控制点上拖动或在"姓名"端口的右键弹出菜单中选择"添加元素"选项，可添加姓名端口，如图 5.2.13 所示。

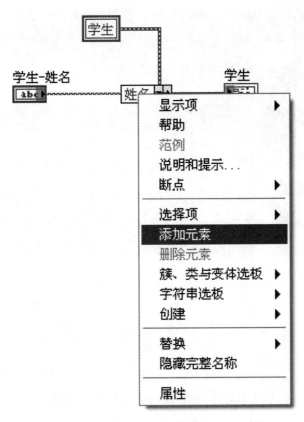

图 5.2.13　添加姓名端口

5. 创建簇数组函数

创建簇数组函数的作用是建立簇的数组，它的用法与创建数组节点类似，节点的图标及其端口定义如图 5.2.14 所示。

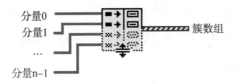

图 5.2.14　创建簇数组节点的图标及其端口定义

与创建数组不同的是，其输入的元素可以是簇。节点会首先将输入端口上的每一个元素转化为一个簇，然后再将这些簇组成一个簇的数组。

[**例 5.2.5**]　创建簇数组应用举例。

VI 的前面板及程序框图如图 5.2.15 所示。

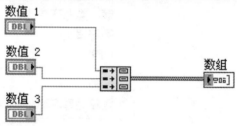

图 5.2.15　例 5.2.5 的前面板及程序框图

6. 索引与捆绑簇数组函数

将输入数组中的元素按照索引组成簇，然后将这些簇组成一个数组，节点的图标及其端口定义如图 5.2.16 所示。

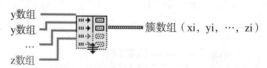

图 5.2.16　索引与捆绑簇数组节点的图标及其端口定义

［例 5.2.6］　索引与捆绑簇数组函数应用举例。

VI 的前面板及程序框图如图 5.2.17 所示。

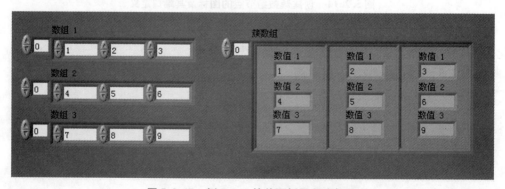

图 5.2.17　例 5.2.6 的前面板及程序框图

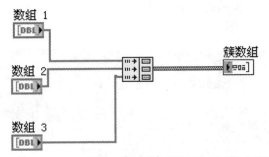

图 5.2.17　例 5.2.6 的前面板及程序框图（续）

7. 簇至数组转换函数

簇至数组转换函数的作用是将簇转化为数组，节点的图标及其端口定义如图 5.2.18 所示。

簇 ————🔲▮————数组

图 5.2.18　簇至数组转换节点的图标及其端口定义

输入簇的所有元素的数据类型必须相同，节点会按照簇中元素的编号顺序地将这些元素组成一个一维数组。

[**例 5.2.7**]　簇至数组转换函数应用举例。

VI 的前面板及程序框图如图 5.2.19 所示。

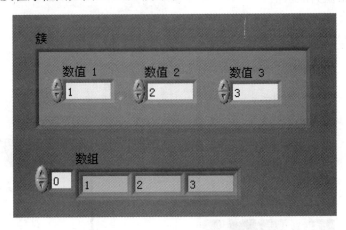

图 5.2.19　例 5.2.7 的前面板及程序框图

8. 数组至簇转换函数

数组至簇转换函数的作用是将数组转化为簇，是簇至数组转换函数的逆过程，节点的图标及其端口定义如图 5.2.20 所示。

数组 ————▮🔲————簇

图 5.2.20　数组至簇转换节点的图标及其端口定义

[**例5.2.8**] 数组至簇转换函数应用举例。

VI 的前面板及程序框图如图 5.2.21 所示。

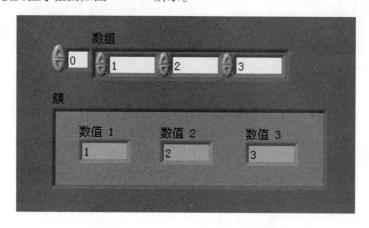

图 5.2.21 例 5.2.8 的前面板及程序框图

注意：该节点并不是将数组中所有的元素都转换为簇，而是将数组中的前 n 个元素组成一个簇。n 由编程者指定，默认值为 9。在节点图标的右键弹出菜单中选择"簇大小"选项，可在弹出的对话框中定义 n，如图 5.2.22 所示。当 n 大于数组长度时，节点会自动补足簇中元素，元素值为默认值。

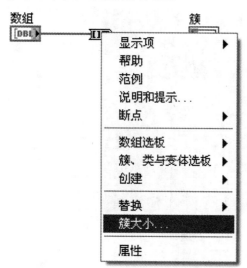

图 5.2.22 设定簇中元素的个数

5.3 波形显示

LabVIEW 最吸引人的特性之一就是对数据的图形化显示提供了丰富的支持。强大的图形显示功能增强了用户界面的表达能力，极大地方便了用户对虚拟仪器的学习和掌握。最基本的图形显示控件都位于"控件"→"新式"→"图形"子选板上,如图 5.3.1 所示。

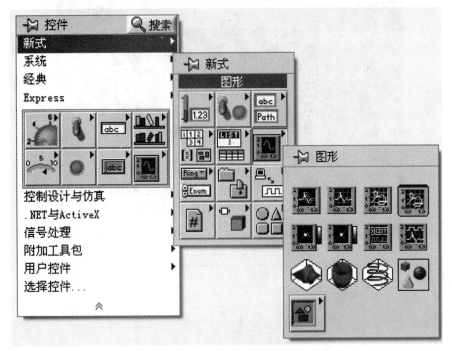

图 5.3.1　"图形"子选板

Graph 和 Chart 是 LabVIEW 图形显示功能中的两个最基本的元素。这两个词都可以译为"图",但是在 LabVIEW 中它们有着很大的差别。一般来说,Chart 可以称为"记录图",它将数据在坐标系中实时、逐点(或者一次多个点)地显示出来,可以反映被测物理量的变化趋势,与传统的模拟示波器、波形记录仪的显示方式相仿。Graph 则是对已采集的数据进行事后处理,它先得到所有需要显示的数据,然后根据实际要求将这些数据组织成所需的图形一次性显示出来,下面分别介绍几个常用的图形控件。

5.3.1　波形图控件

波形图(Waveform Graph)用于将测量值显示为一条或多条曲线。波形图仅能绘制单值函数,即在 $y = f(x)$ 中,各点沿 x 轴均匀分布。波形图可显示包含任意个数据点的曲线。波形图接受多种数据类型,从而最大限度地降低数据在显示为图形前进行类型转换的工作量。波形图显示波形是以成批数据一次刷新方式进行的,数据输入的基本形式是数据数组(一维或二维数组)、簇或波形数据。

如图 5.3.2 所示,使用波形图输出了一个正弦函数和一个余弦函数。

下面通过一些例子来说明波形图的用法。

如图 5.3.3 所示,使用波形图显示 40 个随机数的情况。

波形图是一次性完成显示图形刷新的,所以其输入数据必须是完成一次显示所需的数据数组,而不能把测量结果一次一次地输入,因此不能把随机数函数的输出节点直接与波形图的端口相连。

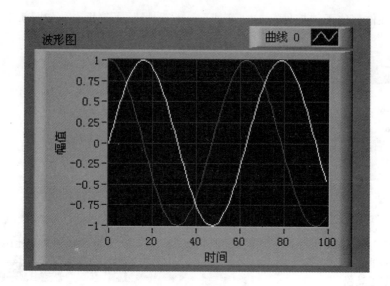

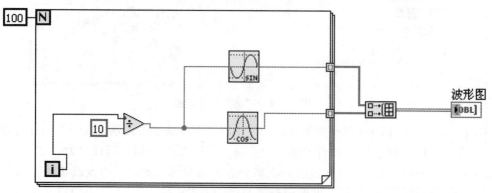

图 5.3.2　波形图的简单使用

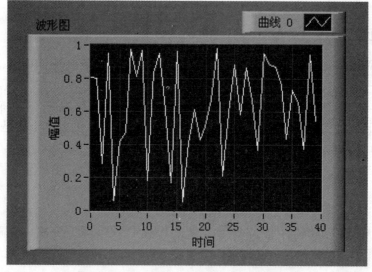

图 5.3.3　产生随机数的前面板和程序框图

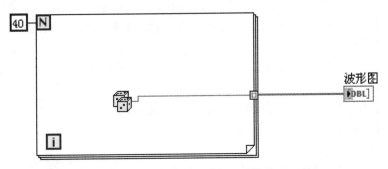

图 5.3.3　产生随机数的前面板和程序框图（续）

下面通过一些简单的例子来说明波形图的使用。

波形图的使用（1）如图 5.3.4 所示，使随机数函数产生的波形从 20 ms 开始，每隔 5 ms 采样一次，共采集 40 个点。

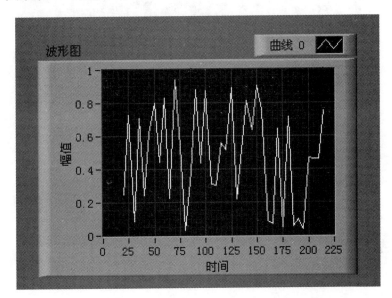

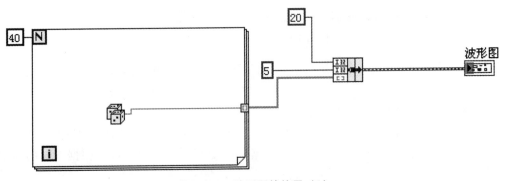

图 5.3.4　波形图的使用（1）

图 5.3.4 使用了簇的捆绑函数来将需要延时的时间、间隔采样时间及原始输出波形捆绑

在一起，在图中可以看出 x 轴的起始位置是 20。需要注意的是，在默认的情况下，x 轴的标度总是根据起始位置、步长及数据数组的长度自动适应调整的，并且数据捆绑的顺序不能错，必须以起始位置、步长、数据数组的顺序进行。在 y 轴上，如果配置为默认配置，y 轴将根据所有显示数据的最大值和最小值之间的范围进行自动标度，一般来说，默认设置可以满足大多数的应用。

波形图的使用（2）如图 5.3.5 所示，输出一个随机函数产生的波形图，并输出由每个采样点和其前 3 个点的平均值产生的波形图。

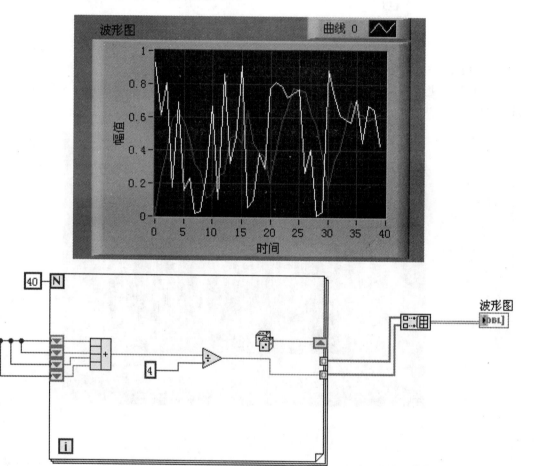

图 5.3.5　波形图的使用（2）

图 5.3.5 所示 VI 要在一个波形图上显示两个波形曲线，此时若没有特殊要求，则只要把两组数据组成一个二维数组，再把这个二维数组送到波形显示控件即可，这是多波形曲线在同一波形图中显示的最简单的方法。

波形图显示的每条波形，其数据都必须是一个一维数组，这是波形图的特点，所以要显示 n 条波形就必须有 n 组数据。至于这些数据数组如何组织，用户可以根据不同的需要来确定。

波形图的使用（3）结合了波形图的使用（1）和波形图的使用（2），如图 5.3.6 所示。

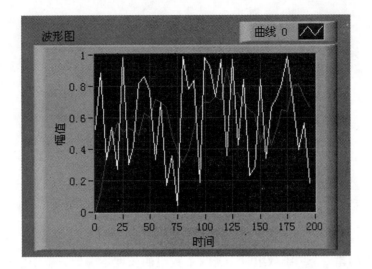

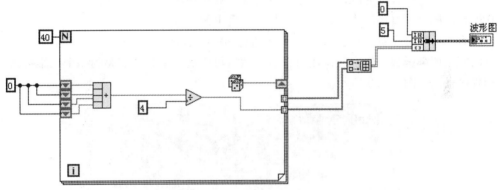

图 5.3.6 波形图的使用 (3)

如图 5.3.7 所示波形图的使用 (4)，在同一时间内，两个随机函数发生器产生了两组数据，一组采集了 20 个点，一组采集了 40 个点，用波形图来显示结果。

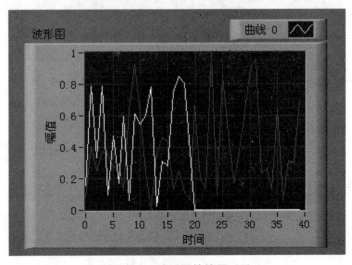

图 5.3.7 波形图的使用 (4)

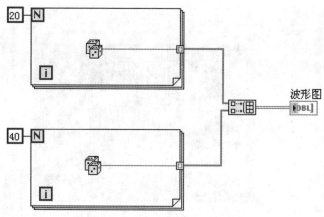

图 5.3.7　波形图的使用（4）（续）

　　LabVIEW 在构建一个二维数组时，若两个数组的长度不一致，整个数组的存储长度将以较长的那个数组的长度为准，而数据较少的那个数组在所有的数据存储完后，余下的空间将被 0 填充，所以若直接使用创建数组函数将出现下面的情况。

　　从图 5.3.7 中可以看出，白线在采集点超过 20 时变成值为 0 的直线，为了解决这个问题，可以使用捆绑函数，先把数据数组打包，然后再组成显示时所需要的一个二维数组，前面板和程序框图如图 5.3.8 所示。

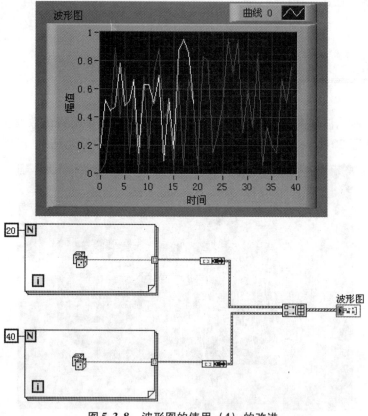

图 5.3.8　波形图的使用（4）的改进

从图 5.3.8 中可以看出，波形图已正确显示。这种改进方法可以这样理解，因为两个数组中的元素不是两个一维数组而是两个包，所以程序不会对数组直接进行处理，而是单独处理每个包。在处理包元素时，包里是一个一维数组，所以 LabVIEW 会将其处理为一条单独的波形。

波形图的使用（5）如图 5.3.9 所示，假设两个随机函数采样时都有相同的起始采样位置和相同的步长，要求 x 轴刻度能显示出实际的开始采样位置和相应的步长。本题的做法是同上一例类似，将形成的二维数组进行打包，然后送入波形图控件显示。

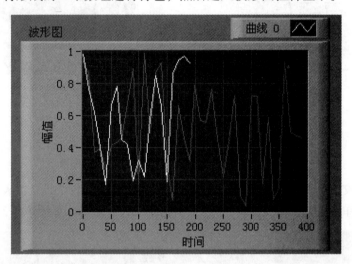

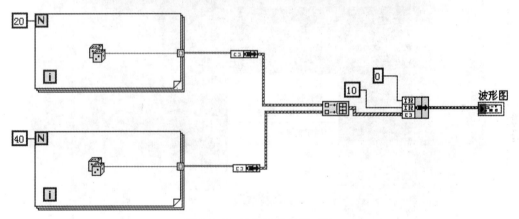

图 5.3.9　波形图的使用（5）

应当注意的是，如果不同曲线间的数据量或数据的大小差距太大，则并不适合用一个波形图进行显示。因为波形图总是要在一个屏内把一个数组的数据完全显示出来，如果一维数据与另一组数据的数据量相差太大，长度长的波形将被压缩，影响显示效果。

除了簇和数组，波形图还可以显示波形数据。波形数据是 LabVIEW 的一种数据类型，本质上还是簇。

5.3.2　波形图表控件

波形图表（Waveform Chart）是一种特殊的指示器，可在"图形"子选板中找到，将其选中后拖入前面板即可，如图5.3.10所示。

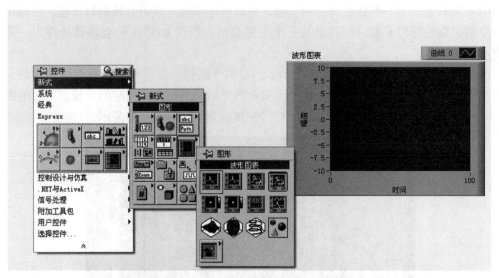

图5.3.10 位于"图形"子选板中的波形图表

波形图表在交互式数据显示中有3种刷新模式：示波器图表、带状图表、扫描图表。用户可以在右键菜单中的"高级"选项中选择"刷新模式"选项，如图5.3.11所示。

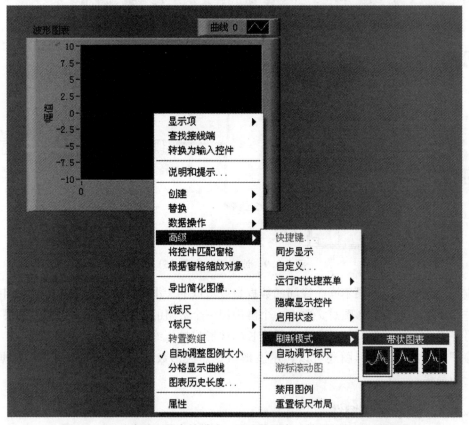

图5.3.11 改变波形图表的模式：示波器图表、带状图表、扫描图表

示波器图表、带状图表和扫描图表在处理数据时略有不同。带状图表有一个滚动显示屏，当新的数据到达时，整个曲线会向左移动，最原始的数据移出视野，而最新的数据则会添加到曲线的最右端。这一过程与实验中常见的纸带记录仪的运行方式非常相似。

示波器图表、扫描图表与示波器的工作方式十分相似。当数据点多到足以使曲线到达示波器图表绘图区域的右边界时，将清除整个曲线，并从绘图区的左侧开始重新绘制，扫描图表和示波器图表类似，不同之处在于当曲线到达绘图区的右边界时，不是将旧曲线消除，而是用一条移动的红线标记新曲线的开始，并随着新数据的不断增加在绘图区中逐渐移动。示波器图表和扫描图表比带状图表运行得快。

波形图表和波形图的不同之处是：波形图表保存了旧的数据，所保存旧数据的长度可以自行指定。新传给波形图表的数据被连接在旧数据的后面，这样就可以保持一部分旧数据显示的同时显示新数据。也可以把波形图表的这种工作方式想象为先进先出的队列，新数据到来之后，会把同样长度的旧数据从队列中挤出去。可以通过图 5.3.12 所示的前面板及程序框图来比较波形图表和波形图。

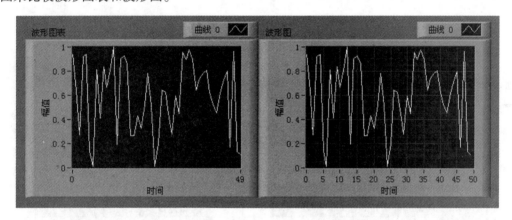

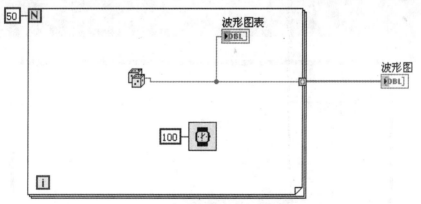

图 5.3.12　波形图表和波形图的比较

显示的运行结果是一样的，但实现方法和过程不同。在程序框图中可以看出，波形图表产生在循环内，每得到一个数据点，就立刻显示一个；而波形图在循环之外，50 个数都产生之后跳出循环，然后一次显示出整个数据曲线，从运行过程可以清楚地看到这一点。

值得注意的还有，For 循环执行 50 次，产生的 50 个数据存储在一个数组中，这个数组创建于 For 循环的边界上（使用自动索引功能）。在 For 循环结束之后，该数组就将被传送到外面的波形图中。仔细看程序框图，穿过循环边界的连线在内、外两侧粗细不同，内侧表示浮点数，外侧表示数组。

波形图表模拟的是现实生活中的波形记录仪、心电图等的工作方式。波形图表内置了一个显示缓冲器，用来保存一部分历史数据，并接受新数据。这个缓冲区的数据存储按照先进先出的规则管理，它决定了该控件的最大显示数据长度。在默认情况下，这个缓冲大小为 1 KB，即最大的数据显示长度为 1 024 个，缓冲区容不下的旧数据将被舍弃。波形图表适合实时测量中对参数进行监控，而波形图适合在事后显示数据和分析。即波形图表是实时趋势图，波形图是事后记录图。

当绘制单曲线时，波形图表可以接受的数据格式有两种：标量和数组。标量数据和数组被连续在旧数据的后面显示。当输入标量时，曲线每次向前推进一个点。当输入数组数据时，曲线每次推进的点数等于数组的长度。如图 5.3.13 所示，使用波形图表，生成两组随机数，由于时间延时函数在 While 循环中，而 For 循环是一次产生 10 个随机数，相当于缩短了延时时间，所以产生的波形图是不一样的。

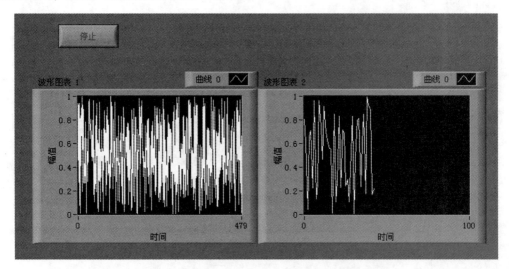

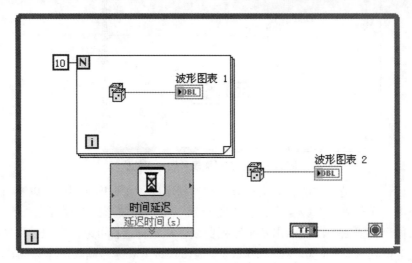

图 5.3.13　单曲线的前面板及程序框图

当绘制多条曲线时，可以接受的数据格式也有两种：第一种是将每条曲线的一个新数据点（数据类型）打包成簇，即把每种测量的一个点打包在一起，然后输入波形图表中，这时波形图表为所有曲线同时推进一个点，这是最简单也是最常用的方法，如图 5.3.14 所示；第二种是将每条曲线的一个数据点打包成簇，若干种这样的簇作为元素构成数组，再把数组传送到波形图表中，如图 5.3.15 所示。这两种方法的前面板显示如图 5.3.16 所示。

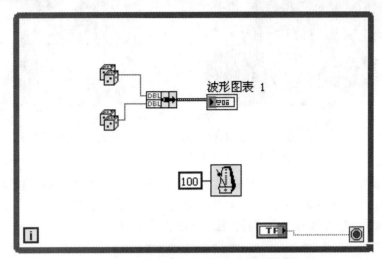

图 5.3.14 使用第一种方法创建多曲线的程序框图

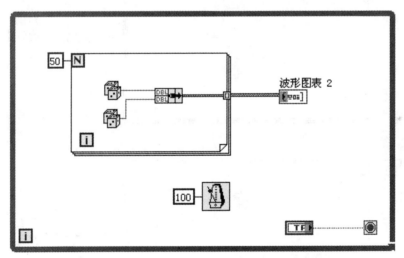

图 5.3.15 使用第二种方法创建多曲线的程序框图

5.3.3 XY 图

波形图和波形图表只能用于显示一维数组中的数据或是一系列单点数据，对于需要显示横、纵坐标对的数据，它们就无能为力了。前面讲述的波形图的 Y 值对应实际的测量数据，X 值对应测量点的序号，适合显示等间隔数据序列的变化，如按照一定采样时间采集数据的变化，但是它不适合描述 Y 值随 X 值的变化曲线，也不适合绘制两个相互依赖的变量如 (Y/X)。对于这种曲线，LabVIEW 专门设计了 XY 图。

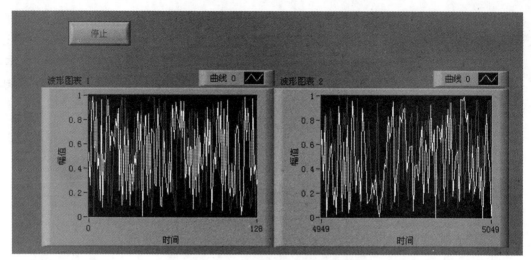

图5.3.16 创建多曲线的前面板显示

与波形图相同，XY 图也是一次性完成波形显示刷新，不同的是 XY 图的输入数据类型是由两组数据打包构成的簇，簇的每一对数据都对应一个显示数据点的（X，Y）坐标。

当用 XY 图绘制单曲线时，有两种方法，如图 5.3.17 所示。

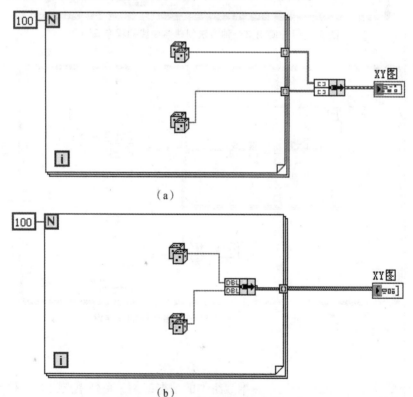

（a）

（b）

图5.3.17 使用 XY 图绘制单曲线

在图 5.3.17（a）中，是把两组数据数组打包后送给 XY 图，此时，两个数据数组里具有相同序号的两个数组组成一个点，而且必定是包里的第一个数组对应 X 轴，第二个数组对应 Y 轴。使用这种方法来组织数据要确保数据的长度相同，如果两个数据的长度不一样，

XY 图将以长度较短的那组为参考，而长度较长的那组多出来的数据将被抛弃。

在图 5.3.17（b）中，先把每一对坐标点（X，Y）打包，然后用这些点坐标形成的包组成一个数组，再送到 XY 图中显示，这种方法可以确保两组数据的长度一致。

当绘制多条曲线时，也有两种方法，如图 5.3.18 所示。

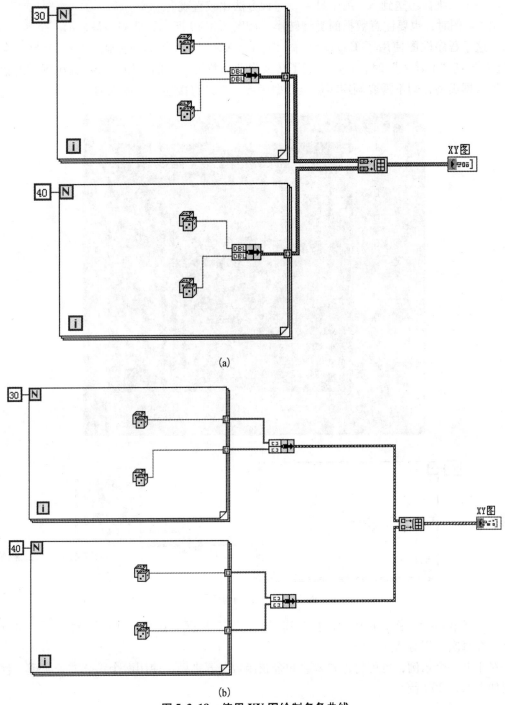

(a)

(b)

图 5.3.18　使用 XY 图绘制多条曲线

在图 5.3.18（a）中，程序先把两个数组的各个数据打包，然后分别在两个 For 循环的边框通道上形成两个一维数组，再把这两个数组组成一个二维数组送到 XY 图中显示。

在图 5.3.18（b）中，程序先让两组的输入输出在 For 循环的边框上形成数组，然后打包，用一个二维数组送到 XY 图中显示，这种方法比较直观。

用 XY 图时，也要注意数据的类型转换。如图 5.3.19 所示，此程序是显示一个半径为 1 的圆。这个程序框图使用了 Express 中的 Express XY 图，当 For 循环输出的两个数组介入"X 输入"和"Y 输入"时，自动生成了转换为动态数据函数的调用，若数据源提供的数据是波形数据类型，则不需要调用转换至数据函数，而是直接连到其输入端。

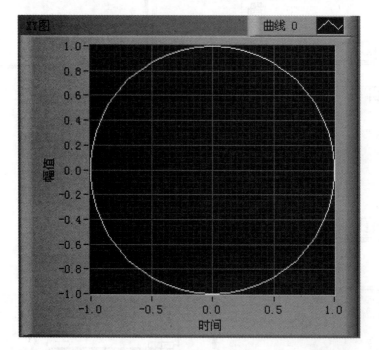

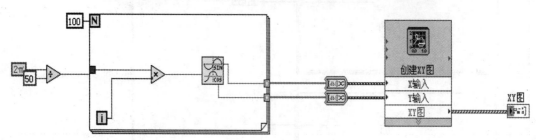

图 5.3.19　绘制单位圆

对于 Express XY 图，可以双击打开其"属性"对话框，在其"属性"对话框中可以设置是否在每次调用时清除数据。

对于上一个示例，也可将正弦函数和余弦函数分开来做，使用两个正弦波来实现，程序框图如图 5.3.20 所示。

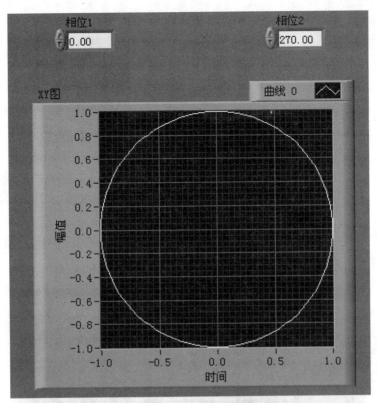

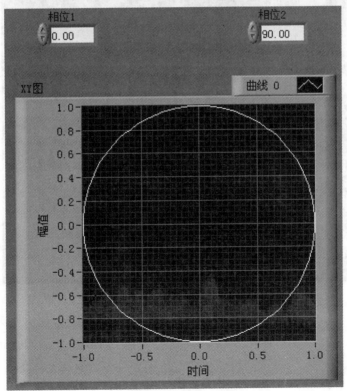

图 5.3.20　绘制单位圆

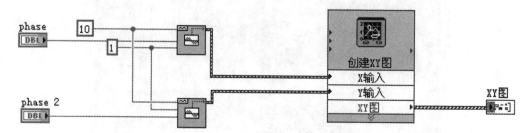

图 5.3.20　绘制单位圆（续）

当输入相位 1 的值和相位 2 的值相差 90 或 270 时，输出波形与上个示例相同，如图 5.3.20 所示。

当相位差为 0 时，绘制的图形是直线；当相位差不为 0、90、270 时，图形为椭圆，如图 5.3.21 所示。

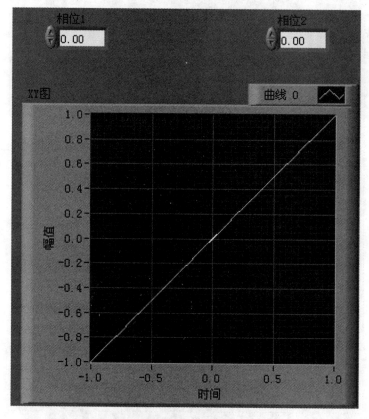

图 5.3.21　直线和椭圆的显示

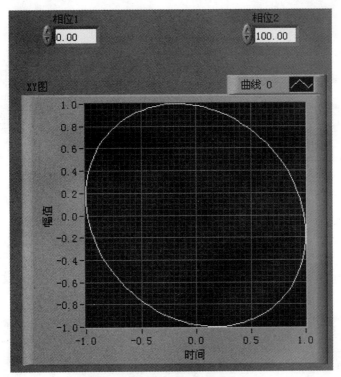

图 5.3.21 直线和椭圆的显示（续）

[例 5.3.1] 产生两个函数曲线。

已知两个函数：$Y = X(1 + iN)$ 和 $Y = X(1 + i)^N$，X 为初始值，i 为变化率，N 表示次数（N 是 1~20 的数）。要求使用 XY 图绘制出两者随次数增加的变化曲线。前面板及程序框图如图 5.3.22 所示。

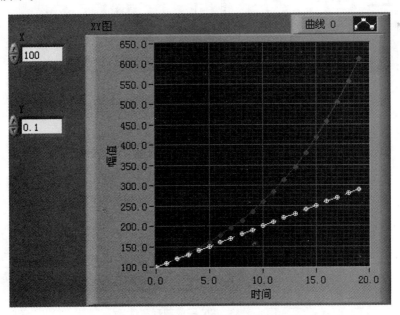

图 5.3.22 例 5.3.1 前面板及程序框图

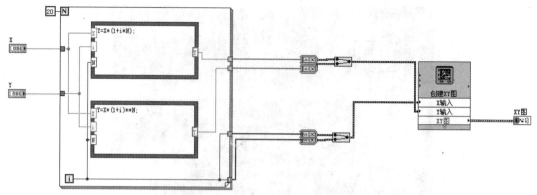

图 5.3.22 例 5.3.1 前面板及程序框图（续）

需要注意的是，次数 N 在输出时要分成两个数来输出，否则将无法建立正确的 XY 图，不能一一对应。

对于前面板中的两个曲线的显示，可以在 XY 图的图形属性中自行设置，如图 5.3.23 所示。

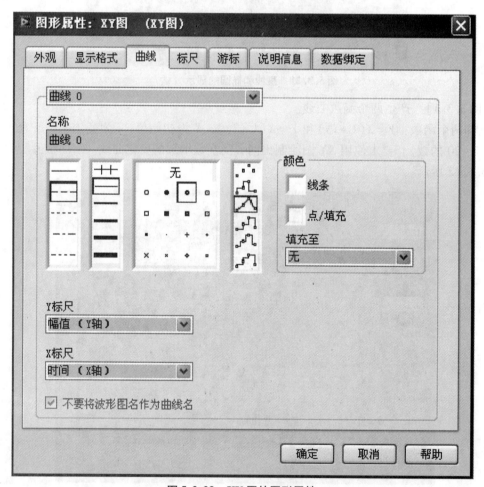

图 5.3.23 XY 图的图形属性

5.3.4　强度图和强度图表

强度图（Graph）和强度图表（Chart）使用一个二维的显示结构来表达一个三维的数据，它们之间的差别主要是刷新方式不同。本小节将对强度图和强度图表的使用方法进行介绍。

1. 强度图

强度图是 LabVIEW 提供的另一种波形显示，它用一个二维强度图表示一个三维的数据类型，一个典型的强度图如图 5.3.24 所示。

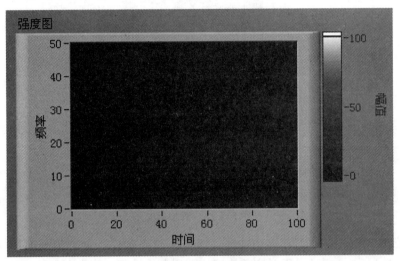

图 5.3.24　强度图

从图 5.3.24 中可以看出，强度图与前面介绍过的曲线显示工具在外形上最大的区别是，强度图拥有标签为幅值的颜色控制组件，如果把标签为时间和频率的坐标分别理解为 X 轴和 Y 轴，则幅值组件相当于 Z 轴的刻度。

在使用强度图前先介绍一下颜色梯度，颜色梯度在"控件"选板中的"经典"子选板中，当把这个控件放在前面板时，默认建立一个指示器，如图 5.3.25 所示。

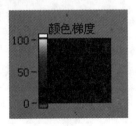

图 5.3.25　前面板上的颜色梯度指示器

从图 5.3.25 中可以看到，颜色梯度指示器的左边有个颜色条，颜色条上有数字刻度，当指示器得到数值输入数据时，输入值对应的颜色显示在控件右侧的颜色框中。如输入值不在颜色条边上的刻度范围之内，则当超过 100 时，显示颜色条上方小矩形内的颜色，默认为白色；当小于 0 时，显示颜色条下方小矩形内的颜色，默认为红色。例如，当输入为 100 和 −1 时，分别显示白色和红色。

在编辑和运行程序时，用户可单击上下两个小矩形，这时会弹出颜色拾取器，在里面定义越界颜色。

实际上，颜色梯度只包含 3 个颜色值：0 对应黑色，50 对应蓝色，100 对应白色。0～50 和 50～100 的颜色都是插值的结果，在颜色条上弹出的快捷菜单中选择"添加刻度"选项可以增加新的刻度，如图 5.3.26 所示。增加刻度后，可以改变新刻度对应的颜色，这样就为刻度梯度增加了一个数值颜色对。

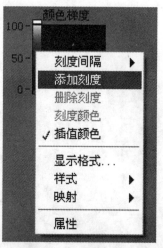

图 5.3.26　添加刻度

在使用强度图时，要注意其排序顺序。如图 5.3.27 所示，原数组的第 0 行在强度图中对应于最左侧的一列，而且元素对应色块按从下到上的排序。值为 100 时，对应的白色在左上方；值为 0 时，对应的黑色在底端中间。

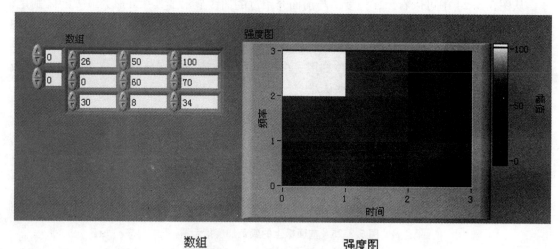

图 5.3.27　原数组在强度图中的排序

图 5.3.28 显示设置的一个简单的强度图，在这个程序框图中，利用两个 For 循环构造一个 5 行 10 列的数组，由于数组在强度图中的排序已经讲述，所以在显示屏上共有 5 列，每列高度为 10。

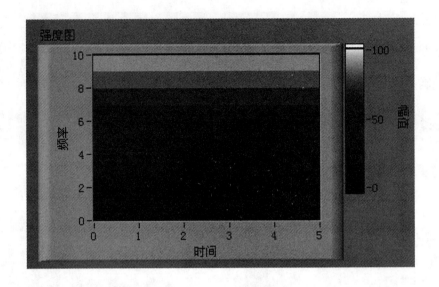

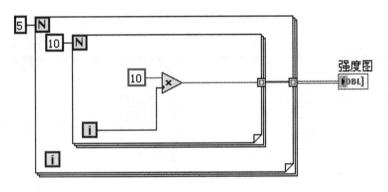

图 5.3.28 设置简单强度图

创建强度图的颜色也可以通过强度图属性节点中的色码表来实现，这个节点的输入为一个大小为 256 的整数数组，这个数组其实是一张颜色列表，它与 Z 轴的刻度一起决定了颜色映射条上数值颜色的关系。在颜色条上可以定义上溢出和下溢出的数值的大小，颜色表数组中序号为 0 的单元里的数据对应为下溢出的颜色。序号为 255 的单元里的数据对应为上溢出的颜色，而序号为 1～254 中的数据从颜色条中最大最小值之间按插值的方法进行比较。

[**例 5.3.2**] 设计一个颜色表，要求有上下溢出的颜色显示。

在本例中，调用了前面板中的颜色盒函数，用来指定本色和上下溢出的颜色。程序框图中的一个 For 循环用来定义一张颜色表：For 循环产生大小为 1～254 的 254 个颜色值，这些值与上下溢出颜色构成一个容量为 256 的数组送到色码表属性节点中，这个表中的第一个和最后一个颜色值，分别对应了 Z 轴（幅值）上溢出和下溢出时的颜色值。当色码属性节点有赋值操作时，颜色表被激活。此时，Z 轴的数值颜色对应关系由颜色表来决定。具体前面板显示和程序框图如图 5.3.29 所示。

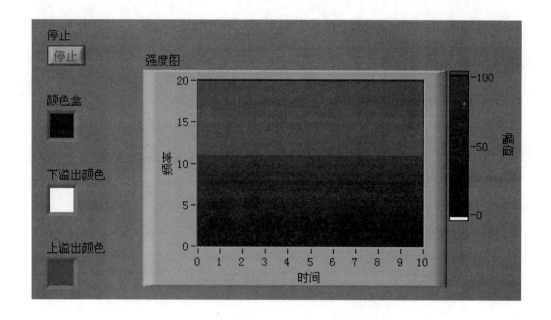

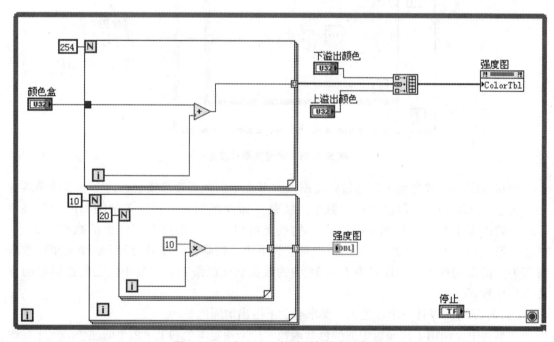

图 5.3.29　例 5.3.2 的前面板及程序框图

在强度图中,若想设置幅值属性,可以在其幅值上单击鼠标右键选择"格式化"选项来设置,如图 5.3.30 所示。选择后将弹出"强度图属性:强度图"对话框,如图 5.3.31 所示。

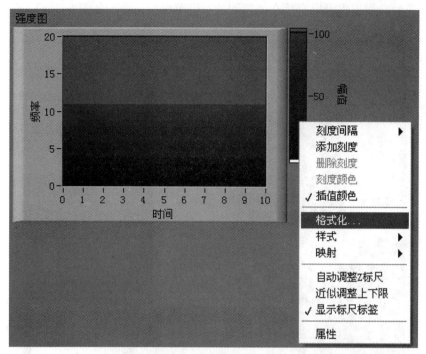

图 5.3.30　幅值的格式化

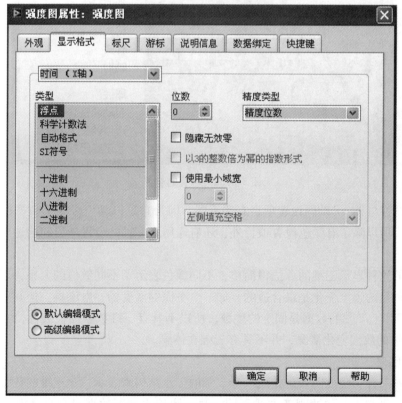

图 5.3.31　"强度图属性：强度图"对话框

幅值即 Z 轴的设置也可以直接在强度图的右键菜单中选择，如图 5.3.32 所示。

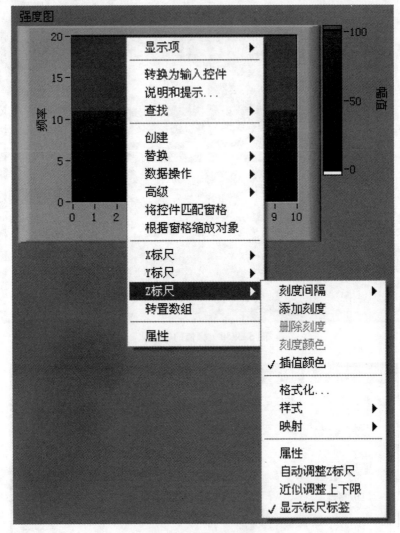

图 5.3.32　幅值的设置

Z 轴的设置与 X、Y 轴的设置项目有些不同，因为它是以颜色来表示数据的，同时它还是一个坐标，所以除了有颜色设置项目外，还有通用坐标轴的设置项目和前述一些颜色条的设置项目。

强度图的这种显示三维的方法很简单，不同颜色表示了不同数值的大小，用它来表示一个平面中某种量的强度变化是最合适的，如一个平面的温度场、电磁场。但其局限性也是很明显的：由于 X、Y 轴的数据是固定的整数，所以不具有三维数据的代表性，它的显示结果只能看到 Z 轴的数据变化情况，并不具有三维立体感。

2. 强度图表

与强度图一样，强度图表也是用一个二维的显示结构来表示一个三维的数据类型，它们之间的主要区别在于图像的刷新方式不同：强度图接收到新数据时会自动清除旧数据的显示，而强度图表会把新数据的显示接接到旧数据的后面。这也是波形图表和波形图的区别。

上节介绍了强度图的数据格式为一个二维数组，它可以一次性把这些数据显示出来。虽然强度图表也是接收和显示一个二维数据数组，但它显示的方式不一样。它可以一次性显示一列或几列图像，在屏幕及缓冲区保存一部分旧的图像和数据，每次接收到新的数据时，新的图像紧接着在原有图像的后面显示。当下一列图像将超出显示区域时，将有一列或几列旧图像移出屏幕。数据缓冲区同波形图表一样，也是先进先出，大小可以自己定义，但结构与波形图表（二维）不一样，而强度图表的缓冲区结构是一维的。这个缓冲区的大小是可以设定的，默认为 128 个数据点，若想改变缓冲区的大小，可以在强度图表上单击鼠标右键，从弹出的快捷菜单中选择"图表历史长度…"选项，如图 5.3.33 所示，即可改变缓冲区的大小。

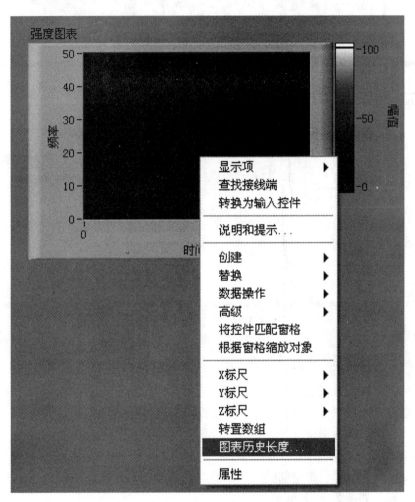

图 5.3.33　设置图表历史长度

图 5.3.34 是强度图表的使用示例，在这个过程中，先让正弦函数在循环的边框通道上形成一个一维数组，然后再形成一个列数为 1 的二维数组送到控件中去显示。因为二维数组是强度图表所必需的类型，所以即使只有一行，这一步骤也是必要的。

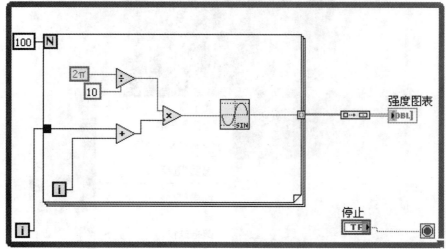

图 5.3.34　强度图表的使用

5.3.5　三维图形控件

在很多情况下，把数据绘制在三维空间里会更有表现力。大量实际应用中的数据，例如某个平面的温度分布、联合时频分析、飞机的运动等，都需要在三维空间中可视化显示数据。三维图形可令三维数据可视化，修改三维图形属性可改变数据的显示方式。

1. 三维曲面图

三维曲面图用于显示三维空间的一个曲面。在前面板放置一个三维曲面图时，程序框图将出现两个图标，如图 5.3.35 所示。

三维曲面的图标及其端口定义如图 5.3.36 所示。"三维图形"输入端口是 ActiveX 空间输入端，该端口的下面是两个一维数组输入端，用以输入 x、y 向量。"z 矩阵"端口的数据类型为二维数组，用以输入 z 坐标。三维曲面在作图时采用的是描点法，即根据输入的 x、y、z 坐标在三维空间确定的一系列数据点，然后通过插值得到曲面。在作图时，三维曲面根据 x 和 y 的坐标数组在 XY 平面上确定一个矩形网络，每个网格节点都对应着三维曲线上的一个点在 XY 坐标平面的投影。z 矩阵数组给出了每个网格节点所对应的曲面点的 z 坐标，三维曲面根据这些信息就能够完成作图。三维曲面不能显示三维空间的封闭图形，如果显示封闭图形，应使用三维参数曲面。

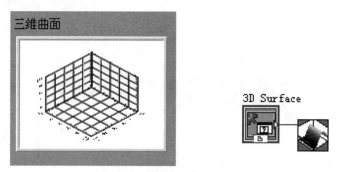

图 5.3.35　三维曲面图

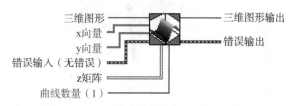

图 5.3.36　三维曲面的图标及其端口定义

［例 5.3.3］　使用三维曲面图输出正弦信号。

前面板及程序框图如图 5.3.37 所示。

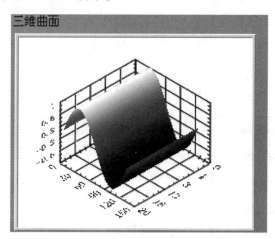

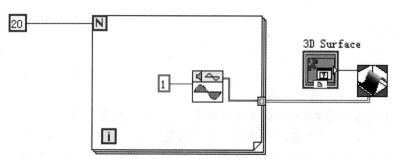

图 5.3.37　例 5.3.3 的前面板及程序框图

需要注意的是，此时用的是"信号处理"子选板的"信号生成"中的正弦信号，而不是"波形生成"中的正弦波形。因为正弦波形函数输出的是簇数据类型，而"z矩阵"输入端口接受的是二维数组。

图 5.3.38 显示的是用三维曲面图显示 $z = \sin(x)\cos(y)$，其中 x 和 y 都在 $0 \sim 2\pi$ 的范围内，x、y 坐标轴上的步长为 $\pi/50$。

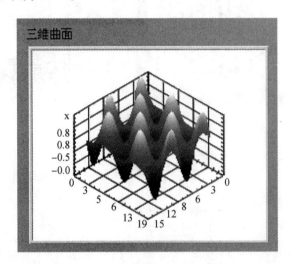

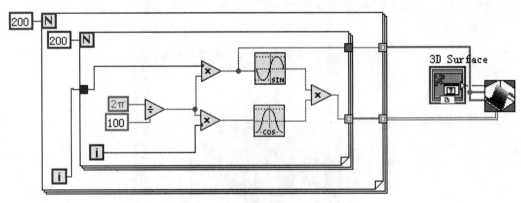

图 5.3.38　$z = \sin(x)\cos(y)$ 三维曲面图

框图中的 For 循环边框的自动索引功能能将 z 坐标组成了一个二维数组。但对于输入"x向量"和"y向量"来说，由于要求不是二维数组，所以程序框图中的 For 循环的自动索引应禁止使用，否则将出错。

2. 三维参数图

上一小节介绍了三维曲面的使用方法，三维曲面可以显示三维空间的一个曲面，但在显示三维空间的封闭图形时就无能为力了，这时就需要使用三维参数图了。图 5.3.39 所示为三维参数图的前面板显示和程序框图。

图 5.3.40 所示为三维参数曲面各端口的定义。三维参数曲面各端口的含义是："三维图形"表示 3D Parametric 输入端，"x矩阵"表示参数变化时 x 坐标所形成的二维数组；"y矩阵"表示参数变化时"y"坐标所形成的二维数组；"z矩阵"表示参数变化时 z 坐标所形成

的二维数组。三维参数曲面的使用较为复杂，但借助参数方程的形式比较容易理解，需要三个方程：$x = f_x(i,j)$，$y = f_y(i,j)$，$z = f_z(i,j)$。

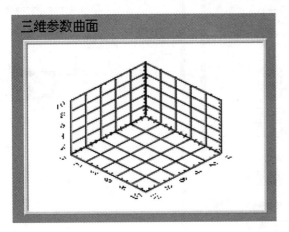
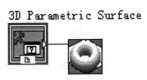

图 5.3.39　三维参数图的前面板显示和程序框图

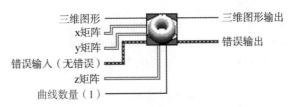

图 5.3.40　三维参数曲面各端口定义

[**例 5.3.4**]　绘制单位球面。球面的参数方程为：

$$x = \cos \alpha \cos \beta$$
$$y = \cos \alpha \sin \beta$$
$$z = \sin \beta$$

前面板及程序框图如图 5.3.41 所示。

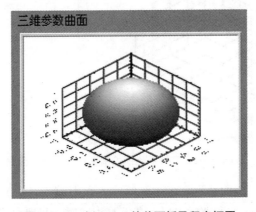

图 5.3.41　例 5.3.4 的前面板及程序框图

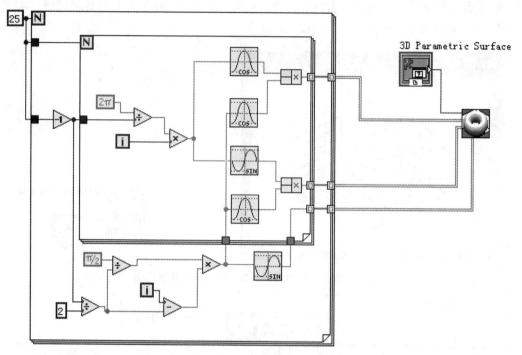

图 5.3.41　例 5.3.4 的前面板及程序框图（续）

3. 三维曲线图

三维曲线图用于显示三维空间中的一条曲线，三维曲线图的前面板及程序框图如图 5.3.42 所示。

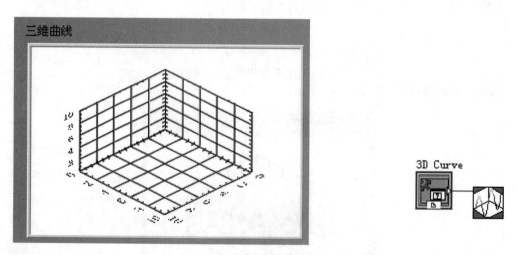

图 5.3.42　三维曲线图的前面板及程序框图

如图 5.3.43 所示，三维曲线有 3 个重要的输入数据端口，分别是"x 向量""y 向量""z 向量"，分别对应曲线的 3 个坐标向量。在编写程序时，只要分别在 3 个坐标向量上连接一维数组数据就可以显示三维曲线。

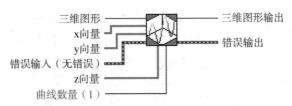

图 5.3.43 三维曲线图的图标及其端口定义

[例 5.3.5] 使用三维曲线图显示余弦函数。

前面板及程序框图如图 5.3.44 所示。

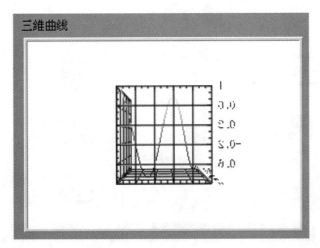

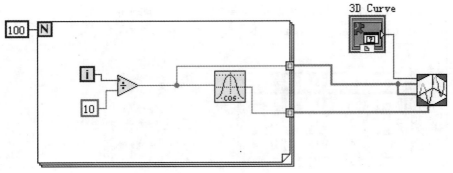

图 5.3.44 例 5.3.5 的前面板及程序框图

5.4 练习

[练习 1] 对于加、减、乘、除,数组之间的算术运算应满足哪些规则?

[练习 2] Graph 和 Chart 的主要区别是什么?波形数据能否直接作为 Chart 和 Graph 的输入?

[练习 3] XY 图与波形图表、强度图与强度图表以及三维图主要在哪些场合使用?各有什么特点?

[练习 4] 创建如图 5.4.1 所示的 VI,并命名为"簇与数组"。向前面板的"输入字符

串"控件输入"sangfeng",运行程序,得到图 5.4.1 所示的结果。(提示:在截取字符串函数的偏移量处输入不同的取值,分别运行程序,通过结果分析截取字符串的功能实现。)

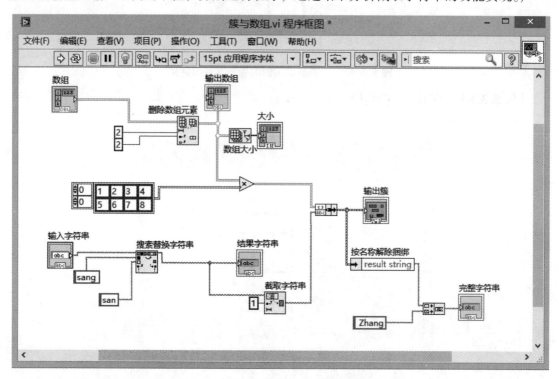

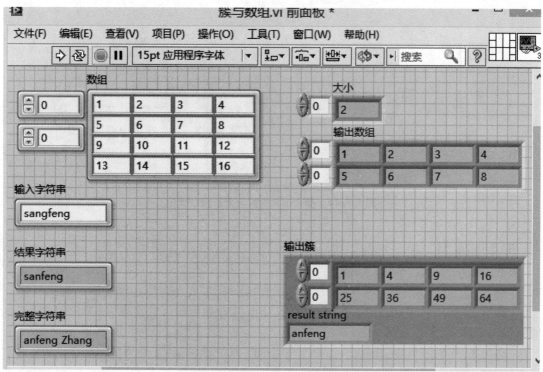

图 5.4.1　练习 4 程序框图及前面板

［练习5］创建如图5.4.2所示的 VI，并命名为"波形图与波形图表"。运行程序，得到图5.4.2所示的运行结果，改变 For 循环的次数值，观察波形图与波形图表的显示差异，加深对二者使用的区别。

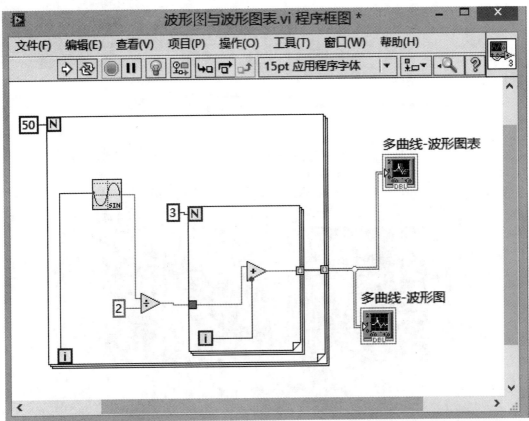

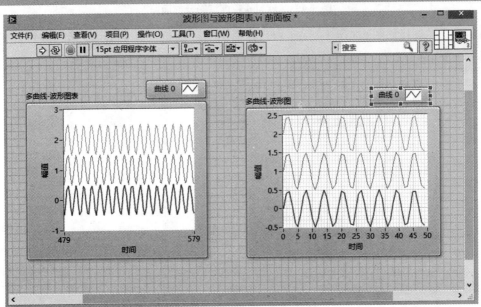

图5.4.2　练习5程序框图及前面板

[练习6] 创建如图 5.4.3 所示的 VI，并命名为"xy 图"。运行程序，得到图 5.4.3 所示的运行结果。通过比较 XY 图和 Express XY 图的差异对二者加以区分。

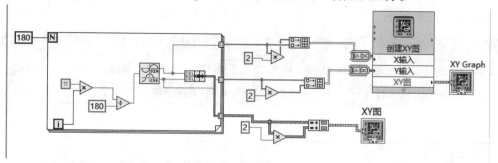

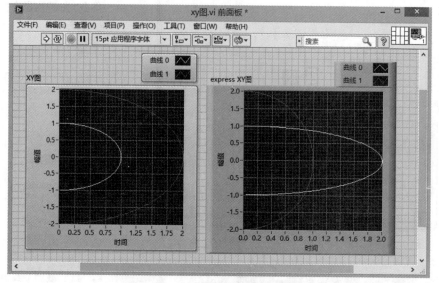

图 5.4.3　练习6 程序框图及前面板

[练习7] 创建如图 5.4.4 所示的 VI，并命名为"强度图与图表"。运行程序，得到图 5.4.4 所示的运行结果。通过比较强度图和强度图表的差异对二者加以区分。

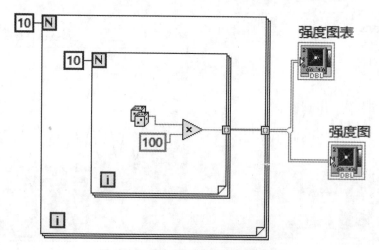

图 5.4.4　练习7 程序框图及前面板

162

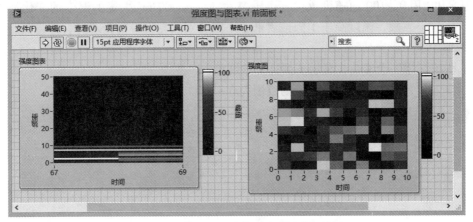

图 5.4.4　练习 7 程序框图及前面板（续）

［练习 8］创建如图 5.4.5 所示的 VI，并命名为"水面波纹"。向前面板的"x""y""数值"和"数值 2"控件中输入数值，运行程序，得到图 5.4.5 所示的运行结果。

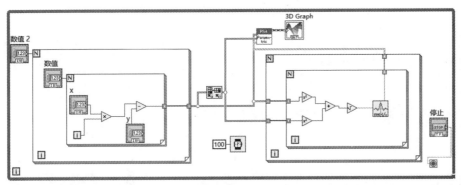

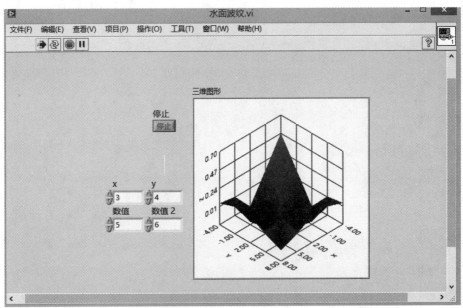

图 5.4.5　练习 8 程序框图及前面板

［练习9］用 0 ~ 100 的随机数代替摄氏温度，将每 500 ms 采集的温度的变化波形表示出来，并设定上下限，温度高于上限或者低于下限分别点亮对应的指示灯，并将其上下限也一并在波形中表示出来。

［练习10］用一个 Graph 显示下列计算的结果：

$Y_1 = x^3 - x^2 + 5$，$Y_2 = mx + b$，x 的范围为 0 ~ 100。

第6章 文件操作

程序设计语言除了识别自身语言规范的一些标识、信息外，还需要和外界交换信息。字符串和文件操作是 LabVIEW 与外界通信的重要方式。LabVIEW 的许多功能体现在仪器设备控制上。LabVIEW 与各种仪器等硬件设备通信有重要的意义，而硬件设备控制命令和数据大多为字符串和文件方式。因此，LabVIEW 提供了强大的字符串和文件处理功能。

6.1 字符串

字符串是 ASCII 字符的集合，包括可显示的字符（如 abe、123 等）和不可显示的字符（如换行符、制表位等）。字符串提供了一个独立于操作平台的信息和数据格式。LabVIEW 支持操作系统中各种字体，包括中文字体。LabVIEW 中常用的字符串数据结构有字符串、字符串数组等。在前面板中，字符串以文本输入框、标签和表格等形式出现。

6.1.1 字符串的创建

字符串控件用于创建文本输入框和标签。字符串控件位于前面板"控件"选板的"新式"→"字符串与路径"子选板中，如图 6.1.1 所示。字符串控件包含字符串输入控件、字符串显示控件和组合框控件，另外还有字符串数组控件。

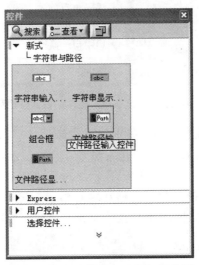

图 6.1.1 "字符串与路径"子选板

1. 字符串输入控件

字符串输入控件提供字符串输入功能，用户可以根据需要键入字符串作为控件的值，如图 6.1.2 所示。在程序框图中，字符串输入控件提供输出接线端。

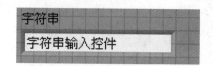

图 6.1.2　字符串输入控件

鼠标右键单击字符串输入控件，弹出如图 6.1.3 所示的快捷菜单。

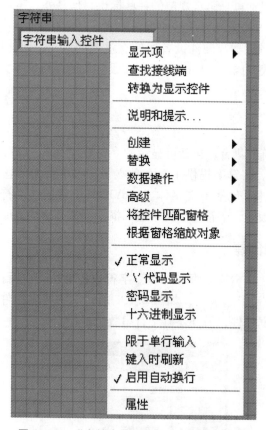

图 6.1.3　"字符串输入控件"右键快捷菜单

字符串有 4 种显示样式可供选择，分别为正常显示、'\' 代码显示、密码显示、十六进制显示，可以选择其中一种显示样式。"正常显示"样式显示可打印字符控件字体，不可显示字符通常显示为一个小方框；"'\'代码显示"样式将所有不可显示字符显示为反斜杠；"密码显示"样式将每一个字符（包括空格在内）显示为星号（＊）；"十六进制显示"样式将每个字符显示为其十六进制的 ASCII 值，字符本身并不显示。显示样式和对应显示的字符串如图 6.1.4 所示。

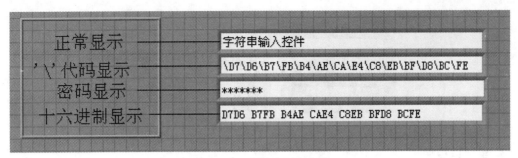

图 6.1.4 字符串显示方式

单击字符串输入控件的右键快捷菜单上的"属性"选项，弹出"字符串属性：字符串"对话框，如图 6.1.5 所示。在"外观"选项卡中，可以通过单选框选择显示样式。其他选项卡（如"说明信息""数据绑定"等）与一般控件选项卡的功能和设置相同。

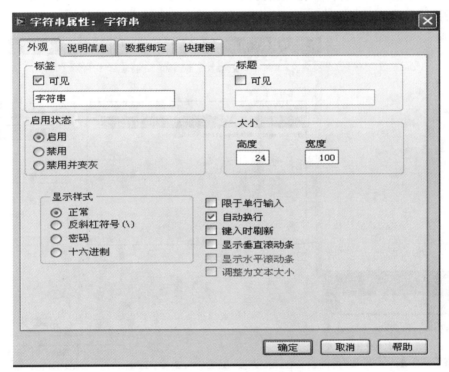

图 6.1.5 "字符串属性：字符串"对话框

2. 字符串显示控件

字符串显示控件用来显示字符串，如图 6.1.6 所示。在程序框图中，字符串显示控件提供输入接线端。

图 6.1.6 字符串显示控件

在程序框图中将字符串输入控件接线端与字符串显示控件接线端连接起来，运行程序，就可实现最基本的字符串输入和显示功能，如图 6.1.7 所示。

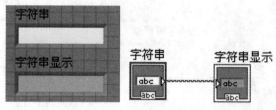

图 6.1.7　字符串控件

3. 组合框控件

图 6.1.8 所示组合框控件用来创建一个字符串列表，在前面板上可以按次序循环浏览该列表。组合框控件类似于文本型或菜单型下拉列表框，不同的是组合框控件是字符串类型的数据，而菜单型下拉列表框是数值类型的数据。

鼠标右键单击组合框控件，在弹出的快捷菜单中选择"编辑项…"选项进入"字符串编辑"对话框；或选择"属性"→"编辑项"选项卡，如图 6.1.8 所示。

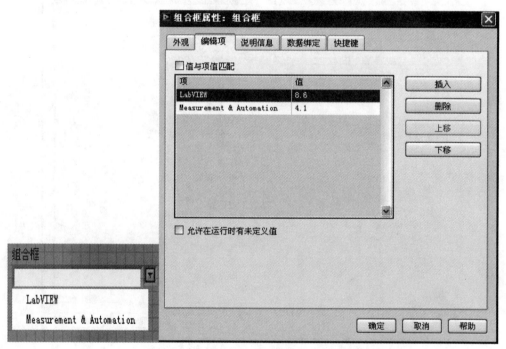

图 6.1.8　组合框控件及"组合框属性：组合框"对话框

勾选复选框"值与项值匹配"表示值与项一致，项确定以后不能修改值。单击右侧"插入"按钮可添加项。单击"删除"按钮可删除选中的项。单击"上移"或"下移"按钮用来上移或下移选中项在控件中显示的位置。勾选复选框"允许在运行时有未定义值"表示可以有没有赋值的项存在。

4. 字符串数组控件

字符串数组控件可以向用户提供一个可供选择的字符串项列表。字符串数组控件位于"控件"选板的"新式"→"列表与表格"子选板中，如图 6.1.9 所示。字符串数组控件包括列表框、表格和树形三种表单形式。

图 6.1.9 "列表与表格"子选板

表格是由字符串组成的二维数组，由多个单元格组成，每个单元格可以输入一个字符串。学会熟练使用表格是记录测量数据或生成报表的基础。双击表格控件单元格可以对其进行输入，右键单击表格控件，在弹出的菜单中选择"显示项"→"行首或列首"，可以显示行首或列首。行首和列首可以作为表格的说明性文字使用，如图 6.1.10 所示，行首为程序自动创建的行号，列首为双击单元格添加的说明文字。图中的左上角单元格无法通过双击控件来添加文字，用户可以使用"工具"选板上的"编辑文字"工具为单元格添加文字。

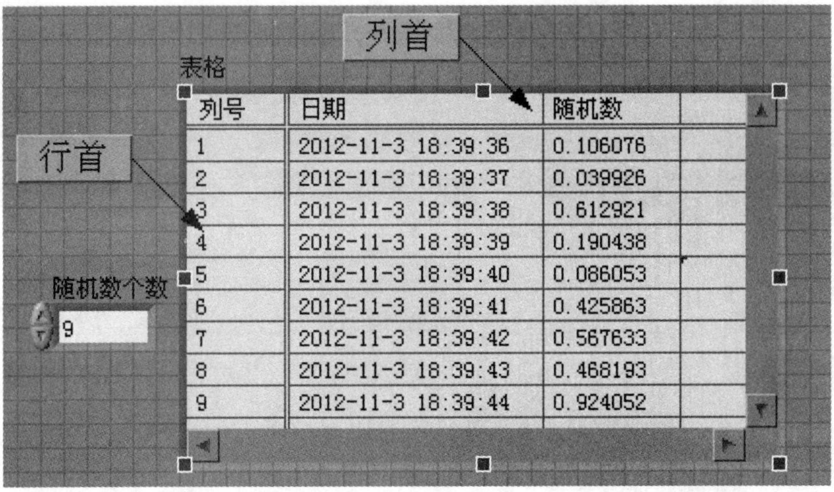

图 6.1.10 表格控件

通过使用 LabVIEW 的 Express 技术中的 Express 表格可以方便地构建表格，并把数据加入表格中。图 6.1.10 所示的 VI 就是使用了 Express 表格去实现表格数据加载功能，其程序框图如图 6.1.11 所示，VI 实现把一个随机数添加到表格中去，并为随机数添加记录时间和项目编号。双击框图中的创始表格函数（Express 表格的框图形式包括创建表格函数和表格显示控件），在弹出的"配置创建表格"窗口中选择"包含时间数据"选项，则当每次数据输入表格时自动为数据添加记录时的系统时间。通过使用 For 循环创建列号并输出给行首字符串属性节点可以为随机数创建项目编号。

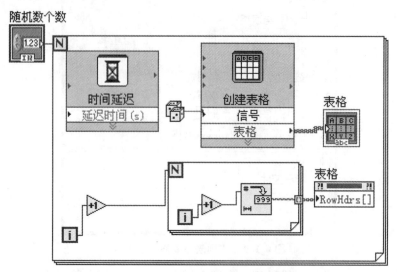

图 6.1.11　表格添加字符串功能实现框图

　　列表框、多列列表框的使用方法和表格类似，不同的是表格控件输入和显示的是字符串，而列表框、多列列表框控件输入和显示的是长整型的数据类型。

　　树形控件用于显示项目的层次结构，默认情况下有多个列首和垂直线。通常把第一列作为树形控件的树形目录菜单，第二列作为说明项使用，如图 6.1.12 所示。在树形控件上单击鼠标左键就可以在非运行状态进行添加或删除菜单项，在菜单项上单击右键，在弹出的菜单中选择"缩进项"和"移出项"可以创建菜单项的结构层次，这点和菜单编辑器的使用方法类似。

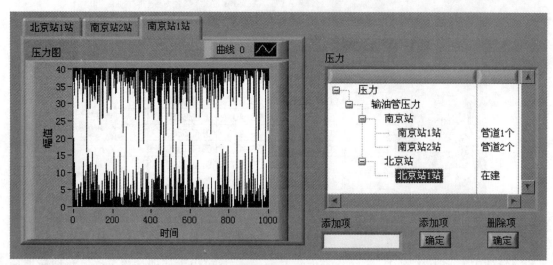

图 6.1.12　表格添加字符串功能实现框图

　　在树形控件空白处单击鼠标右键，在弹出的菜单中选择"编辑项"选项，弹出编辑树形控件项窗口，可以在窗口中为树形控件的菜单项设置标识符。默认的标识符和菜单项名称相同。标识符作为菜单项唯一标识，可以用于选择不同的菜单项。下面结合实例具体说明菜单项的使用方法。

[**例 6.1.1**]　菜单项的使用技巧。本例实现在运行时通过属性节点的使用添加菜单项或删除菜单项，当双击某个子菜单项时可以实现模拟压力值的波形显示。

首先建立图 6.1.12 所示的菜单项。

在前面板"控件"选板的"容器"子选板中找到选项卡控件，单击鼠标右键，在弹出的快捷菜单中可以添加或删除选项卡选项。在选项卡上为每个站建立波形图表。创建如图 6.1.13 所示的事件结构标识符用于连接结构的条件选择端子，当在树形控件上双击"南京站 1 站"字符串时，相应的条件结构运行，通过 For 循环创建压力数组，为压力图输入模拟数据。同样，也可以为其他子站在条件结构中创建相应的压力显示程序。

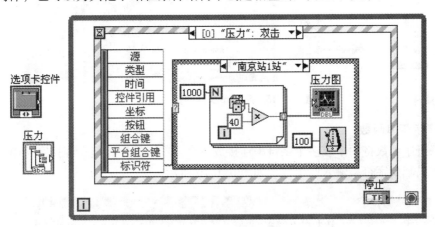

图 6.1.13　标识符的使用

通过树形控件调用节点的使用可以实现为树形控件添加项和删除项，程序如图 6.1.14 所示。首先需要创建两个布尔控件，以触发相应的事件结构。在程序框图的树形控件上单击鼠标右键，添加项调用节点和删除项调用节点可以在快捷菜单中的"创建"→"调用节点"→"编辑树形控件项"菜单项中找到。

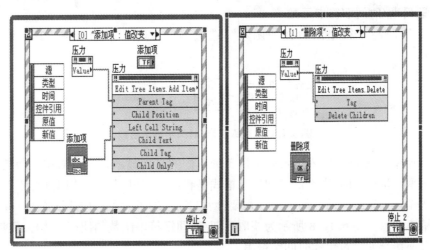

图 6.1.14　树形控件属性节点的使用

6.1.2 字符串操作函数

LabVIEW 提供了丰富的字符串操作函数，这些函数位于"函数"选板的"字符串"子选板上。下面对一些常用的字符串操作函数的使用方法进行简要说明。

1. 字符串长度函数

字符串长度函数用于返回字符串、数组字符串、簇字符串所包含的字符个数。图 6.1.15 所示为返回一个数组字符串的长度。字符串长度函数也被用于作为其他函数如 For 循环的输入条件使用。

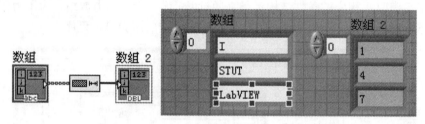

图 6.1.15 字符串长度函数的使用

2. 连接字符串函数

连接字符串函数将两个或多个字符串连接成一个新的字符串，拖动连接字符串函数下边框可以增加或减少字符串输入端个数，如图 6.1.16 所示。

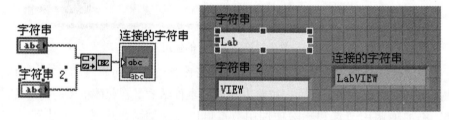

图 6.1.16 连接字符串函数的使用

3. 获取日期/时间字符串函数

获取日期/时间字符串函数在"函数"选板的"定时"子选板中，其接线端子如图 6.1.17 所示。

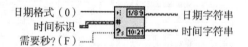

图 6.1.17 获取日期/时间字符串函数

在"日期格式（0）"输入端可以选择 3 种不同的日期显示格式，对中文版的 LabVIEW 而言，Long 和 Abbreviated 类型的日期显示格式是相同的。可以不为"时间标识"端子添加连接，默认输入为系统当前时间。将"需要秒？（F）"端子的布尔控件设置为 True，则显示当前时间精确到秒。图 6.1.18 所示为获取日期/时间字符串函数的使用，程序还使用了字符串连接函数连接日期字符串和时间字符串。

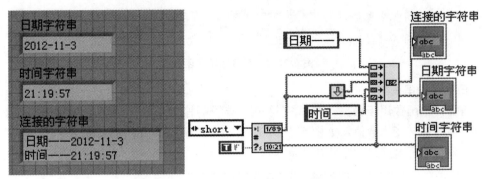

图 6.1.18 获取日期/时间字符串函数的使用

4. 格式化日期/时间字符串函数

格式化日期/时间字符串函数用于提取和显示部分时间标识，如图 6.1.19 所示，其"时间标识"输入端通常连接一个获取日期时间函数（位于"函数"选板的"定时"子选板上），"UTC 格式"可以输入一个布尔值，当输入为 True 时，输出为格林尼治标准时间，默认情况输入为 False，则输出为本机系统时间。

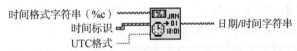

时间格式字符串（%c）
时间标识
UTC格式
日期/时间字符串

图 6.1.19 格式化日期/时间字符串函数

通过对时间格式化字符串的不同输入可以提取时间标识部分信息，如输入字符串为"%a"显示星期几，其他的输入格式与对应的显示信息可以参照表 6.1.1。

表 6.1.1 时间显示格式列表

输入字符	显示格式	输入字符	显示格式
%b	字母显示月份	%c	本机系统时间日期
%d	本月第几天	%H	24 小时制显示时间
%I	24 小时制显示时间	%m	数字显示月份
%M	显示分钟	%P	添加 a.m，p.m 标识
%S	显示秒	%x	本机系统日期
%X	本机系统时间	%y	世纪年份的后两位
%Y	世纪年份	%<digit>u	显示秒后小数，如%3u

5. 截取字符串函数

使用部分字符串函数可以提取字符串中的一段字符，生成输出子字符串，如图 6.1.20 所示。字符串端子用于连接原始字符串，通过偏移量和长度的设置指定了要提取的字符串的起始位置和长度。

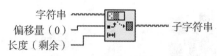

图 6.1.20　截取字符串函数

6. 扫描字符串函数

扫描字符串函数用于根据"格式字符串"端子的输入信息提取并转化字符串，例如可以将数字字符串转变为数值，如图 6.1.21 所示。格式字符串有一定的输入语法，用户可以参照帮助系统手写这些格式字符串语句。

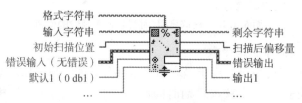

图 6.1.21　扫描字符串函数

也可以双击框图中的函数模块，在弹出的"编辑扫描字符串"窗口中设置字符串格式，如图 6.1.22 所示。单击"添加新操作"或"删除本操作"按钮可以增加或减少输出端子。在已选操作中可以选择扫描格式，如果对话框提供的扫描模式不符合用户需求，也可以在窗口下端"对应的扫描字符串"输入框中自行设置字符串格式。

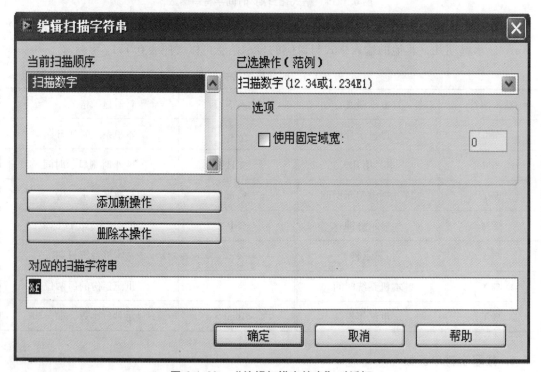

图 6.1.22　"编辑扫描字符串"对话框

图 6.1.23 所示为部分字符串函数和扫描字符串函数的使用方法。输入字符串为"Labview1.343"，部分字符串函数的偏移量为"2"，子字符串的长度为"7"，提取后的子

字符串为"bview1.",其中空格也占一个字符串长度。扫描字符串函数偏移量为"8",指定从第 9 个字符开始扫描,把数字字符串转化为双精度数值。

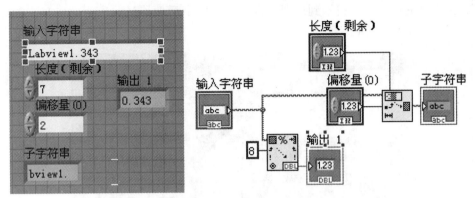

图 6.1.23   扫描字符串函数的使用

7. 数值至小数字符串转换函数

在"字符串"选板上还有一类"字符串/数值"转换子选板,如图 6.1.24 所示。使用子选板上的函数可以把字符串转换为各种数值类型,也可以把数值转换为各种形式的字符串。图 6.1.25 以数值至小数字符串转换函数为例说明这类函数的使用方法,通过使用转换函数把一个随机双精度值转换为带小数点的小数字符串。

图 6.1.24   数值至小数字符串转换函数

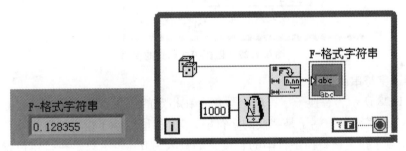

图 6.1.25   数值至小数字符串转换函数的使用

8. 匹配模式函数

匹配模式函数用于从偏移量处开始查找字符串,按正则表达式进行搜索,完成后把原字符串分成三段,分别为子字符串之前、匹配子字符串、子字符串之后,如图 6.1.26 所示。关于正则表达式的书写规则可以参照帮助系统。

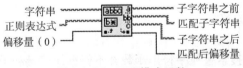

图 6.1.26   匹配模式函数

图 6.1.27 所示为一个匹配函数的 LabVIEW 帮助系统实例,其功能是查找字符串中的数

值型字符串并输出给字符串数组显示控件。使用分数/指数字符串至数值转换函数把字符串转换为双精度数值形式。在图中匹配模式函数的"匹配后偏移量"端子处放置探针，可以观察到，当搜索完成后或查找不到所要的匹配时，匹配后偏移量输出为"－1"，这个值可以作为 While 循环停止的触发值。

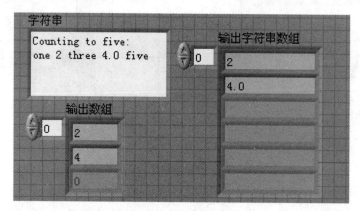

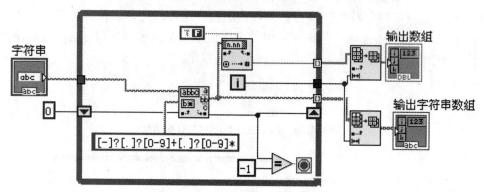

图 6.1.27　匹配模式函数的使用

9. 替换子字符串函数

如图 6.1.28 所示，替换子字符串函数用于在指定的位置查找、插入、删除或替换子字符串，其中"子字符串"端子是替换的字符串，"偏移量"端子指定被替换字符串的起始位置，"长度"端子指定被替换字符串的长度，如输入为 0，表示只是在指定位置插入子字符串而不删除原子字符串。

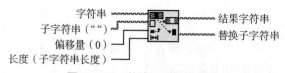

图 6.1.28　替换子字符串函数

10. 搜索替换字符串函数

图 6.1.29 所示为搜索替换字符串函数，和替换子字符串函数一样，它也用于查找并替换指定字符串。不同的是搜索替换字符串函数并不根据偏移量和子字符串长度去进行查找替换，而是搜索原子字符串并直接替换为新的子字符串，当原字符串多个位置需要替换时，使用搜索替换字符串函数比替换子字符串函数更加方便。

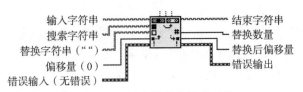

图 6.1.29 搜索替换字符串函数

图 6.1.30 所示程序使用替换子字符串函数和搜索替换字符串函数把字符串"LabVIEW match"中的子字符串"match"替换为"CPUBBS"，输出结果显示为"LabVIEW CPUBBS"。

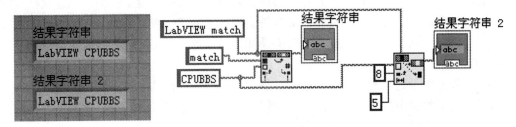

图 6.1.30 两种方法替换子字符串

6.2 文件存取

在利用 LabVIEW 进行软件开发时，经常需要读取外部数据或将数据写入外部文件并以特定形式存储，本节将就此问题，结合实例对 LabVIEW 中常用的文件类型以及如何将数据存储为特定类型，如何读取特定类型的数据等知识进行详细介绍。

6.2.1 "文件 I/O"子选板

1. 文件的类型

当把 LabVIEW 用于测控领域时，通常需要对不同类型的测试数据进行实时存储，以供日后进行数据分析、波形回放或生成各种类型的报表。LabVIEW 提供了丰富的文件类型用于满足用户对存储格式的需求。常用的文件类型有 9 种，下面简要介绍这 9 种文件的格式。

1）文本文件

文本文件是一种通用的文件类型，它可以将多种文件类型进行格式转换，以 ASCII 码的形式存储在记事本、Word 等常用字处理软件中。大多数仪器的控制命令或其他字符串类型的数据以文本形式进行保存和读取，但当存入数据中有二进制数据、浮点型数据时，使用文本文件格式进行存储会占用较大的磁盘空间，保存和读取数据较慢，极端情况时会使数据存储速度跟不上生成速度。产生这些不利现象的原因在于用这种格式进行 I/O 操作时首先要将原数据进行格式转换，转换为字符串格式才能存储。例如，一个 8 位二进制数 11001110，以二进制文件形式存储占一个字节，如果要以文本格式存储，就要占 8 个字节，并且需要先把二进制文件转换为 ASCII 码的文本文件，再将文本文件还原为二进制的形式进行读写，因此既减慢了读写速度，又占用了硬盘空间。以这种文件方式进行数据存储，由于存储数据字符数不同，因此所占的字节数也不同，不利于用户在指定位置进行所需数据的查找。

2）电子表格文件

电子表格文件输入的是一维或二维的数组，这些数组首先被转换为 ASCII 码，然后存储在 Excel 等电子表格中。这些数组的内容可以是字符串类型的、整型的或浮点型的。电子表格文件内有一些特殊的表格符号，如空格符、换行符等，用于满足表格数据的填入要求。可以用电子表格制作一些简单的数据存储和显示报表，当用户需要生成功能较多的高级报表时可以使用报表生成工具包。

3）二进制文件

二进制格式是所有文本文件格式中读写速度最快的一种文件存储格式，用这种方式存储数据不需要进行数据格式的转换，并且存储格式紧凑，占用的硬盘空间小。二进制格式的数据文件字节长度固定，与文本文件相比更容易实现数据的定位查找。但其存储数据无法被通常的字处理软件识别，当进行数据还原时必须知道输入数据类型才能恢复成原有数据。

4）波形文件

波形文件专用于记录波形数据，这些数据输入类型可以是动态波形数据或一维、二维的波形数组。波形数据中包含起始时间、采样间隔、波行数据记录时间等波形信息。波形文件可以以文本的格式保存，也可以以二进制的形式进行保存。

5）数据存储文件和 TDMS 文件

数据存储文件即 TDM（Technical Data Management）文件，可以将波形数据、文本数据、数值数据等数据类型存储为 TDM 格式或者从 TDM 文件中读取波形信息。使用数据存储文件格式可以为数据添加描述信息，如用户名、起始时间、注释信息等，通过这些描述信息能方便地进行数据的查找。包括 LabVIEW、LabVIEWReal—Time、LabWindows/CVI、LabWindows/CVIReal—Time 和 DIAdem 等很多 NI 公司的软件都可以进行 TDM 格式的数据读写，使动态类型的数据在这些软件中可以共享和交换。TDMS 文件（TDM Streaming，高速数据存储文件）比 TDM 文件在存储动态类型数据时读写速度更快，可以保存无限数量的数据组和数据。

6）数据记录文件

数据记录文件是一种特殊的二进制文件，它类似于数据库文件，可以以记录的形式存放各种格式的数据，例如簇这类复杂形式的数据。因此，当要存储的信息中包含不同类型的数据时，常使用数据记录文件这种包容性强的文件类型。

7）配置文件

配置文件用于读写一些硬件或软件的配置信息，以 INI 配置文件的形式进行存储。一般来说，一个 INI 文件是一个 key/value 对的列表。例如，一个 key 为"A"，它相应的值为"1984"，INI 文件中的条目为 A – 1984。当运行完一个用 LabVIEW 生成的 EXE 文件时，也会自动生成一个 . INI 文件。

8）XML 文件

XML（Extensible Markup Language），即可扩展标记语言。利用 XML 纯文本文件可以存储数据、交换数据和共享数据，大量的数据可以存储到 XML 文件中或者数据库中。LabVIEW 中的任何数据类型都可以以 XML 文件方式读写。XML 文件最大的优点是实现了数据存储和显示的分离，用户可以把数据以一种形式存储，用多种不同的方式打开，而无须改变存储格式。

9）图形文件

图片数据通常以 JPEG、PNG、BMP 等图片文件格式进行读写操作。JPEG 具有画质高、图片小的特点，由于采用了有损压缩算法，一般不用于图像处理中。而 PNG 和 BMP 采用无损压缩算法，带来的结果是虽然画质上去了但是体积也上去了，常用于图像处理，但不用于网络图像。

2. 基本文件 I/O 函数

针对多种文件类型的 I/O 操作，LabVIEW 提供了功能强大使用便捷的文件 I/O 函数，这些函数大多数位于"函数"→"编程"→"文件 I/O"子选板内，如图 6.2.1 所示。

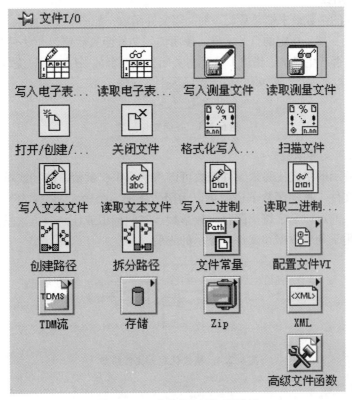

图 6.2.1　"文件 I/O"子选板

还有个别函数位于"波形"子选板、"字符串"子选板和"图形与声音"子选板内。下面介绍一下"函数"选板中最通用和基本的 I/O 函数。

1）打开/创建/替换文件函数

图 6.2.2 所示为打开/创建/替换文件函数，它用于打开或替代一个存在的文件或创建一个新文件。"文件路径（使用对话框）"端子输入的是文件的绝对路径。如没有连接文件路径端子，函数将显示用于选择文件的对话框。"文件路径（使用对话框）"端子下方是"文件操作"端子，可以定义打开/创建/替换文件函数要进行的文件操作，可以输入 0~5 的整型量。输入 0 表示打开已存在的文件；输入 1 表示替换已存在的文件；输入 2 表示创建新文件；输入 3 表示打开一个已存在的文件，若文件不存在则自动创建新文件；输入 4 表示创建新文件，若文件已存在则替换旧文件；输入 5 和输入 4 进行的操作一致，但文件存在时必须拥有权限才能替换旧文件。"文件操作"端子下方是"权限"端子，可以定义文件的操作权限，默认为可读写状态。

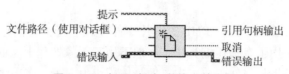

图 6.2.2　打开/创建/替换文件函数

句柄也是一个数据类型，包含很多文件和数据信息，在本函数中包括文件位置、大小、读写权限等信息，每当打开一个文件，就会返回一个与此文件相关的句柄，在文件关闭后，句柄与文件的联系会取消，文件函数用句柄连接，用于传递文件和数据操作信息。

2）关闭文件函数

在用句柄连接的函数最末端通常要添加关闭文件函数，如图6.2.3所示。关闭文件函数用于关闭"引用句柄"端子指定的打开文件。使用关闭文件函数后错误 I/O 只在该函数中运行，无论前面的操作是否产生错误，错误 I/O 都将关闭，从而释放引用，保证文件正常关闭。

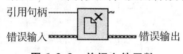

图 6.2.3　关闭文件函数

3）格式化写入文件函数

如图 6.2.4 所示的格式化写入文件函数可以将字符串、数值、路径或布尔数据格式化为文本类型并写入文件。拖动函数下边框可以为函数添加多个输入。"输入"端子指定要转换的输入参数。输入的可以是字符串路径、枚举型、时间标识或任意数值数据类型。格式化写入文件函数还可用于判断数据在文件中显示的先后顺序。

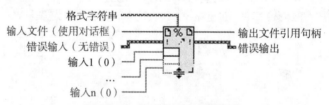

图 6.2.4　格式化写入文件函数

4）扫描文件函数

扫描文件函数与格式化写入函数功能相对应，可以扫描位于文本中的字符串、数值、路径及布尔数据，将这些文本数据类型转换为指定的数据类型，如图6.2.5所示。"输出"端子的默认数据类型为双精度浮点型。要为"输出"端子创建输出数据类型有 4 种方式可供选择：

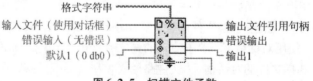

图 6.2.5　扫描文件函数

（1）通过为"默认 1，…，默认 n"输入端子创建指定输入数据类型和指定输出数据类型。

（2）通过"格式字符串"端子定义输出类型。但布尔类型和路径类型的输出类型无法用格式字符串定义。

（3）先创建所需类型的输出控件，然后连接"输出"端子，自动为扫描文件函数创建相应的输出类型。

（4）双击扫描文件函数，打开"编辑扫描字符串"窗口，可以在编辑窗口进行添加、删除端子和定义端子类型操作。

6.2.2 文本文件的使用

文本文件是最常用的文件类型。LabVIEW 提供两种方式创建文本文件：一种方法是使用打开/创建/替换文件函数；另一种更简便的方法是使用文本文件写入函数。打开"文件 I/O"子选板，可以找到写入文本文件函数和读取文本文件函数。文本文件函数的说明如下：

1. 写入文本文件函数

图 6.2.6 所示为写入文本文件函数。"文件（使用对话框）"端子输入的可以是引用句柄或绝对文件路径，不可以输入空路径或相对路径。写入文本文件函数根据"文件路径"端子打开已有文件或创建一个新文件。"文本"端子输入的为字符串或字符串数组类型的数据，如果数据为其他类型，必须先使用格式化写入字符串函数（位于"函数"→"字符串"子选板），把其他类型的数据转换为字符串类型的数据。

图 6.2.6　写入文本文件函数

2. 读取文本文件函数

图 6.2.7 所示为读取文本文件函数。"计数"端子可以指定函数读取的字符数或行数的最大值。如"计数"端子输入"<0"，读取文本文件函数将读取整个文件。很多函数节点都有错误输入和错误输出功能，其数据类型为簇，它有三个功能。

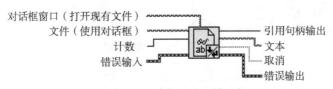

图 6.2.7　读取文本文件函数

（1）用于检查错误信息，如果一个节点发生操作错误，该节点的错误输出端就会返回一个错误信息。这个错误信息传递到下一个节点那个节点就不运行，只是将错误信息继续传递下去。

（2）通过将一个节点的错误输出与另一个节点的错误输入连接可以指定程序执行顺序，起到一个数据流的功能。

（3）错误输出端输出的簇信息可以作为其他事件的触发事件。

3. 设置文件位置函数

如图 6.2.8 所示，设置文件位置函数用于指定数据写入的位置。"自（0：起始）"端子指定文件标记，即数据开始存放的位置。当为"自（0：起始）"端子创建常量时，显示的是一个枚举型常量，当选择"start"项时，表示在文件起始处设置文件标记；当选择"end"项时，表示在文件末尾处设置文件标记；当选择"current"项时，表示在当前文件标记处设置文件标记。"偏移量（字节）（0）"端子用于指定文件标记的位置与自指定位置的距离。

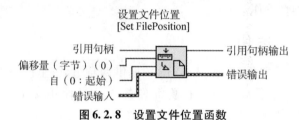

图 6.2.8　设置文件位置函数

VI 多次运行后在进行数据存储时，通常会把上一次运行时的数据覆盖，为了防止数据丢失，需要把每次运行 VI 时产生的数据资料添加到原数据资料上去，这就要使用设置文件位置函数。

[例 6.2.1]　文本文件的写操作。

本例通过比较函数和选择函数创建一个数值在 0.5~1 的随机数，通过格式化写入字符串函数把双精度小数转换为字符串型的数据，通过 For 循环创建字符串数组，作为文本数据输出给写入文本文件函数的文本端子，如图 6.2.9 所示。

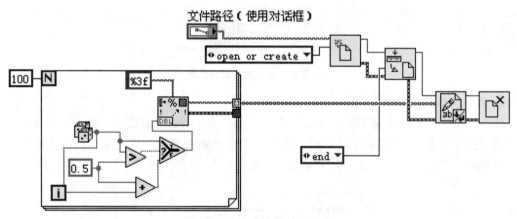

图 6.2.9　文本文件的写操作

使用设置文件位置函数，把函数"自（0：起始）"端子设置为"end"，这样每次运行 VI 产生的新数据能添加到原文件旧数据中。在使用设置文件位置函数时要注意两点：设置文件位置函数必须位于写入文本文件函数前面，因为需要在写入前规定写入位置；先使用打开/创建/替换文件函数创建一个新文本文件，如果不添加打开/创建/替换文件函数，则在第一次写入文本数据前新文本还没创建，设置文件位置函数找不到要设置的文件，程序运行会出现错误。如果不需要把每次产生的新数据添加到原数据上，可以不使用设置文件位置函数和打开/创建/替换文件函数，单纯使用写入文本文件函数就可以创建一个新的文本文件。

[例 6.2.2]　文本文件的读操作。

本例使用读取文本文件函数读取例 6.2.1 生成的文本文件数据，并以字符串和波形图表的形式读取显示文本文件中的数据。程序框图和运行效果如图 6.2.10 所示。

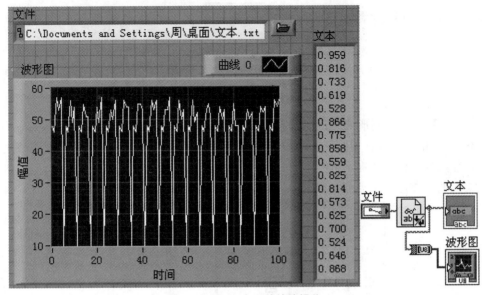

图6.2.10 文本文件的读操作

6.2.3 二进制文件的使用

如果把数据以不合适的文件类型进行存储，通常要占用更多内存，在众多的文件类型中，二进制文件是存取速度最快、格式最紧凑、冗余数据最少的文件存储格式，在高速数据采集时常用二进制格式存储文件，以防止文件生成速度大于文件存储速度情况的发生。

和文本文件一样，使用基本文件 I/O 函数和 LabVIEW 提供的写二进制文件函数都可以实现二进制文件的写操作。

1. 写二进制文件函数

图6.2.11 所示为写二进制文件函数。二进制文件的文件结构与数据类型无关，因而其"数据"输入端子输入的可以是任意类型的数据。可选端子预置数组输入的是布尔类型的数据，默认为 True，表示在"引用句柄输出"端子添加数据大小的信息。"字节顺序"端子可以连接枚举型常量，选择不同的枚举项可以指定数据在内存地址中的存储顺序，默认情况下最高有效字节占据最低的内存地址。

图6.2.11 写二进制文件函数

2. 读取二进制文件函数

图6.2.12 所示为读取二进制文件函数。以二进制方式存储后，用户必须知道输入数据的类型才能准确还原原数据，如不给读取二进制文件指定数据类型，则输出的数据类型可能和原数据类型无法匹配。因此使用写二进制文件函数创建的二进制文件在打开时必须在数据类型端子指定要打开文件的数据类型。"总数"端子指定要读取的数据元素的数量，如总数为 −1，函数将读取整个文件，但当读取文件太大或总数小于 −1 时，函数将返回错误信息。

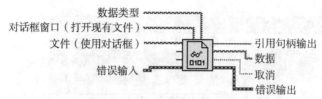

图 6.2.12　读取二进制文件函数

［例 6.2.3］ 二进制形式文件的读写。

图 6.2.13 把一个混合单频与噪声波形存储为二进制文件形式。文件对话框函数用于设定文件路径选择对话框的提示框条字符、默认的存储文件名和提示的文件类型。写二进制文件函数输入的为波形数组类型的数据。

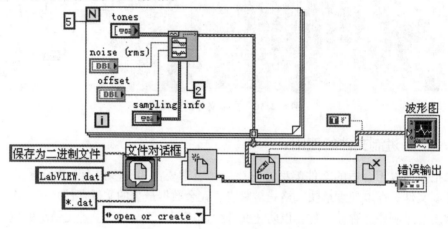

图 6.2.13　波形存储为二进制文件形式

图 6.2.14 所示的程序用于读取图 6.2.13 程序创建的二进制文件。为了还原波形数据，首先要为读取二进制文件函数的"数据类型"端子创建包含波形数据的簇信息，如图 6.2.14（a）所示。如果用户不熟悉波形数据的数据组成类型，可以先创建波形图表控件，然后把波形图表控件转化为常量，再添加到"数据类型"端子处。读取二进制文件后还原的波形如图 6.2.14（b）所示。

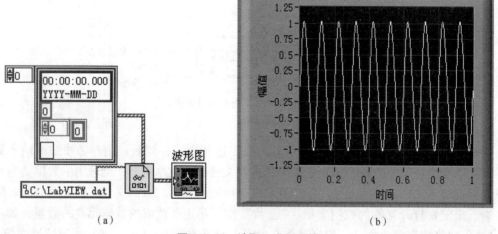

（a）　　　　　　　　　　　　　　（b）

图 6.2.14　读取二进制文件

6.2.4　波形文件的使用

波形文件是一种特殊的数据记录文件，专门用于记录波形数据。每个波形数据都包含采样开始时间 t_0、采样间隔 dt、采样数据 y 三个部分。LabVIEW 提供了三种波形文件 I/O 函数，如图 6.2.15 所示，这三种函数位于"函数"→"波形"→"波形文件 I/O"子选板中。

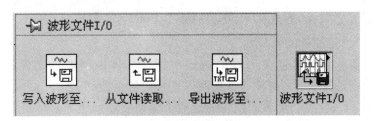

图 6.2.15　波形文件 I/O 函数

1. 写入波形至文件函数

图 6.2.16 所示写入波形至文件函数可以创建一个新文件或打开一个已存在的文件，波形输入端可以输入波形数据或一维、二维的波形数组，并且在记录波形数据时可以同时输入多个通道的波形数据。

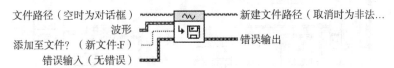

图 6.2.16　写入波形至文件函数

2. 从文件读取波形函数

图 6.2.17 所示从文件读取波形函数用于读取波形记录文件，其中"偏移量（记录：0）"端子指定要从文件中读取的记录，第一个记录是 0。

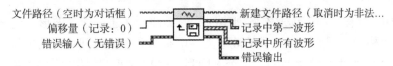

图 6.2.17　从文件读取波形函数

3. 导出波形至电子表格文件函数

图 6.2.18 所示为导出波形至电子表格文件函数，它可以将一个波形转换为字符串形式，然后将字符串写入 Excel 等电子表格中去。其中"分隔符（Tab）"端子用于指定表格间的分隔符号，默认情况下为制表符。"多个时间列？（单个：F）"端子用于规定各波形文件是否使用一个波形时间。如果要为每个波形都创建时间列，则需要在"多个时间列？（单个：F）"端子输入 True 的布尔值。如为"标题？（写标题：T）"端子输入 True 值，生成的表格文件中将包含波形通道名 t_0、dt 等信息；如输入 False 值，则表格文件中将不显示表头信息。

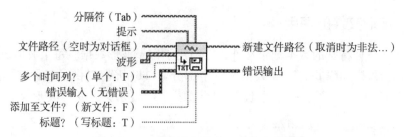

图 6.2.18　导出波形至电子表格文件函数

[例 6.2.4]　波形文件的读写操作。

本例通过模拟一个双通道波形数据的读写过程具体说明波形文件的使用方法。图6.2.19 所示的程序是波形的写操作。首先使用正弦波形函数和锯齿波形函数创建了两个模拟波形，通过获取日期/时间函数的使用为这两个模拟波形创建各自不同的波形生成时间。生成的两个波形数据通过创建数组函数生成一个一维波形数组，作为输入数据传递给写入波形至文件函数。这里把波形文件保存为二进制形式，一方面节省了数据存储空间，另一方面也提高了存储速度。

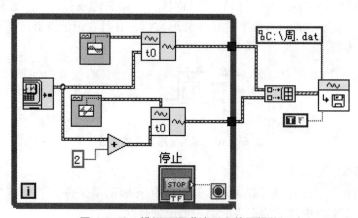

图 6.2.19　模拟双通道波形文件写操作

图 6.2.20 所示程序用于读取本例创建的波形文件，并通过导入波形至电子表格文件函数导入 Excel 表格中。因为本例生成的波形文件中有两个生成时间不同的模拟波形数据，因此导出波形至电子表格文件函数的"多个时间列？（单个：F）"端子需要添加真值常量。

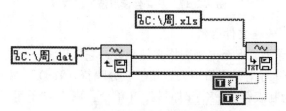

图 6.2.20　波形文件读操作

程序运行后生成的 Excel 文件如图 6.2.21 所示。

在进行图 6.2.19 所示程序的前面板设计时，应该在 VI 属性窗口中自定义窗口外观，隐藏工具栏中的"中止"按钮，因为如果直接在程序运行时按下"中止"按钮，数据流将在While 循环内中止，尚未传输到写入波形至文件函数中去。

	A	B	C	D	
1	t0	25:16.3			
2	delta t	0.001			
3					
4	time	Y			
5	25:16.3	0			
6	25:16.3	0.062791			
7	25:16.3	0.125333			
8	25:16.3	0.187381			
9	25:16.3	0.24869			
10	25:16.3	0.309017			
11	25:16.3	0.368125			
12	25:16.3	0.425779			
13	25:16.3	0.481754			

图 6.2.21 波形文件导入 Excel 电子表格

6.3 练习

［练习 1］ 字符串有哪些操作函数？分别适用在哪些场合？

［练习 2］ LabVIEW 常用的文件格式有哪几种？分别有什么特点？

［练习 3］ 创建如图 6.3.1 所示的 VI，并命名为"二进制文件的读取与写入"。在前面板设置噪声为"1"，运行程序，弹出"文件名"对话框，输入"LabVIEW"并保存，得到图 6.3.1 所示的运行结果。打开计算机的 E 盘，发现程序创建了 LabVIEW. dat 文件。

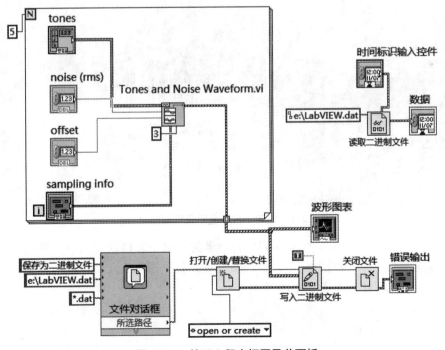

图 6.3.1 练习 3 程序框图及前面板

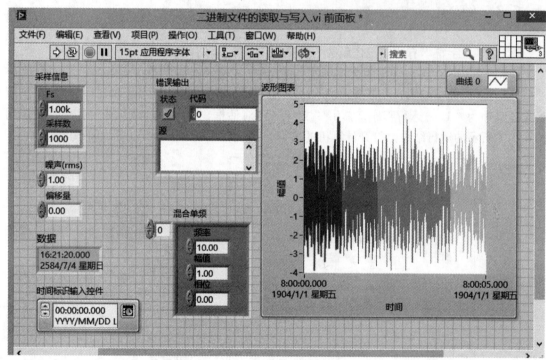

图 6.3.1 练习 3 程序框图及前面板（续）

[练习 4] 创建如图 6.3.2 所示的 VI，并命名为"电子表格的写入与读取"。运行程序，弹出"选择需读取文件"对话框，输入"file.xls"，得到图 6.3.2 所示的运行结果。打开计算机的 E 盘，发现程序创建了 file.xls 文件。

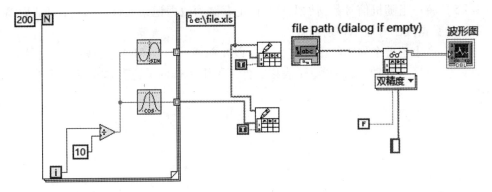

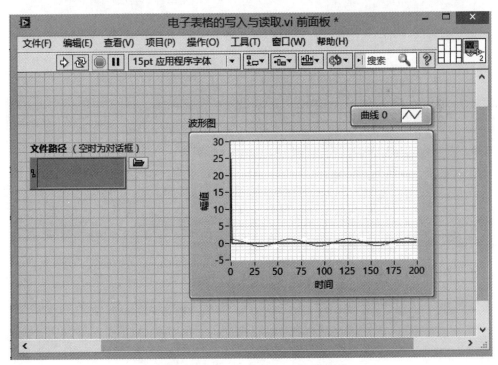

图 6.3.2　练习 4 程序框图及前面板

［练习5］ 将一组随机信号数据加上时间标记存储为数据记录文件，然后在 LabVIEW 程序中将存储的数据读出并显示在前面板上。

［练习6］ 产生若干个周期的正弦波数据，以当前系统日期和自己的姓名为文件名，分别存储为文本文件、二进制文件和电子表格文件，再用 Windows 记事本或写字板将上述文件读出来。

第7章　数据采集

LabVIEW 作为一种图形化程序设计语言，以其方便性、易用性、直观性和可移植性在测试测量领域受到广泛关注。但是，LabVIEW 设计的虚拟仪器软件要实现仪器功能，必须获取被测对象的数据，这就要用到数据采集（Data Acquisition，DAQ）技术。DAQ 技术是 LabVIEW 的核心技术，该技术通过数据采集设备从传感器和其他待测设备中获得并转换物理信号（如电压、电流、压力和温度等）为数字信号。NI 公司提供了种类丰富的硬件设备以满足不同的测量、测试和控制要求，LabVIEW 中存在与上述各种数据采集硬件设备的接口，从而使用户可以方便地与不同厂商的各种设备连接和通信，这正是 LabVIEW 相对于其他编程语言无可比拟的优势。

7.1　数据采集基础

在学习 LabVIEW 提供的功能强大的数据采集和应用软件之前，有必要对基本的数据采集知识有所了解。本节首先介绍数据采集系统的构成，并对信号类型和测量系统的连接方式进行介绍，最后对应用于 LabVIEW 环境下 DAQ 的有关概念进行介绍。

7.1.1　数据采集系统的构成

一个典型的基于 PC 的数据采集系统框图如图 7.1.1 所示，包括传感器、信号调理设备、数据采集硬件及装有 DAQ 软件的计算机。

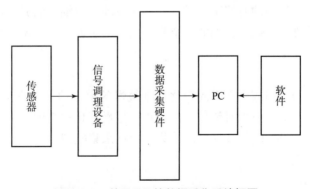

图 7.1.1　基于 PC 的数据采集系统框图

传感器可以测量各种不同的物理量，并将它们转换成电信号。例如，热电阻传感器、压力传感器可以测量温度和压力，并产生与温度和压力成比例的电信号。

通过传感器生成的电信号必须经过加工处理，以适合数据采集设备的输入范围。实现这一功能的是信号调理设备，它对采集到的电信号进行放大、滤波、隔离等处理。

数据采集硬件设备主要实现将模拟信号转换为数字信号，以作为 PC 的输入。

采集设备一般还有放大、采样保持、多路复用等功能。

数据采集设备将数据送到 PC 后，PC 运用强大的数据处理能力并结合相应的分析应用软件对数据进行处理分析，并对采集到的信号进行显示和存储。软件在这一系统中占有极其重要的地位，NI 的"软件就是仪器"的口号就强调了软件的重要意义。该软件把传感器、信号调理设备、数据采集设备集成为一个完整的数据系统。

数据采集硬件设备有很多种类型，比较常见的是插卡式数据采集卡，它可以直接插到台式计算机的 PCI 槽或笔记本电脑的 PCMCIA 槽上，并可以满足一般测试的要求，但是插拔不方便。还有基于 PXI 规范的数据采集设备，它内部可以插入多个数据采集卡，这相当于扩展了计算机 PCI 插槽。另外，还有通过各种总线与计算机相连的外置式 DAQ 设备，总线形式包括并口、串口、USB 等。很多仪器也可以通过 GPIB 等总线与计算机相连，实现数据采集的功能。关于数据采集设备的各种类型已在本书第 1 章有所介绍，这里不再赘述。

7.1.2 信号类型

在对信号进行数据采集前，必须对所采集的信号的特性有所了解，因为不同信号的测量方式和对采集系统的要求是不同的。只有了解被测信号，才能选择合适的测量方式和采集系统。

根据信号运载信息方式的不同，可以将信号分为数字信号和模拟信号。数字信号可分为开关信号和脉冲信号。模拟信号可分为直流、时域和频域信号。

1. 数字信号

数字信号分为开关信号和脉冲信号。开关信号运载的信息与信号的即时状态信息有关。开关信号的一个实例就是 TTL 信号的输出。一个 TTL 信号如果在 2.0 ~ 5.0 V，就定义为逻辑高电平；而如果在 0 ~ 0.8 V，就定义为逻辑低电平。

脉冲信号由一系列的状态变化组成，包含在其中的信息由状态转化数目、转换速率、一个转换间隔或多个转换间隔的时间来表示。安装在发动机主轴上的光学编码器的输出就是脉冲信号。有些装置需要数字输入，例如一个步进式电动机就需要一系列的数字脉冲作为输入来控制位置和速度。

2. 模拟直流信号

模拟直流信号是静止的或者随时间变化非常缓慢的模拟信号。常见的直流信号有温度、流速、压力、应变等。由于模拟直流信号是静止或缓慢变化的，因此测量时更应注重于测量电平的精确度而并非测量的时间或速率。采集系统在采集模拟直流信号时，需要有足够的精度以正确测量信号电平。

3. 模拟时域信号

模拟时域信号与其他信号不同，它所运载的信息不仅包含信号的电平，还包含电平随时间的变化。在测量一个时域信号（也称为波形）时，需要关注一些与波形形状相关的特性，如斜率、峰值、到达峰值的时刻和下降时刻等。

为了测量一个时域信号，必须有一个精确的时间序列，序列的时间间隔也应该合适，以保证信号的有用部分被采集到，并且要以一定的速率进行测量，这个测量速率要能跟上波形的变化。用于测量时域信号的采集系统通常包括 A/D 转换器、采样时钟和触发器。A/D 转换器要具有高分辨率和高带宽，以保证采集数据的精度和高频率采样；精确的采样时钟，用于以精确的时间间隔采样；而触发器使测量在恰当的时间开始。

4. 模拟频域信号

模拟频域信号与时域信号类似，该信号也随时间变化。然而，从频域信号中提取的信息是基于信号的频域内容，而不是波形的形状，也不是随时间变化的特性。

用于测量一个频域信号的系统必须包括 A/D 转换器、采样时钟和用于精确捕捉波形的触发器。另外，系统需具备分析功能，用于从信号中提取频域信息。为了实现这样的数字信号处理，可以使用应用软件或特殊的 DSP 硬件来实现。

上述几种信号并不是互相排斥的，一个特定的信号可能不止运载一种信息。我们可以用几种方式来定义和测量信号，用不同类型的系统来测量同一个信号，并从信号中提取需要的各种信息。

7.2　数据采集卡 DAQ

在使用数据采集卡 DAQ 时，有必要对数据采集卡的功能和性能指标有所了解。本节首先介绍 DAQ 的功能，在此基础上介绍 DAQ 的硬件安装与软件配置。

7.2.1　DAQ 的功能

一般情况下，一个 DAQ 设备的基本功能有模拟输入、模拟输出、数字 I/O 和定时/计数器等，这些功能分别由相应的电路来实现。

1. 模拟输入

模拟输入是数据采集卡最基本的功能，它一般由多路开关、放大器、采样保持电路及 A/D 转换器来实现。通过这些部分，一个模拟信号就可以转化为数字信号。

在这部分电路中，A/D 转换器的性能和参数直接影响着模拟输入的质量，这也是 DAQ 设备的核心。A/D 转换器有 3 种类型：逐次逼近型 A/D 转换器、双积分型 A/D 转换器和 $\Sigma - \triangle$ 型 A/D 转换器。在数据采集卡中应用较多的是逐次逼近型 A/D 转换器。双积分型 A/D 转换器主要应用于速度要求不高，但可靠性和抗干扰性要求较高的场合，如数字万用表等。$\Sigma - \triangle$ 型 A/D 转换器主要应用于高速采样，如数字示波器等。

衡量 A/D 转换器性能好坏的指标主要有转换速率和位数。转换速率对数据采集卡来说就是采样率，由采样定理，为了使采样后输出的离散时间序列信号能无失真地复现原输入信号，必须使采样频率至少为输入信号最高频率的两倍，否则会出现频率混叠误差。在工程实际应用中，一般用输入信号最高频率的 4 ~ 10 倍作为采样率。位数是指 A/D 转换器输出二进制的位数，用来表示数据采集卡的分辨率，它刻画了 DAQ 的精度。

2. 模拟输出

模拟输出通常是为采集系统提供激励。输出信号受 D/A 转换器的建立时间、转换率和分辨率等因素影响。建立时间和转换率决定了输出信号幅值改变的快慢。建立时间短、转换率高的 D/A 转换器可以提供一个较高频率的信号。如果所提供的模拟信号变化比较缓慢，就不需要使用速度很快的 D/A 转换器。实际应用时应根据需要选择合适的 D/A 转换器。

3. 数字 I/O

数字 I/O 通常用来采集外部设备的工作状态，与外部设备通信等。它的重要参数包括数字 I/O 口路数、接收（发送）率、驱动能力等。一般的数字 I/O 均采用 TTL 电平，常见的应用是在计算机和外设（如打印机、数据记录仪等）之间传送数据。需要注意的是，对于大功率外设的驱动，需要设计专门的信号处理装置。

4. 定时/计数器

在 DAQ 应用中经常还要用到定时/计数功能，如精确的时间控制、产生方波等。定时/计数器最重要的参数是分辨率和时钟频率。分辨率越高意味着计数器可以计更多的数；时钟频率决定了计数的快慢，频率越高，计数速度就越快。

7.2.2 DAQ 的安装与测试

在使用 LabVIEW 进行 DAQ 编程之前，首先需要安装 DAQ 硬件设备，将其与计算机相连，然后在计算机上安装 DAQ 驱动程序，即 NI - DAQmx，并进行必要的配置。安装和配置DAQ 板卡的步骤如图 7.2.1 所示。

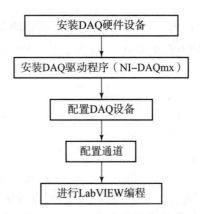

图 7.2.1 安装和配置 DAQ 板卡的步骤

在安装 DAQ 的硬件之前，需要先确认是否安装了 DAQ 的驱动程序，计算机必须由 Measurement and Automation（MAX）来管理所有的 NI 装置，另外必须安装 NI - DAQmx 软件。目前建议安装最新的版本，新版驱动程序可支持大多数 NI 的 DAQ 板卡，包含 S、E、M 系列以及 USB 接口产品。

在安装完成 NI - DAQmx 之后，可以在桌面上发现 MAX 应用程序，此时可以关闭计算机，进行硬件安装，将 PCI 或 PCMCIA 接口的 DAQ 卡插入并重新开机，开机之后操作系统会自行侦测到该装置，并且自动安装驱动程序，依照对话框的指引便能顺利完成程序安装。

程序安装完成后，建议开启 MAX，在 "Device and Interface" 选项中会有 "Traditional DAQ" 和 "DAQmx" 两个类别，那是依照所用板卡型号支持哪一种 API 而分类的，一般而言，E 系列卡两种都支持，而 M 系列只支持 DAQmx，S 系列则不一定，在对应的 "Traditional DAQ" 或 "DAQmx" 中找到所装的 DAQ 卡型号，然后进行校正以及测试。

若需校正硬件，在 MAX 中，在所安装的卡型号上单击鼠标右键，选择"Self–Calibrat"选项即可（见图7.2.2），系统会对 DAQ 卡以现在的温度做一次校正。

若需测试硬件，在 MAX 中，在所安装的卡型号上单击鼠标右键，选择"Test Panels…"选项，然后选择所要测试的项目，并且依照接脚图将信号连接妥当即可测试，建议分别测试 AI、AO、DI 以及 Counter。

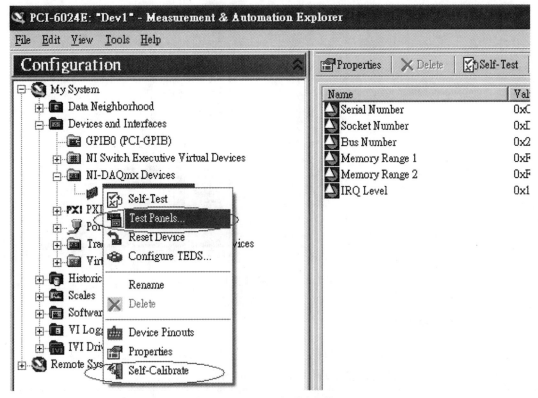

图7.2.2 DAQ 卡测试与校正

接脚图：可以在 MAX 中的 DAQmx 找到所安装的卡的型号，并单击鼠标右键，选择"Device Pinouts"选项便可以依照接脚图（见图7.2.3）进行相关连接，之后进行量测。

接线模式（Input Configuration）：接线模式一般分为 Differential、RSE、NRSE 三种，其中以 Differential 最为准确，但此模式需要一次用掉两个通道（channel）。一般而言，选择 Differential 模式时，以 channel 0 为例，要将信号正极接到 channel 0 并将负极接到 channel 8，则量测到的值便是以 channel 0 减掉 channel 8，原则上就是正极接 channel n 负极就接 channel $(n+8)$。至于 RSE 接线方式，则是将正极连到某 channel 并将负极连到 ground，此方式较不准确，而且不适用于有接地的信号量测。NRSE 则与 RSE 相似，除了连接正极信号之外，要将负极接到 AISENSE，NRSE 适合量测有接地信号。

偏压电组：当 DAQ 量测值有偏移或明显噪声时，请确认改用 Differential 的接线模式，如果仍然有噪声或数值偏移，请在负极接点 channel $(n+8)$ 处直接再连一条 $100\ \mathrm{k\Omega}$ 的电阻到 AI GND，此电阻称为偏压电阻，偏压电阻可有效改善量测精确度。

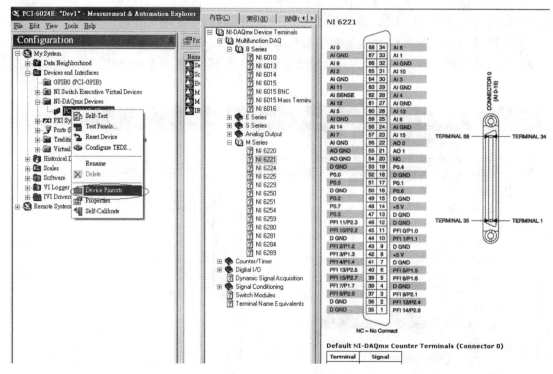

图 7.2.3　DAQ 卡接脚图

7.2.3　建立基本应用

首先开启 LabVIEW，然后在程序区中拖曳出 DAQ Assistant（见图 7.2.4），将 DAQ Assistant 放到白色的程序区后，会出现图 7.2.5 所示画面。

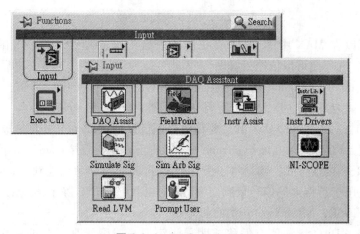

图 7.2.4　DAQ Assistant

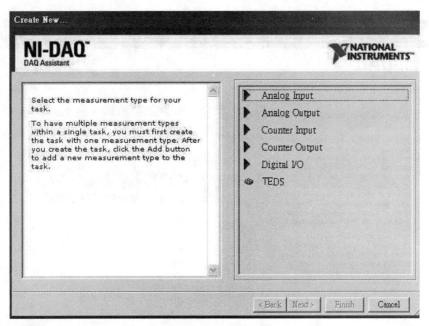

图 7.2.5 设置面板

接着以量测电压值的输入为例,选择"Analog Input"→"Voltage"选项(见图 7.2.6),然后选择所要使用的信道,图中范例是使用 ai0 ~ ai3 总共四个通道作撷取,选择完毕单击"Finish"按钮(见图 7.2.7)。

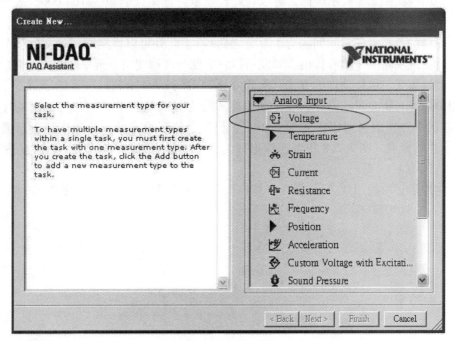

图 7.2.6 选择电压

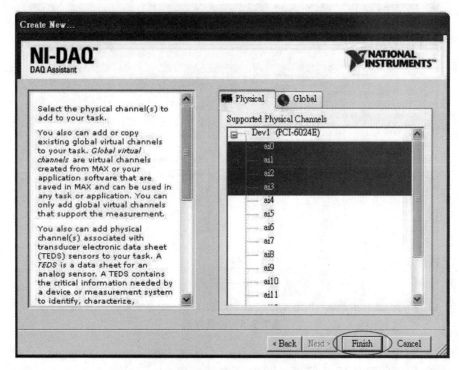

图 7.2.7　完成

　　接着会出现图7.2.8所示画面，可以在此设定取样速率（若设为100 000，表示每秒取十万个数值，但现在有四个信道，所以每个信道会分别采取25 000个点，换言之，各个通道本身所取样的点与点的时间间隔为十万分之四秒），此外可以设定所要量测的信号大小范围，建议所设范围略大于信号极值，如此可以将量测的准确度与分辨率最佳化。在此也可以设定量测接线模式与取样动作的方式，除非需要动用该 DAQ 卡超过一半的信道，否则强烈建议使用 Differential 方式。另外，取样动作模式分为撷取单一点（每执行一次程序只抓一点）、有限的多点撷取（可以设定抓多少点，程序会依照设定的取样速度抓到所要求的点数），以及连续撷取。图7.2.8中以连续撷取为例，取样速率为100 000，每次呈现5 000个点，量测范围为 –3 ~ 7 V。

　　设定完成后，单击"OK"按钮，计算机会自动完成设定工作，出现图7.2.9所示画面。

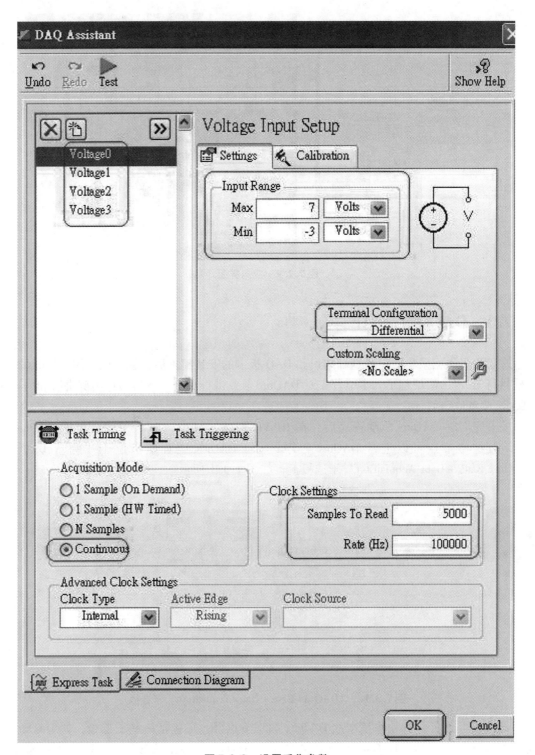

图 7.2.8　设置采集参数

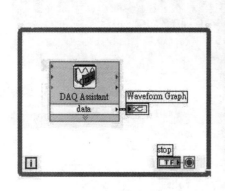
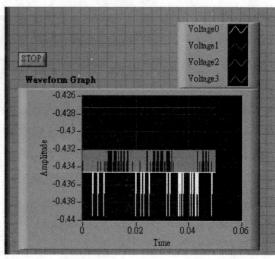

图 7. 2. 9   应用界面

7.3   DAQ 程序设计

在了解了数据采集的一些基础知识和 DAQ 板卡的安装配置后，就可以利用 DAQmx 节点函数进行 LabVIEW 编程了。本节首先对 DAQmx 节点进行介绍，然后通过实例讲解如何利用 DAQmx 节点进行编程。

安装完 NI – DAQmx 驱动程序后，在 LabVIEW 的"函数"选板中就会出现 DAQmx 节点，利用这些节点可以进行 DAQmx 程序设计。DAQmx 编程节点位于"测量 I/O"的 "DAQmx Base – Data Acquisition"子选板上，如图 7. 3. 1 所示。

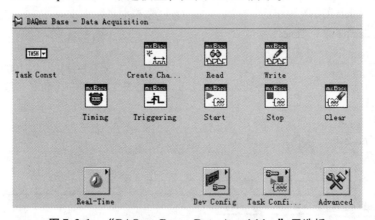

图 7. 3. 1   "DAQmx Base – Data Acquisition"子选板

该选板上除了含有一些基本的 DAQmx 编程节点外，还包括一些子选板，如 DAQmx 实时、DAQmx 设备配置、DAQmx 高级任务选项、DAQmx 高级子选板等。下面对一些常用的 DAQmx 编程节点进行介绍。

1. DAQmx 任务名

该节点是一个常量，即 DAQmx 任务名常量，它列出了用户创建并通过 DAQ 助手保存的全部任务。使用操作工具在其图标上单击，可选择用户已创建的 DAQmx 任务，如图 7.3.2 所示。这里选择创建的"我的电压任务"，如图 7.3.3 所示。

图 7.3.2　选择 DAQmx 任务　　　　图 7.3.3　我的电压任务

如果需要对已经创建的任务进行编辑，则可在需要编辑的任务名上单击鼠标右键，在弹出的快捷菜单中选择"编辑 NI − DAQmx 任务"命令，即可打开 DAQ 助手设置面板对该任务进行编辑修改。

如果不存在可供选择的已创建的 DAQmx 任务，则可以在 DAQmx 任务常量的右键快捷菜单中选择"新建 DAQmx 任务"命令，即可立即打开 NI − DAQ 向导创建 DAQmx 任务。

在 DAQmx 任务名常量节点的右键快捷菜单中，还可以通过 DAQmx 任务名为任务生成代码，或是将 DAQmx 任务常量转换为 DAQ 助手 Express VI。

2. DAQmx 全局通道

该节点与 DAQmx 任务名常量节点类似，它列出了用户创建并通过 DAQ 助手保存的全部虚拟通道。使用操作工具在其图标上单击，可选择用户已创建的 DAQmx 全局通道，如图 7.3.4 所示，并且通过"Browse"可选择多个通道。这里选择已创建的"我的电压任务"通道，如图 7.3.5 所示。

图 7.3.4　选择 DAQmx 全局通道　　　　图 7.3.5　"我的电压任务"通道

同样，可通过 DAQmx 全局通道常量运行 DAQ 助手，创建新的全局虚拟通道或编辑已保存的全局虚拟通道。

3. DAQmx 创建虚拟通道

该 VI 节点用于创建单个或多个虚拟通道，并将其添加至任务。如果没有指定一个任务，那么这个函数将创建一个任务。该函数是个多态 VI，它有许多实例，这些实例分别对应于虚拟通道的 I/O 类型（如模拟输入、数字输出或计数器输出）、测量或生成操作（如温度测量、电压测量或事件计数）或在某些情况下使用的传感器（如用于温度测量的热电偶或 RTD）。其中一个多态实例——模拟输入电压（AI 电压）的图标及其端口定义如图 7.3.6 所示。

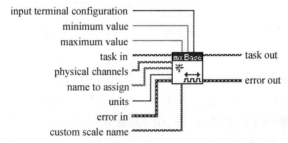

图 7.3.6　**DAQmx 创建 AI 电压虚拟通道 VI 的图标及其端口定义**

部分端口的定义和说明如下：

（1）task in（任务输入）。指定要创建的虚拟通道的任务的名称。如果没有指定任务，则 NI – DAQmx 将自行创建任务并将 VI 创建的通道添加至该任务。

（2）physical channels（物理通道）。指定用于生成虚拟通道的物理通道，DAQmx 物理通道常量包含系统已安装设备上的全部物理通道。也可以为该输入端口连接包含物理通道列表或范围的字符串。通过"DAQmx 平化通道字符串 VI"可将物理通道数组转换为列表。

（3）name to assign（分配名称）。指定创建的虚拟通道的名称。如果该输入端未连线，则不指定虚拟通道名称，而使用物理通道的名称。

（4）units（单位）。指定从通道返回的测量电压使用的单位。

（5）maximum value（最大值）。指定所能测量的电压上限值。

（6）minimum value（最小值）。指定所能测量的电压下限值。

（7）input terminal configuration（输入接线端配置）。指定测量类型，有 Differential、RSE、NRSE、伪差分 4 种模式可供选择。当选择默认时，NI – DAQmx 将为通道选择默认的测量方式。

（8）custom scale name（自定义换算名称）。指定用于通道的自定义换算的名称。如果需要将自定义换算用于通道，则可为该输入端连接自定义换算，并将"单位"设置为"来自自定义换算"。

（9）task out（任务输出）。VI 执行后产生的任务名，用于对任务的引用。

DAQmx 创建虚拟通道节点图标的下拉菜单中有 6 种类型：模拟输入、模拟输出、数字输入、数字输出、计数器输入和计数器输出，各类型又有多种测量。图 7.3.7 所示为 6 种不同的 DAQmx 创建虚拟通道 VI 实例。

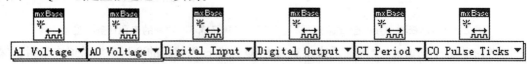

图 7.3.7　DAQmx 创建的不同类型的虚拟通道

4. DAQmx 创建任务

该 VI 节点位于"测量 I/O"→"DAQmx Base – Data Acquistion"→"DAQmx 高级任务选项"子选板中，用来创建一个 DAQmx 数据采集任务。其图标及其端口定义如图 7.3.8 所示。

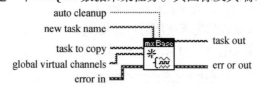

图 7.3.8　DAQmx 创建任务 VI 的图标及其端口定义

部分端口的定义和说明如下：

（1）new task name（新任务名称）。指定新建任务的名称。如果在循环中使用该 VI 并且任务名称已经指定，则任务完成后必须在循环内使用"DAQmx 清除任务"VI 清除任务；否则 NI – DAQmx 将创建多个同名任务，从而导致错误。

（2）task to copy（待复制的任务）。指定要复制的任务的名称。

（3）global virtual channels（全局虚拟通道）。指定要添加至任务的全局虚拟通道。

（4）auto cleanup（自动清除）。指定程序执行完后是否自动将任务清除。当设置为 True 时，程序执行完后自动清除任务，否则直到退出 LabVIEW 任务才清除。通过"DAQmx 清除任务"VI 可手动清除任务。

（5）task out（任务输出）。对新任务的引用。

5. DAQmx 读取

该 VI 节点用于从指定任务或虚拟通道中读取采集的数据。这是一个多态 VI，有许多多态 VI 实例可以选择，其根据数据采集的类型、读取数据的数量和要求返回数据的类型。图 7.3.9 所示为 DAQmx 读取 VI 中"模拟 2D 波形 N 通道 N 采样"的实例图标及其端口定义，它返回模拟输入的一维波形数据，包含 N 个通道，每个通道又有 N 个采样。

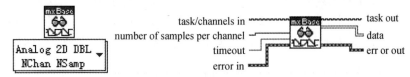

图 7.3.9　DAQmx 读取"模拟 2D 波形 N 通道 N 采样"实例图标及其端口定义

部分端口的定义和说明如下：

（1）task/channels in（任务/通道输入）。指定要使用的任务名或虚拟通道名。如果使用虚拟通道，则 NI－DAQmx 将自动创建一个任务。

（2）number of samples per channel（每通道采样数）。指定每通道要读取的采样数。如果是一个连续采样任务且该输入的值为－1，则 VI 将读取缓冲区中当前可用的全部采样数据；如果是一个有限采集任务且该输入的值为－1，则 VI 将读取任务中设定的采样数。

（3）timeout（超时）。指定等待采样的时间，单位为秒。如果超时，VI 将返回一个错误和超时前读取的所有采样数据。默认的超时时间为 10 s。当超时的值为－1 时，VI 将无限等待；当超时的值为 0 时，VI 将尝试读取所需采样数一次，并在无法读取时返回错误。

（4）data（数据）。返回一维波形数组，数组中的每个元素对应于任务中的一个通道，数组中成员顺序对应于向任务添加通道的顺序。

6. DAQmx 写入

与 DAQmx 读取 VI 节点类似，该节点用于将采集的数据写入指定的任务或虚拟通道，它相当于读取的逆过程。它是一个多态 VI。图 7.3.10 所示为 DAQmx 写入 VI 中"模拟 2D 波形 N 通道 N 采样"的实例图标及其端口定义。

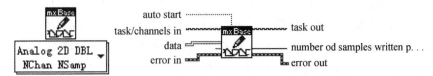

图 7.3.10　DAQmx 写入"模拟 2D 波形 N 通道 N 采样"实例图标及其端口定义

各端口的定义和说明与 DAQmx 读取节点相似，读者可以参阅 DAQmx 读取节点中的"模拟 2D 波形 N 通道 N 采样"实例。

7. DAQmx 结束前等待

该 VI 节点用于在任务结束之前等待数据采集操作的完成，它可以保证在任务结束前完成特定的采集或生成。该 VI 节点的图标及其端口定义如图 7.3.11 所示。

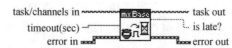

图 7.3.11　DAQmx 结束前等待 VI 的图标及其端口定义

各端口的定义与前面已介绍的 VI 节点的相关端口类似，这里不再赘述。

其中，"timeout（sec）"（超时（秒））端口指定等待写入或生成操作的最大时间，以秒为单位。在超时状态下，VI 将返回错误，默认值为 10。如果超时的值为 −1，则 VI 将无限等待；如果超时的值为 0，则测量或生成操作未完成时，VI 进行检测并返回错误。

8. DAQmx 定时

该 VI 节点用于配置要获取或生成的采样数、采样率，并创建所需的缓冲区。它也是一个多态 VI，有多个 VI 实例可供选择，如采样时钟（模拟/计数器/数字）、握手（数字）和隐式（计数器）等。图 7.3.12 所示为采样时钟（模拟/计数器/数字）VI 实例的图标及其端口定义。

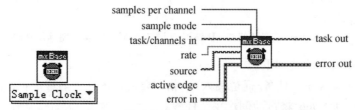

图 7.3.12　采样时钟 VI 实例的图标及其端口定义

各端口的定义和说明如下：

（1）sample mode（采样模式）。指定任务是连续采样还是采集有限数量的数据。

（2）samples per channel（每通道采样数）。指定在有限采样时每通道的采样数量，如果采样模式为连续采样，则 DAQmx 将使用该值确定缓冲区大小。

（3）rate（采样率）。指定每个通道的采样率。当外部源作为采样时钟时，需要将输入设置为该时钟的最大预期速率。

（4）source（源）。指定采样时钟信号源。如果该接线端未连接，则使用采集卡上的默认板载时钟。

（5）active edge（有效边沿）。指定在时钟脉冲的上升沿还是下降沿进行采样。

9. DAQmx 触发

该 VI 节点用于配置一个触发器来完成一个特定动作。它也是一个多态 VI，常用的是开始触发器和参考触发器。开始触发器初始化一个采集或生成，参考触发器确定所采集的采样集中的位置，在该位置之前触发器数据结束，在该位置之后触发器数据开始。这些触发器都可以配置成发生在数字边沿、数字模式、模拟边沿和模拟窗。图 7.3.13 所示为开始触发器（模拟边沿）的图标及其端口定义，该 VI 实例配置任务在模拟信号超过指定的电平时立即开始采集或生成采样。

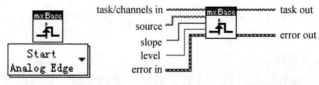

图 7.3.13　开始触发器（模拟边沿）的图标及其端口定义

各端口的定义和说明如下：

（1）source（源）。指定作为触发源的模拟信号所在的虚拟通道或接线端的名称。对于 E 系列数据采集卡，如果使用通道名，则该通道必须是任务中的第 1 个通道。E 系列采集卡唯一可用的接线端是 PF10。

（2）slope（斜率）。指定触发斜率，信号在穿越电平时，是在信号的上升斜率还是下降斜率开始采集或生成采样。

（3）level（电平）。指定开始采集或生成采样的阀值电平。

10. DAQmx 启动任务

该 VI 节点用于启动任务，开始数据采集或生成采样。它的图标及其端口定义如图 7.3.14 所示。如果没有使用该 VI 来启动任务，则在 DAQmx 读取 VI 运行时采集任务将自动开始，而 DAQmx 写入 VI 的自动开始输入端口可以用于指定任务是否自动开始。

图 7.3.14　DAQmx 启动任务的图标及其端口定义

11. DAQmx 停止任务

该 VI 节点用于停止任务，并将任务恢复到执行前的状态。它的图标及其端口定义如图 7.3.15 所示。

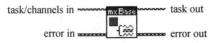

图 7.3.15　DAQmx 停止任务的图标及其端口定义

对于 DAQmx 启动任务 VI 和 DAQmx 停止任务 VI，需要注意的是，如果在循环中多次使用 DAQmx 读取 VI 或 DAQmx 写入 VI，但是没有使用 DAQmx 开始任务 VI 和 DAQmx 停止任务 VI，则任务将反复进行开始和停止操作，这会大大降低应用程序的性能。

12. DAQmx 清除任务

该 VI 节点用于清除一个任务，在清除之前，VI 首先停止该任务，然后释放任务的所有资源。一旦一个任务被清除，将无法再使用该任务的资源，除非重新创建任务。因此，如果还会使用一个任务，那么应该用 DAQmx 停止任务 VI 来停止任务，而不是清除它。DAQmx 清除任务 VI 的图标及其端口定义如图 7.3.16 所示。

图 7.3.16　DAQmx 清除任务 VI 的图标及其端口定义

这里需要注意的是，如果在循环内部使用 DAQmx 创建任务 VI 或 DAQmx 创建虚拟通道 VI，那么应在任务结束前在循环中使用 DAQmx 清除任务 VI，以避免不必要的内存分配。

13. DAQmx 属性节点

DAQmx 属性节点提供了对所有与数据采集操作相关属性的访问，有 DAQmx 通道属性节点、DAQmx 定时属性节点、DAQmx 触发属性节点、DAQmx 读取属性节点和 DAQmx 写入属性节点，如图 7.3.17 所示。

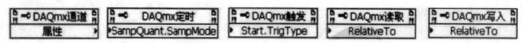

图 7.3.17　DAQmx 属性节点

通过这些属性节点，可以设置数据采集的相关属性，也可以读取属性值，而且一个 DAQmx 属性节点可以用来写入或读取多个属性。

7.4　操作实例

7.4.1　模拟输入编程

本实例通过 DAQmx 节点来获取模拟输入信号，从而使读者加深对 DAQmx 节点的理解，并掌握基本的 DAQmx 编程。

要在 LabVIEW 中获取模拟输入信号，首先要利用 DAQmx 创建虚拟通道 VI 节点创建虚拟通道，这里的虚拟通道通过数据采集卡的物理通道来实现。然后利用 DAQmx 读取节点读取采集卡采集到的数据，并进行显示。需要注意的是，对数据采集需要设置采样时钟。

操作步骤：

（1）创建虚拟通道。选择"测量 I/O"→"DAQmx Base – Data Acquisition"子选板上的 DAQmx 创建虚拟通道节点，将其置于程序框图中。然后利用操作工具在其下拉菜单中选择类型为模拟输入电压，即 AI 电压。

（2）指定物理通道、模拟输入信号的范围（最大值和最小值）和信号测量方式。方法是在 DAQmx 创建虚拟通道节点的相应端口上单击鼠标右键，在弹出的快捷菜单中选择"创建"→"输入控件（或常量）"命令。通过输入控件指定在前面板供用户选择的物理通道，如 DAQ 板卡的通道 0（ai0）输入模拟信号的最大值为 10 V，最小值为 – 10 V，并通过输入控件选择信号的测量方式，如 Differential、RSE、NRSE 等。程序框图如图 7.4.1 所示。

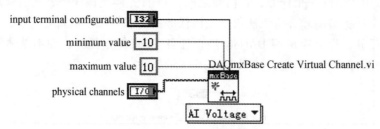

图 7.4.1　创建虚拟通道

（3）设置采样时钟。选择 DAQmx 定时节点，将其置于程序框图中，并在其下拉菜单中选择采样时钟 VI 实例。在采样时钟节点上设置采样模式为连续采样，并通过输入控件设置连续采样时缓冲区大小及每个通道的采样率。

（4）将 DAQmx 定时节点的"task/channels in"和"error in"端分别与 DAQmx 创建虚拟通道节点的"task out"和"error out"端相连。程序框图如图 7.4.2 所示。

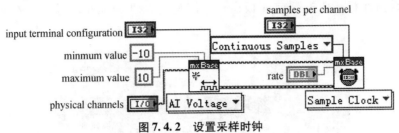

图 7.4.2　设置采样时钟

（5）添加 DAQmx 开始任务节点以启动任务，同样，将开始任务节点的输入端分别与采样时钟的输出端相连。

（6）读取连续采集到的数据，实现这一步的是 DAQmx 读取节点。将该节点置于程序框图中后，在其下拉菜单中选择"模拟波形" VI 实例，并设置"samples per channel"端口值为 −1，即读取缓冲区中的全部数据。为了实现连续读取采样数据，将 DAQmx 读取节点置于 While 循环结构内，最后将波形图控件也置于循环内并连接 DAQmx 读取节点的"data"输出端，以显示采集到的信号。程序框图如图 7.4.3 所示。

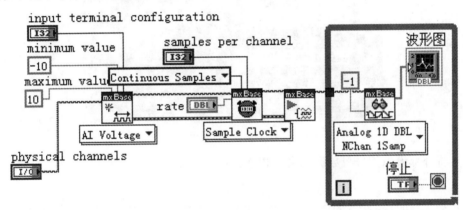

图 7.4.3　开始任务并连续读取采样数据

（7）清除任务。在循环外添加 DAQmx 清除任务节点，用于清除任务。这时便完成了整个程序框图的设计，完整的程序框图如图 7.4.4 所示。

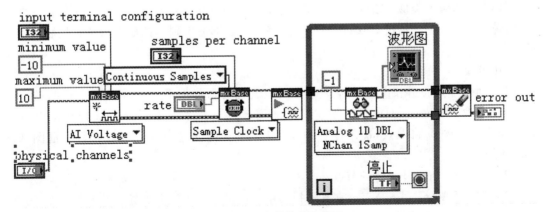

图 7.4.4　完整的程序框图

（8）设计前面板。切换到前面板窗口，调整各控件的大小和位置，结果如图 7.4.5 所示。

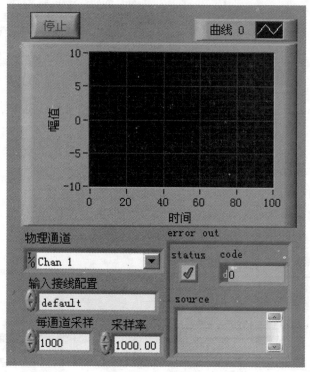

图 7.4.5　前面板

（9）将外部模拟信号与数据采集卡相连，运行 VI，即可在波形图上观察到输入模拟信号波形。

7.4.2　模拟输出编程

本实例通过 DAQmx 节点将波形输出到模拟输出通道，从而使读者加深对模拟输出的理解，并进一步掌握 DAQmx 编程。

同模拟输入编程类似，首先创建虚拟通道，只是这时创建的通道是模拟输出通道。然后设置时钟并开始任务，通过 DAQmx 写入节点将波形数据输出到模拟输出通道，最后清除任务即可。

操作步骤：

（1）创建虚拟通道和设置时钟，这与模拟编程类似，但需要注意的是，这时的虚拟通道为模拟输出通道。在 DAQmx 创建虚拟通道节点下拉菜单中选择"模拟输出电压"，即 AO 电压。另外，将 DAQmx 采样时钟 VI 的采样模式设置为有限采样。程序框图如图 7.4.6 所示。

（2）添加 DAQmx 开始任务节点。

（3）添加 DAQmx 写入节点，在其下拉菜单中选择"模拟波形 1 通道 N 采样"VI 实例。

（4）添加基本函数发生器 VI，设置其频率和信号类型，并将其连接到 DAQmx 写入节点的"data"输入端，同时用波形图显示写入虚拟通道的信号。程序框图如图 7.4.7 所示。

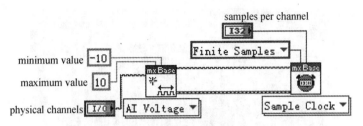

图 7.4.6　创建模拟输出通道和设置采样时钟

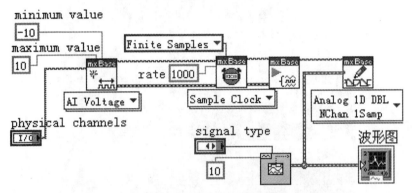

图 7.4.7　添加 **DAQmx** 写入节点及基本函数发生器 **VI**

（5）为了保证任务的执行时间，添加 DAQmx 结束前等待节点，并将其"timeout"端 VI 设置为 -1，表示无限等待，直到输出所有数据。

（6）添加 DAQmx 清除任务节点，任务运行后将其清除。这时已完成了整个程序框图的设计，完整的程序框图如图 7.4.8 所示。

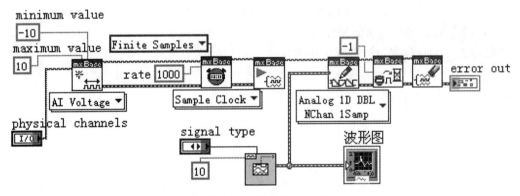

图 **7.4.8**　完整的程序框图

（7）设计前面板。切换到前面板窗口，调整各控件的大小和位置。

（8）选择输入通道和信号类型后，运行 VI，前面板结果如图 7.4.9 所示。VI 运行后可将模拟信号输出到输出通道上。

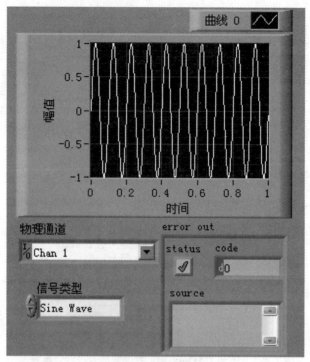

图 7.4.9　前面板

（9）保存设计的 VI，命名为"模拟输出编程．vi"。

7.5　练习

［练习 1］　数据采集系统一般由哪几部分组成？

［练习 2］　数据采集卡功能是什么？

［练习 3］　DAQ 程序设计有哪些步骤？

第8章 数学分析与信号处理

8.1 数学分析

LabVIEW 提供了一些数学运算节点，包括公式节点、估计、微积分运算、线性代数、曲线拟合、数理统计、最优化方法、寻根和数值节点等。这些节点位于"Functions"→"Mathematics"子选板内，如图 8.1.1 所示。

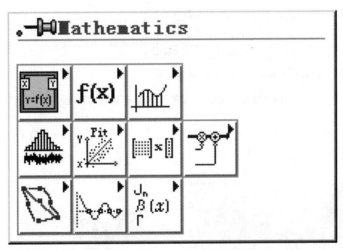

图 8.1.1 "Mathematics" 子选板

8.1.1 脚本与公式

"脚本与公式"选板提供了将外部公式或数学描述直接连接到 LabVIEW 的功能，包括以下方式：

1. 公式节点（Formula Node）

其功能是将数学公式直接写入节点框架内，由节点外部的程序输入参数，可同时处理多个公式。图 8.1.2 所示为公式节点应用举例。

2. 解析公式节点（Eval Formula Node）

这个节点和公式节点类似，但它更灵活，除了可以在外部输入参数之外，还可以从外部输入数学公式。节点的图标及其端口定义如图 8.1.3 所示。

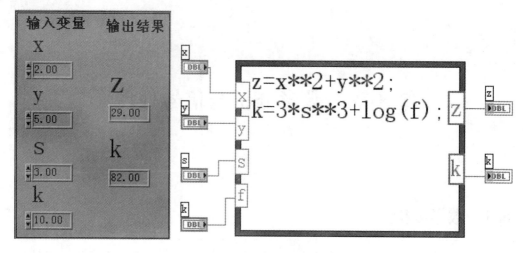

图 8.1.2　公式节点应用举例

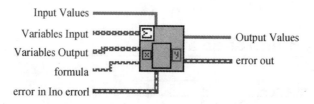

图 8.1.3　解析公式节点图标及其端口定义

其中，Input Values 与 Variables Input 一一对应，Varibels Output 与 Output Values 一一对应。图 8.1.4 所示为该节点的应用举例。

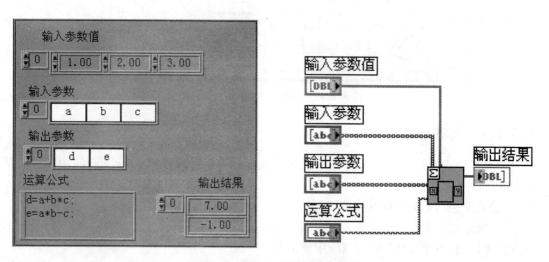

图 8.1.4　解析公式节点应用举例

3. MATLAB 脚本节点（MATLAB Script）

该节点的图标如图 8.1.5 所示。

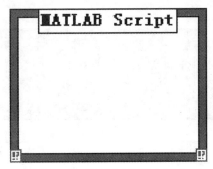

图 8.1.5　MATLAB 脚本节点

导入 MATLAB 程序的步骤：

（1）在节点上单击鼠标右键；

（2）在弹出的菜单中选择"Import"选项；

（3）在弹出的"文件"对话框中选择要导入的文件。

该节点的应用举例如图 8.1.6 所示。

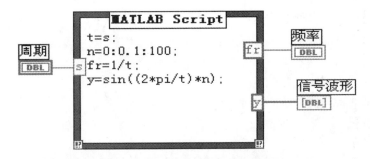

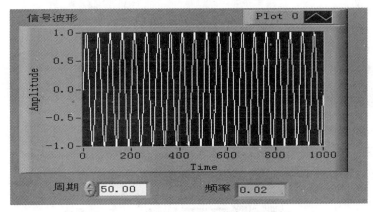

图 8.1.6　MATLAB 脚本节点应用举例

8.1.2　线性代数（Linear Algebra）

LabVIEW 提供了线性代数的基本和高级运算节点，有关例程可在 \analysis\linaxmpl. llb 中查看。

图 8.1.7 表示对两个矩阵进行相乘运算。

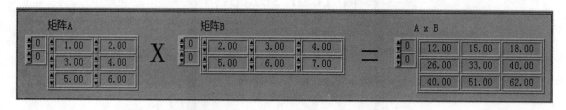

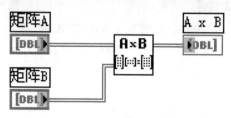

图 8.1.7 矩阵相乘运算节点应用举例

2. 其他矩阵运算节点

LabVIEW 还提供了多种矩阵运算的基本节点，具体如下：

（1）矩阵与矢量的乘积；

（2）矩阵求逆；

（3）求矩阵的行列式；

（4）求矩阵的特征值和特征向量；

（5）矢量点积；

（6）矢量叉积；

（7）求矩阵的秩；

（8）求矩阵的范数；

（9）矩阵的正定性；

（10）矩阵的各种分解算法。

8.1.3 数学运算（Calculus）

LabVIEW 提供了许多高等数学中的运算节点，主要是微积分运算。

1. 数值积分（Numeric Integration）

数值积分节点图标及其端口定义如图 8.1.8 所示。

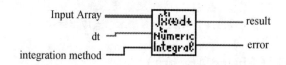

图 8.1.8 数值积分节点图标及其端口定义

其中，Input Array 为输入序列；dt 为积分步长；integration method 为积分方式，0 为 Trapezoidal 方式，1 为 Simpson 方式，2 为 Simpson 3/8 方式，3 为 Bode 方式。

2. 曲线积分（Integration）

根据给定的函数，在起点和终点之间进行曲线积分，节点图标及其端口定义如图 8.1.9 所示。

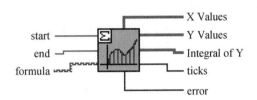

图 8.1.9 曲线积分节点图标及其端口定义

在计算中，程序自动将积分区间分成 200 份，所以输出的 3 个数组长度均为 201。被积节点的输入和公式节点中的节点输入是一样的。图 8.1.10 所示为计算节点"$Y = X^3$"在区间 [0，10] 上的积分。

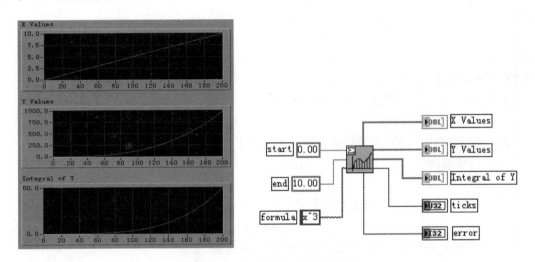

图 8.1.10   曲线积分函数使用举例

3. 曲线导数（Differentiation）

根据给定的函数，在起点和终点之间，按照给定的点数等间距取点，然后计算这些点处的导数，以数组的形式输出。节点图标及其端口定义如图 8.1.11 所示。

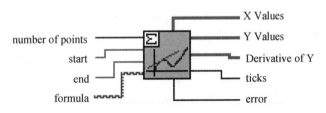

图 8.1.11   曲线导数节点图标及其端口定义

8.1.4　概率与统计（Probability and Statistics）

LabVIEW 提供了概率统计的运算节点，包括均值运算、方差运算和概率运算等过程。

（1）样本均值。计算 n 个样本的平均值。

（2）方差与标准差。计算样本方差时取 $w = n - 1$，计算总体方差时取 $w = n$。

（3）均方根（RMS）。

（4）均方误差（MSE）。

（5）直方图（Histogram）。

（6）正态分布，X^2 分布，F 分布，t 分布。

8.1.5　曲线拟合（Curve Fitting）

1. 曲线拟合概述

曲线拟合是指从数据流中找出曲线的参数或系数，进而得出数据的函数表达式，其算法叫最小平方法。误差定义为

$$e(a) = [f(x,a) - y(x)]^2$$

式中，$e(a)$ 为误差，$y(x)$ 为被观察的数据，$f(x,a)$ 为数据流的函数表达式，a 为一系列用于描述曲线的曲线参数。

如设 $a = \{a_0, a_1\}$，则直线的函数表达式为

$$f(x,a) = a_0 + a_1 x$$

在 LabVIEW 中，不同类型的曲线拟合描述如下：

（1）线性拟合——让实验数据适应直线 $y = kx + b$。

$$y[i] = a_0 + a_1 x[i]$$

（2）指数拟合——让实验数据适应指数曲线 $y = a\exp(bx)$。

$$y[i] = a_0 \exp(a_1 x[i])$$

（3）一般多项式拟合——数据拟合为 $y = a + bx + cx^2 + \cdots$。

$$y[i] = a_0 + a_1 x[i] + a_2 x[i]^2 + \cdots$$

（4）一般线性拟合。

$$y[i] = a_0 + a_1 f_1(x[i]) + a_2 f_2(x[i]) + \cdots$$

这里 $y[i]$ 是 a_0，a_1，$a_2 \cdots$ 的线性组合，如 $y = a_0 + a_1 \sin(x)$。

（5）非线性拟合。

$$y[i] = f(x[i], a_0, a_1, a_2 \cdots)$$

这里 y 与 a_0，a_1，$a_2 \cdots$ 不需要线性关系。

曲线拟合技术用于从一组数据中提取曲线参数或者系数，以得到这组数据的函数表达式。

LabVIEW 的分析软件库提供了多种线性和非线性的曲线拟合算法，如线性拟合、指数拟合、通用多项式拟合、非线性 Levenberg – Marquardt 拟合等。

曲线拟合的实际应用很广泛。例如：

（1）消除测量噪声。

（2）填充丢失的采样点（例如，如果一个或者多个采样点丢失或者记录不正确）。

（3）插值（对采样点之间的数据的估计，例如在采样点之间的时间差距不够大时）。

（4）外推（对采样范围之外的数据进行估计，例如需要试验以后的数值时）。

（5）数据的差分（例如在需要知道采样点之间的偏移时，可以用一个多项式拟合离散数据，而得到的多项式可能不同）。

（6）数据的合成（例如在需要找出曲线下面的区域，同时又只知道这个曲线的若干个离散采样点时）。

（7）求解某个基于离散数据的对象的速度轨迹（一阶导数）和加速度轨迹（二阶导数）。

图 8.1.12 所示为使用 LabVIEW 提供的算法得到的三种拟合的例子：线形拟合（左上）、指数拟合（右上）、多项式拟合（下）。

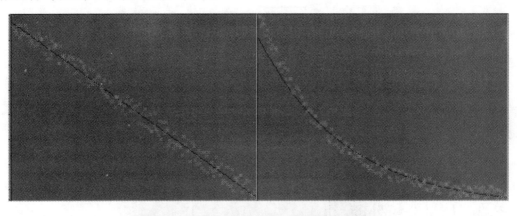

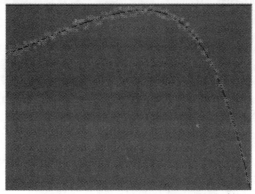

图 8.1.12　三种拟合算法得到的图形

2. 线性拟合

寻求线性方程的斜率和截距，拟合给定的序列曲线方程。节点图标及其端口定义如图 8.1.13 所示。

线性方程的表达式为 $F = mX + b$，其中 m 为斜率，b 为截距，F 为拟合后的最佳序列值，MSE 为差方均值。

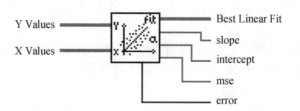

图 8.1.13　线性拟合节点图标及其端口定义

3. 指数拟合

指数方程的基本表达式为 $F = ae^{TX}$，其中 a 为节点系数，T 为指示系数。拟合就是要确定这两个参数。节点图标及其端口定义如图 8.1.14 所示。

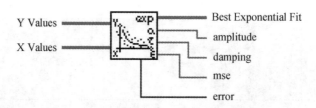

图 8.1.14　指数拟合节点图标及其端口定义

4. 其他拟合函数

其他拟合函数包括幂函数拟合、高斯拟合、球面拟合、三次样条拟合等。

8.2　信号分析处理

8.2.1　概述

数字信号无所不在。因为数字信号具有高保真、低噪声和便于处理的优点，所以得到了广泛的应用，例如电话公司使用数字信号传输语音，广播、电视和高保真音响系统也都在逐渐数字化。太空中的卫星将测得的数据以数字信号的形式发送到地面接收站。对遥远星球和外部空间拍摄的照片也是采用数字方法处理，去除干扰，获得有用的信息。经济数据、人口普查结果、股票市场价格都可以采用数字信号的形式获得。因为数字信号处理具有这么多优点，在用计算机对模拟信号进行处理之前也常把它们先转换成数字信号。本节将介绍数字信号处理的基本知识，并介绍由上百个数字信号处理和分析的 VI 构成的 LabVIEW 分析软件库。

目前，对于实时分析系统，高速浮点运算和数字信号处理已经变得越来越重要。这些系统被广泛应用到生物医学数据处理、语音识别、数字音频和图像处理等各种领域。数据分析的重要性在于，无法从刚刚采集的数据立刻得到有用的信息，如图 8.2.1 所示，必须消除噪声干扰，纠正因设备故障而破坏的数据，或者补偿环境影响，如温度和湿度等。

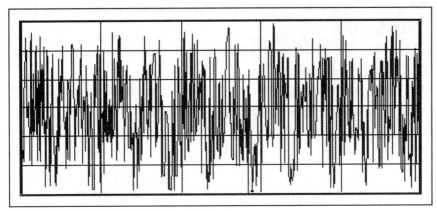

图 8.2.1 有噪声的信号

通过分析和处理数字信号，可以从噪声中分离出有用的信息，并用比原始数据更全面的表格显示这些信息。图 8.2.2 显示的是经过处理的数据曲线。

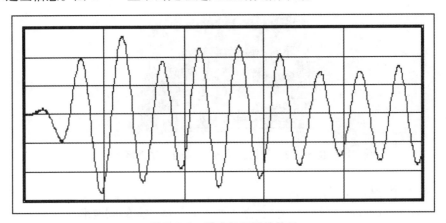

图 8.2.2 噪声处理后的信号

用于测量的虚拟仪器（VI）执行的典型测量任务有：

（1）计算信号中存在的总的谐波失真。

（2）决定系统的脉冲响应或传递函数。

（3）估计系统的动态响应参数，如上升时间、超调量等。

（4）计算信号的幅频特性和相频特性。

（5）估计信号中含有的交流成分和直流成分。

过去，这些计算工作需要通过特定的实验工作台来进行，而用于测量的虚拟仪器可以使这些测量工作通过 LabVIEW 程序语言在台式机上进行。这些用于测量的虚拟仪器是建立在数据采集和数字信号处理的基础上的，有如下特性：

（1）输入的时域信号被假定为实数值。

（2）输出数据中包含大小、相位，并且用合适的单位进行了刻度，可用来直接进行图形的绘制。

（3）计算出来的频谱是单边的（single_sided），范围从直流分量到奈奎斯特频率（二分之一取样频率）。（即没有负频率出现。）

（4）需要时可以使用窗函数，窗是经过刻度的，因此每个窗提供相同的频谱幅度峰值，可以精确地限制信号的幅值。

一般情况下，可以将数据采集 VI 的输出直接连接到测量 VI 的输入端，测量 VI 的输出又可以连接到绘图 VI 以得到可视的显示。

有些测量 VI 用来进行时域到频域的转换，例如计算幅频特性和相频特性、功率谱、网路的传递函数等。另一些测量 VI 可以刻度时域窗和对功率和频率进行估算。

本章我们将介绍测量 VI 中常用的一些数字信号处理函数。

LabVIEW 的流程图编程方法和分析 VI 库的扩展工具箱使得分析软件的开发变得更加简单。LabVIEW 分析 VI 库通过一些可以互相连接的 VI，提供了先进的数据分析技术。我们不需要像在普通编程语言中那样关心分析步骤的具体细节，而可以集中注意力解决信号处理与分析方面的问题。LabVIEW 版本中，有两个子选板涉及信号处理和数学，分别是"Analyze"子选板和"Mathematics"子选板；这里主要涉及前者。

如图 8.2.3 所示，进入"Functions"选板的"Analyze"→"Signal Processing"子选板。

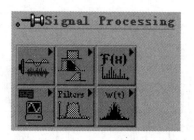

图 8.2.3 "Signal Processing"子选板

其中共有 6 个分析 VI 库，包括：

（1）Signal Generation（信号发生）：用于产生数字特性曲线和波形。

（2）Time Domain（时域分析）：用于在时间域中对系统分析。

（3）Frequency Domain（频域分析）：用于平路转换、频域分析等。

（4）Measurement（测量函数）：用于执行各种测量功能，如单边 FFT、频谱、比例加窗以及泄漏频谱、能量的估算。

（5）Digital Filters（数字滤波器）：用于执行 IIR、FIR 和非线性滤波功能。

（6）Windowing（窗函数）：用于对数据加窗。

在后面几节中，我们将学习如何使用分析库中的 VI 创建函数发生器和简单实用的频谱分析仪，如何使用数字滤波器，窗函数的作用以及不同类型窗函数的优点，怎样执行简单的曲线拟合功能，以及其他一些内容。可以在 LabVIEW \ examples \ analysis 目录中找到一些演示程序。

8.2.2　信号的产生

本节将介绍怎样产生标准频率的信号，以及怎样创建模拟函数发生器。参考例子见 examples \ analysis \ sigxmpl. llb。

我们还将学习怎样使用分析库中的信号发生 VI 产生各种类型的信号。信号产生的应用主要有：

（1）当无法获得实际信号时（例如没有 DAQ 板卡来获得实际信号或者受限制无法访问实际信号），信号发生功能可以产生模拟信号测试程序。

（2）产生用于 D/A 转换的信号。

在 LabVIEW 中提供了波形函数，为制作函数发生器提供了方便。以"Waveform"→"Waveform Generation"子选板中的基本函数发生器（Basic Function Generator. vi）为例，其图标及其端口定义如图 8.2.4 所示。

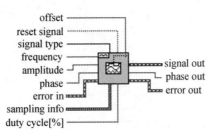

图 8.2.4 基本函数发生器图标及其端口定义

其功能是建立一个输出波形，该波形类型有正弦波、三角波、锯齿波和方波。这个 VI 会记住产生的前一波形的时间标志并且由此点开始使时间标志连续增长。它的输入参数有波形类型、样本数、起始相位、波形频率（单位：Hz）。

参数说明：

（1）offset：波形的直流偏移量，缺省值为 0.0，数据类型为 DBL。

（2）reset signal：将波形相位重置为相位控制值且将时间标志置为 0，缺省值为 False。

（3）signal type：产生波形的类型，缺省值为正弦波。

（4）frequency：波形频率（单位：Hz），缺省值为 10。

（5）amplitude：波形幅值，也称为峰值电压，缺省值为 1.0。

（6）phase：波形的初始相位（单位：度），缺省值为 0.0。

（7）error in：在该 VI 运行之前描述错误环境，缺省值为 no error。如果一个错误已经发生，该 VI 在"error out"端返回错误代码。该 VI 仅在无错误时正常运行。错误簇包含如下参数：

①status：缺省值为 False，发生错误时变为 True。

②code：错误代码，缺省值为 0。

③source：在大多数情况下是产生错误的 VI 或函数的名称，缺省值为一个空串。

（8）sampling info：一个包括采样信息的簇，共有 Fs 和#s 两个参数。

①Fs：采样率，单位是样本数/秒，缺省值为 1 000。

②#s：波形的样本数，缺省值为 1 000。

（9）duty cycle［%］：占空比，对方波信号是反映一个周期内高低电平所占的比例，缺省值为 50%。

（10）signal out：信号输出端。

（11）phase out：波形的相位（单位：度）。

（12）error out：错误信息。如果 error in 指示一个错误，error out 包含同样的错误信息；否则，它描述该 VI 引起的错误状态。

使用该 VI 制作的函数发生器如图 8.2.5 所示，由程序框图可以看出，其中没有附加任何其他部件。

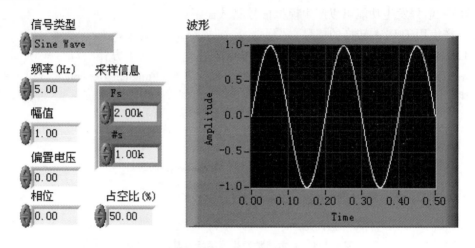

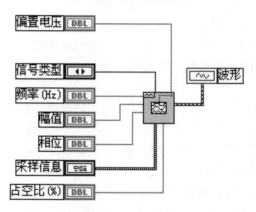

图 8.2.5　信号发生器函数应用举例

8.2.3　标准频率

在模拟状态下，信号频率以 Hz 或者每秒周期数为单位。但是在数字系统中，通常使用数字频率，它是模拟频率和采样频率的比值，表达式如下：

$$数字频率 = 模拟频率/采样频率$$

这种数字频率被称为标准频率，单位是周期数/采样点。

有些信号发生 VI 使用输入频率控制量 f，它的单位和标准频率的单位相同，也是周期数/采样点，范围从 0 到 1，对应实际频率中的 0 到采样频率 f_s 的全部频率。它还以 1.0 为周期，从而令标准频率中的 1.1 与 0.1 相等。例如某个信号的采样频率是奈奎斯特频率（$f_s/2$），就表示每半个周期采样一次（也就是每个周期采样两次）。与之对应的标准频率是 0.5 周期数/采样点。标准频率的倒数 $1/f$ 表示一个周期内采样的次数。

如果所使用的 VI 需要以标准频率作为输入，就必须把频率单位转换为标准单位：周期数/采样点。

8.2.4 数字信号处理

1. 快速傅里叶变换

信号的时域显示（采样点的幅值）可以通过离散傅里叶变换（DFT）的方法转换为频域显示。为了快速计算 DFT，通常采用一种快速傅里叶变换（FFT）的方法。当信号的采样点数是 2 的幂时，就可以采用这种方法。

FFT 的输出都是双边的，它同时显示了正负频率的信息。通过只使用一半 FFT 输出采样点转换成单边 FFT。FFT 的采样点之间的频率间隔是 f_s/N，这里 f_s 是采样频率。

Analyze 库中有两个可以进行 FFT 的 VI，分别是 Real FFT VI 和 Complex FFT VI。这两个 VI 之间的区别在于，前者用于计算实数信号的 FFT，而后者用于计算复数信号的 FFT。它们的输出都是复数。

大多数实际采集的信号都是实数，因此对于多数应用都使用 Real FFT VI 。当然也可以通过设置信号的虚部为 0，使用 Complex FFT VI 。使用 Complex FFT VI 的一个实例是信号含有实部和虚部，这种信号通常出现在数据通信中，因为这时需要用复指数调制波形。

计算每个 FFT 显示的频率分量的能量的方法是对频率分量的幅值平方。高级分析库中的 Power Spectrum VI 可以自动计算能量频谱。Power Spectrum VI 的输出单位是 $Vrms^2$，但是能量频谱不能提供任何相位信息。

FFT 和能量频谱可用于测量静止或者动态信号的频率信息。FFT 提供了信号在整个采样期间的平均频率信息。因此，FFT 主要用于固定信号的分析（即信号在采样期间的频率变化不大）或者只需要求取每个频率分量的平均能量。

2. 窗函数

计算机只能处理有限长度的信号，原信号 $x(t)$ 要以 T（采样时间或采样长度）截断，即有限化。有限化也称为"加矩形窗"或"不加窗"。矩形窗将信号突然截断，这在频域造成很宽的附加频率成分，这些附加频率成分在原信号 $x(t)$ 中其实是不存在的。一般将这一问题称为有限化带来的泄漏问题。泄漏使得原来集中在 f_0 上的能量分散到全部频率轴上。泄漏带来许多问题：

（1）使频率曲线产生许多"皱纹"（Ripple），较大的皱纹可能与小的共振峰值混淆。

（2）如信号为两幅值一大一小频率很接近的正弦波合成，幅值较小的那个信号可能被淹没。

（3）f_0 附近曲线过于平缓，无法准确确定 f_0 的值。

为了减少泄漏，人们尝试用过渡较为缓慢的、非矩形的窗口函数。常用的窗函数如表 8.2.1 所示。

在实际应用中选择窗函数，一般来说是要仔细分析信号的特征以及最终希望达到的目的，并经反复调试。窗函数有利有弊，使用不当还会带来坏处。使用窗函数的原因有很多，例如：

（1）规定测量的持续时间。

（2）减少频谱泄漏。

（3）从频率接近的信号中分离出幅值不同的信号。

表 8.2.1　常用窗函数

窗	定　义	应　用
矩形窗（无窗）	$W[n] = 1.0$	区分频域和振幅接近的瞬时信号，宽度小于窗
指数形窗	$W[n] = \exp[n * \ln f/N - 1]$ $f = 终值$	瞬时信号宽度大于窗
汉宁窗	$W[n] = 0.5\cos(2n\pi/N)$	瞬时信号宽度大于窗
海明窗	$W[n] = 0.54 - 0.46\cos(2n\pi/N)$	声音处理
平顶窗	$W[n] = 0.281\,063\,9 - 0.520\,897\,2 \cdot \cos(2n\pi/N) + 0.198\,039\,9\cos(2n\pi/N)$	分析无精确参照物且要求精确测量的信号
Kaiser – Bessel 窗	$W[n] = I^{\circ}(\beta)$	区分频率接近而形状不同的信号
三角形窗	$W[n] = 1 - |(2n - N)/N|$	无特殊应用

图 8.2.6 所示的例子（详见 LabVIEW 中的 "Search Examples" → "Fundamentals Examples" → "Analysis Examples" → "Signal Processing" → "Windows Examples" → "Window Comparison"）是从频率接近的信号中分离出幅值不同的信号，正弦波形 1 与正弦波形 2 频率较接近，但幅值相差 1 000 倍，相加后产生的信号变换到频域，如果在 FFT 之前不加窗，则频域特性中幅值较小的信号被淹没。加汉宁（Hanning）窗后两个频率成分都被检出。

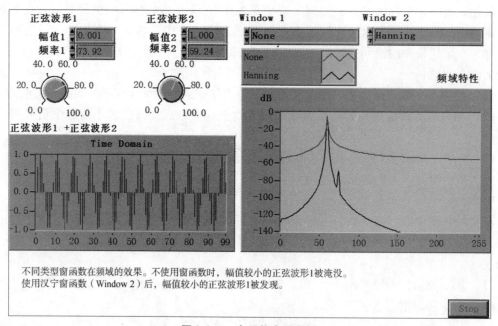

图 8.2.6　窗函数应用举例

3. 谐波失真与频谱分析

当一个含有单一频率（如 f_1）的信号 $x(t)$ 通过一个非线性系统时，系统的输出不仅包含输入信号的频率（f_1），而且包含谐波分量（$f_2 = 2f_1$，$f_3 = 3f_1$，$f_4 = 4f_1$ 等），谐波的数量以及它们对应的幅值大小取决于系统的非线性程度。电网中的谐波是一个值得关注的问题。

下面一个非线性系统的例子是输出 $y(t)$ 是输入 $x(t)$ 的立方。假如输入信号为

$$x(t) = \cos(\omega t)$$

则输出

$$x^3(t) = 0.5\cos(\omega t) + 0.25\left[\cos(\omega t) + \cos(3\omega t)\right]$$

因此，输出不仅含有基波频率 ω，而且还有三次谐波的频率 3ω。

为了决定一个系统引入非线性失真的大小，需要得到系统引入的谐波分量的幅值和基波的幅值的关系。谐波失真是谐波分量的幅值和基波幅值的相对量。假如基波的幅值是 A_1，而二次谐波的幅值是 A_2，三次谐波的幅值是 A_3，四次谐波的幅值是 A_4，$\cdots$，N 次谐波的幅值是 A_N，则总的谐波失真（THD）为

$$\mathrm{THD} = \frac{\sqrt{A_2^2 + A_3^2 + \cdots + A_N^2}}{A_1}$$

用百分数表示的谐波失真（%THD）为

$$\%\,\mathrm{THD} = \frac{100 * \sqrt{A_2^2 + A_3^2 + \cdots + A_N^2}}{A_1}$$

最新版本的 LabVIEW 提供的谐波分析器与以前的版本有一些变化，谐波失真分析窗函数如图 8.2.7 所示。

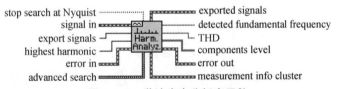

图 8.2.7　谐波失真分析窗函数

该 VI 对输入信号进行完整的谐波分析，包括测定基波和谐波，返回基波频率和所有的谐波幅度电平，以及总的谐波失真。其部分参数含义如下：

（1）stop search at Nyquist：如果设置为 True（缺省值 T），则只包含低于奈奎斯特频率（采样频率的一半）的谐波。如果设置为 False，该 VI 将继续搜索奈奎斯特频率范围之外的频率。

（2）signal in：输入信号。

（3）export signals：选择输出到信号指示器的信号。有以下几种选择：

①none：快速计算。

②input signal：定时将输入信号反映到输出端。

③fundamental signal：在输出端反映基波。

④residual signal：在输出端反映除基波之外的剩余信号。

⑤harmonics only：在输出端反映谐波时域信号及其频谱。

（4）highest harmonic：控制最高谐波成分，包括用于谐波分析的基波。例如，对于 3

次谐波分析，该控制将设置测量基波、2 次谐波和 3 次谐波。

（5）error in：在该 VI 运行之前描述错误环境，缺省值为 no error。如果一个错误发生，该 VI 在"error out"端返回错误代码。该 VI 仅在无错误时正常运行。错误簇包含以下参数：

①status：缺省值为 False，发生错误时变为 True。

②code：错误代码，缺省值为 0。

③source：在大多数情况下是产生错误的 VI 或函数的名称，缺省值为一个空串。

（6）advanced search：控制频域搜索区域、中心频率及频带宽度。该功能用来确定信号的基波。

①approx. fund. freq.（optional）：用来搜索基波的中心频率的估算值。如果设置缺省值为 −1.0，则选择幅值最大的频率成分为基波。

②search（ +／− % of Fsampl.）：用来搜索基波频率频带宽度，是采样率的百分比。

（7）exported signals：包含输出的时域信号及其频谱供选择。

（8）detected fundamental frequency：探测在频域搜索时得到的基波，用 advanced search 设置频率搜索范围，所有谐波测量为基波的整数倍。

（9）THD：总谐波失真度，它定义为谐波 RMS 之和与基波幅值之比。为了折算为百分数，需要乘以 100。

（10）components level：测量谐波幅值的电平（单位：V），是一个数组。该数组索引包括 0（DC），1（基波），2（2 次谐波），…，n（n 次谐波），直到最高谐波成分。

（11）measurement info cluster：任何处理期间遭遇的预告。

①uncertainty：备用。

②warning：如果处理期间警告发生为 True。

③comments：当 warning 为 True 时的消息内容。

图 8.2.8 所示为一个谐波分析的例子。由通道 0 输入一个模拟信号，经 DAQ 后进行谐波分析，先后分析了两个信号，首先是一个 761 Hz 的正弦信号，第二个信号是一个 1 000 Hz 的，分析仅限于不高于 5 次的谐波。分析结果见两个前面板。对一个实际的正弦信号，谐波失真总量（THD）与基波电平相比可以忽略。对于方波 THD 就较大了。

4. 数字滤波

模拟滤波器设计是电子设计中最重要的部分之一。尽管很多参考书都提供了简单可靠的模拟滤波器示例，但是滤波器的设计通常还是需要专家来完成，因为这项工作需要较高深的数学知识和对系统与滤波器之间的关系有深入的了解。

现代的数字采样和信号处理技术已经可以取代模拟滤波器，尤其在一些需要灵活性和编程能力的领域中，如音频、通信、地球物理和医疗监控技术。

与模拟滤波器相比，数字滤波器具有下列优点：

（1）可以用软件编程。

（2）稳定性高，可预测。

（3）不会因温度、湿度的影响而产生误差，不需要精度组件。

（4）具有很高的性价比。

在 LabVIEW 中，可以用数字滤波器控制滤波器顺序、截止频率、脉冲个数和阻带衰减等参数。

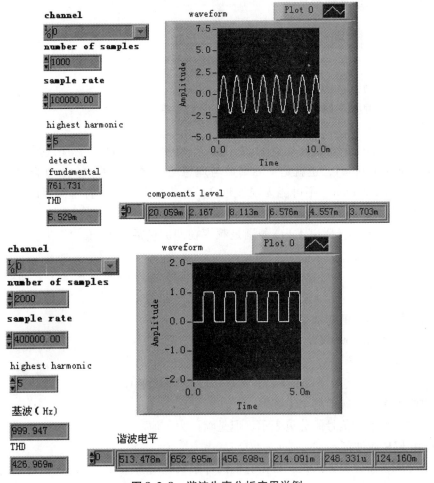

图 8.2.8　谐波失真分析应用举例

　　本节所涉及的数字滤波器都符合虚拟仪器的使用方法。它们可以处理所有的设计问题、计算、内存管理，并在内部执行实际的数字滤波功能。这样无须成为一个数字滤波器或者数字滤波的专家就可以对数据进行处理。

　　采样理论指出，只要采样频率是信号最高频率的两倍以上就可以根据离散的、等分的样本还原一个时域连续的信号。假设对信号以 Δt 为时间间隔进行采样，并且不丢失任何信息，参数 Δt 是采样间隔。

　　可以根据采样间隔计算出采样频率：

$$f_s = \frac{1}{\Delta t}$$

根据上面的公式和采样理论可以知道，信号系统的最高频率可以表示为

$$f_{Nyq} = \frac{f_s}{2}$$

系统所能处理的最高频率是奈奎斯特频率，这同样适用于数字滤波器。例如，如果采样间隔是 0.001 s，那么采样频率是

$$f_s = 1\ 000\ \text{Hz}$$

系统所能处理的最高频率是

$$f_{\text{Nyq}} = 500 \text{ Hz}$$

下面几种滤波操作都基于滤波器设计技术：

（1）平滑窗口。

（2）无限冲激响应（IIR）或者递归数字滤波器。

（3）有限冲激响应（FIR）或者非递归数字滤波器。

（4）非线性滤波器。

很多情况下，通带的增益在均值附近稍微发生变化是容许的。通带的这种变化被称为通带波动（Passband Ripple），也就是实际增益与理想增益之间的差值。在实际使用中，阻带衰减（Stopband attenuation）不可能无限接近 0，而必须指定一个符合需要的衰减值。通带波动和阻带衰减都以分贝（dB）为单位，其值为 $20 * \log_{10}[A_{\text{o}}(f) / A_{\text{i}}(f)]$，其中 $\log_{10}$ 表示基值 10 的对数，而 $A_{\text{i}}(f)$ 和 $A_{\text{o}}(f)$ 分别是频率在滤波前后的幅值。例如，对于 − 0.02 dB 的通带波动，表达式是

$$-0.02 = 20 * \log_{10}[A_{\text{o}}(f) / A_{\text{i}}(f)]$$
$$A_{\text{o}}(f) / A_{\text{i}}(f) = 10^{-0.001} = 0.9977$$

这表明输入、输出的幅值非常接近。

如果阻带衰减为 −60 dB，那么可以得到

$$-60 = 20 * \log_{10}[A_{\text{o}}(f) / A_{\text{i}}(f)]$$
$$A_{\text{o}} = (f) / A_{\text{i}}(f) = 10^{-3} = 0.001$$

这表明输出幅值是输入幅值的 1/1 000。

衰减值通常用不带负号的分贝表示，但是默认为负值。

5. IIR 和 FIR 滤波器

另外一种滤波器分类方法是：根据它们的冲激响应的类型分类。滤波器对于输入的冲激信号（$x[0] = 1$ 且对于所有 $I <> 0$，$x[i] = 0$）的响应叫作滤波器的冲激响应（Impulse Response），如图 8.2.9 所示。冲激响应的傅里叶变换被称为滤波器的频率响应（Frequency Response）。根据滤波器的频率响应可以求出滤波器在不同频率下的输出。换句话说，根据它可以求出滤波器在不同频率时的增益值。对于理想滤波器，通带的增益应当为 1，阻带的增益应当为 0。所以，通带的所有频率都被输出，而阻带的所有频率都不被输出。

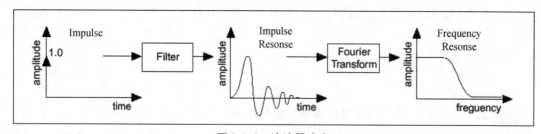

图 8.2.9　滤波器响应

如果滤波器的冲激响应在一定时间之后衰减为 0，那么这个滤波器被称为有限冲激响应（FIR）滤波器。但是，如果冲激响应一直保持，那么这个滤波器被称为无限冲激响应滤波器（IIR）。冲激响应是否有限（即滤波器是 IIR 还是 FIR）取决于滤波器输出的计算方法。

IIR 滤波器和 FIR 滤波器之间最基本的差别是，对于 IIR 滤波器，输出只取决于当前和以前的输入值；而对于 FIR 滤波器，输出不仅取决于当前和以前的输入值，还取决于以前的输出值。简单地说，FIR 滤波器需要使用递归算法。

IIR 滤波器的缺点是它的相位响应是非线性的。在不需要相位信息的情况下，例如简单的信号监控，IIR 滤波器就符合需要。而对于那些需要线性相位响应的情况，应当使用 FIR 滤波器。但是，IIR 滤波器的递归性增大了它的设计与执行难度。

因为滤波器的初始状态是 0（负指数是 0），所以在到达稳态之前会出现与滤波器阶数相对应的过渡过程。对于低通和高通滤波器，过渡过程或者延迟的持续时间等于滤波器的阶数。

可以通过启动静止内存消除连续调用中的过渡过程，方法是将 VI 的 init/cont 控制对象设置为 True（连续滤波）。

对数字滤波器的详细讨论不是本书的主要内容，读者可参阅有关数字信号处理的书籍，下面我们举一个简单的例子说明在 LabVIEW 中如何使用数字滤波器。

目的：使用一个低通数字滤波器对实际采集的方波信号滤波。

（1）创建前面板和程序框图，如图 8.2.10 所示。

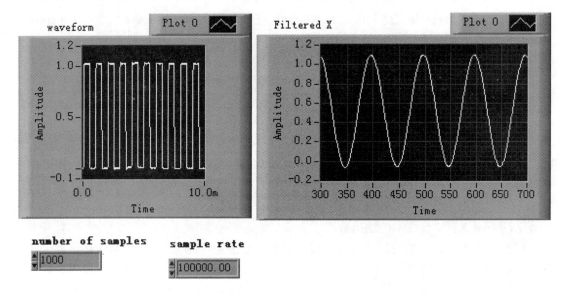

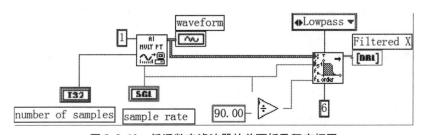

图 8.2.10 低通数字滤波器的前面板及程序框图

（2）注意程序框图，其中使用了一个数字滤波器模块（"Functions" → "Analyze Signal ProcessingFilters" 子选板下的 Butterworth Filter. vi）。先介绍一下这个 VI，如图 8.2.11 所示。

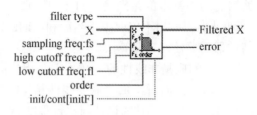

图 8.2.11 Butterworth Filter. vi

①filter type：按下列值指定滤波器类型：

0：Lowpass（低通）。

1：Highpass（高通）。

2：Bandpass（带通）。

3：Bandstop（带阻）。

X：需要滤波的信号序列。

②sampling freq：fs：产生 X 序列时的采样频率，必须大于 0，缺省值是 1.0。如果它小于等于 0，则输出序列 Filtered X 为空并返回一个错误。

③high cutoff freq：fh：高端截止频率。当滤波器类型为 0（Lowpass）或 1（Highpass）时忽略该参数。

④low cutoff freq：fl：低端截止频率。它必须满足奈奎斯特准则，即

$$0 \leqslant f_i < 0.5 f_s$$

如果该条件不满足，则输出序列 Filtered X 为空并返回一个错误。f_i 的缺省值是 0.125。

⑤order：大于 0，缺省值是 2。

⑥init/cont［initF］：内部状态的初始化控制。当其为 False（Default）时，初态为 0；当 init/cont 为 True 时，滤波器初态为上一次调用该 VI 的最后状态。为了对一个大数据量的序列进行滤波，可以将其分割为较小的块，设置这个状态为 False 处理第一块数据，然后再改设置为 True 继续对其余的数据块滤波。

⑦Filtered X：滤波样本的输出数组。

（3）在了解了这个滤波器的功能之后再来看上面的程序框图。这里 DAQ 部分将一个外部的 1 kHz 的方波采集进来，采样频率是 100 kHz，采到的方波一方面显示其波形，同时又送到滤波器的入口。滤波器类型设置为 Lowpass，其采样频率端直接连接到前面的采样频率控制端，因而也是 100 kHz。另外，将采样频率除以 90 后作为低端截止频率应该也是合理的，滤波器的阶数选为 6。这样的一个 VI 运行结果如图 8.2.10 前面板所示。

还需要指出的是，原方波不以 X 轴对称，有直流分量，经这个低通滤波器后，直流分量还应当存在，曲线显示的确如此。

8.3 练习

［练习 1］ LabVIEW 常用的数学分析函数有哪些？分别适用在哪些场合？

［练习 2］ LabVIEW 常用的信号处理函数有哪些？结合实际谈谈其应用。

［练习 3］ 创建图 8.3.1 所示的 VI，并命名为"积分与微分"。运行程序，得到图 8.3.1

所示的运行结果。

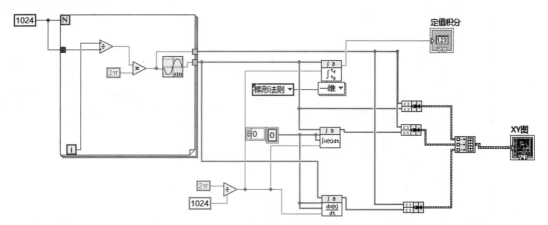

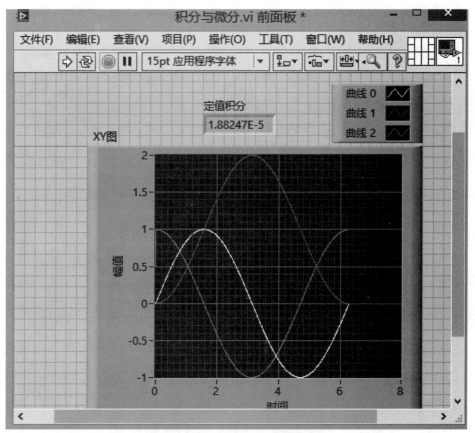

图 8.3.1　练习 3 程序框图及前面板

[练习 4] 创建图 8.3.2 所示的 VI，并命名为"窗函数_ 信号分辨举例"。运行程序，得到图 8.3.2 所示的运行结果。调节幅值和频率，频域信号发生变化。

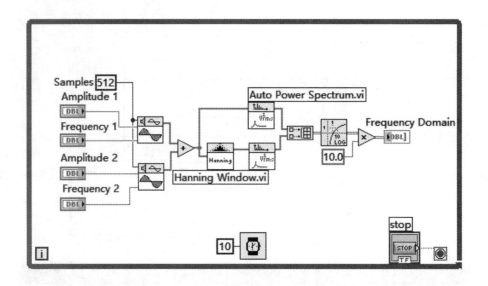

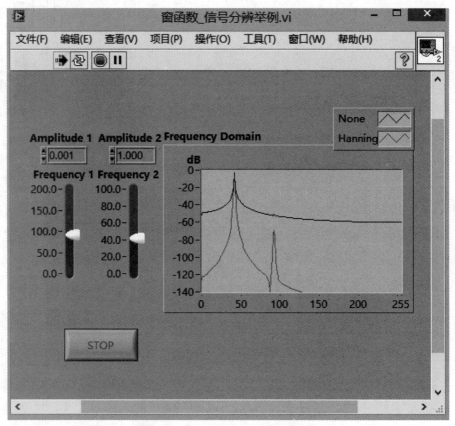

图 8.3.2　练习 4 程序框图及前面板

[练习 5]　根据学习实际，如应变片的电压与压力标定，建立一个自变量序列和一个因变量序列，对其进行直线拟合，返回拟合参数。

[练习 6]　对冲激信号实施快速傅里叶变换，并得到相应的相频和幅频参数。

第 2 篇　基于总线的仪器应用

第 9 章　基于串口总线的仪器应用

串口可以说是我们最容易接触到的一种总线，台式机上一般都有两个，而现在很多下位机、仪器等都还是使用串口通信的。其中要特别注意的是，虚拟仪器软件要安装 VISA 驱动包，只有安装了这个驱动包，串口才可以选择。下面通过案例对串口总线的应用作详细分析。

9.1　案例简介

火炮身管内径检测要求准确地测量身管任意截面内径尺寸的变化，并实现数据快速实时处理和显示输出。检测硬件模块主要包括位移式传感器、激光测距仪、步进电动机和身管爬行机构。其中位移传感器和激光测距仪分别用于测量径向位移和轴向位移，并由身管爬行机构带动在火炮身管内行进。

本案例是一个典型的串口总线仪器应用，由测径传感器产生的模拟信号经过匹配的通道箱后转化为数字信号输出，再通过串口读取至计算机。激光测距仪的输出为数字量，不用做 A/D 转换，可以连接至串口，从而对内径测量实行轴向位置定位。利用标定环对测径传感器进行标定，得到标定系数，再利用标定系数可以计算出火炮身管的内径值。

9.2　软件实现

火炮身管内径检测软件需要实现设备检测、信号的采集与保存、数据的处理以及打印功能。主程序由一系列顺序结构组成，将主程序分为图 9.2.1（a）与图 9.2.1（b）两部分。

主程序顺序框图外的布尔控件主要用来显示外接设备，布尔控件的属性节点可以使控件在禁用和使能状态进行切换。当给属性节点赋予 0 值时，控件使能；赋予 2 时，控件禁用。该主程序主要依靠顺序结构实现，根据时间发生的顺序将该程序划分为九个顺序结构，分别编号顺序结构一至顺序结构九。下面对这九个顺序结构依次详细解释说明。

1. 顺序结构一

如图 9.2.2（a）所示，顺序结构一实现了全局变量测量次数、测量位移以及数据的初始化赋值，并完成对外设的检测。检测外设子 VI 的程序框图如图 9.2.2（b）～（d）所示。无论是外设检测，还是后面提到的子模块，都必须具备串口通信的功能，该程序的数据通信依靠 VISA 实现，VISA 函数是一套可方便调用的函数，通过一个标准的、通用的驱动程序的编程模型简化了仪器的控制与通信。

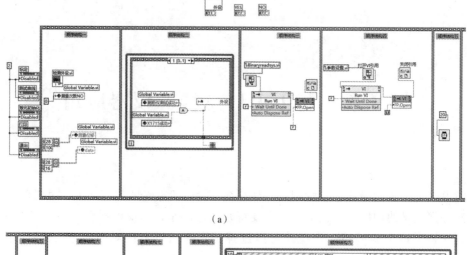

（a）

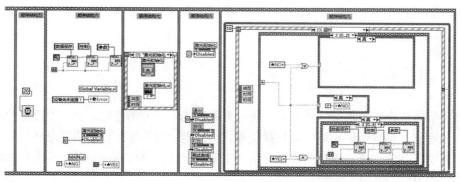

（b）

图 9.2.1 主程序

检测外设子 VI 由三个顺序结构组成，分别实现检测通道箱连接是否正确、检测激光测距仪连接是否正确，以及显示检索结果的功能。以检测通道箱程序（即图 9.2.2（b）所示）为例，主要说明一下 VISA 串口通信的过程。首先使用 VISA 查找资源函数与索引数组定位指定接口相关的设备，这里将通道箱连接至计算机上的 COM1 口，索引数组的索引值设为 0 就可以查找 COM1 口的设备；然后使用 VISA 配置串口函数配置串口，以查找到的资源为 VISA 资源名称，并设置好波特率、数据比特、奇偶校验位、停止位，将 VISA 查找资源的错误输出为错误输入；创建 VISA 的 Instr 串口比特数的属性节点，只要数据不为空，就通过 VISA 读取函数对串口进行读取操作，随后将读取的数据写入计算机，这里将其写入地址为 4D0D 的内存空间；经过一定的延时后，再将写入计算机的数据读取至缓冲区，再根据厂家所给的相关协议来判断通道箱是否连接成功，同时关闭 VISA。除了因协议不同引起的数据操作外，检测激光测距仪的程序与检测通道箱大致相同，这里不再一一赘述。显示检索结果部分共有三种处理情况，分别如图 9.2.2（e）～（g）所示。第一种条件为测距仪、通道箱都连接成功，两个条件结构都为真（图 9.2.2（e）），此时通过对话框函数显示设备连接成功，并将数据写入新的缓冲区；第二种条件为测距仪连接成功，通道箱连接失败，即主条件为真，子条件为假（图 9.2.2（f）），此时通过对话框函数显示通道箱设备连接失败，并提供"重试"按钮和"取消"按钮供用户选择；第三种条件为激光测距仪检测失败，即主条件为假（图 9.2.2（g）），此时通过对话框函数显示测距仪连接失败，同时提供"重试"

和"取消"显示功能。

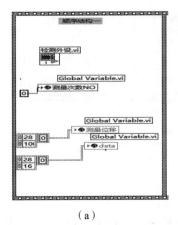

（a）

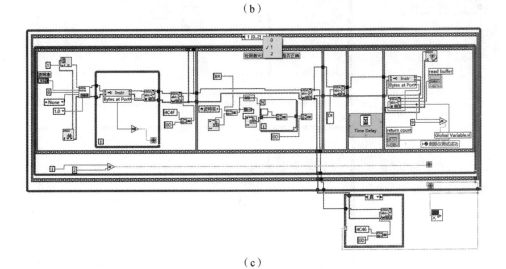

（b）

（c）

图9.2.2 顺序结构一程序框图

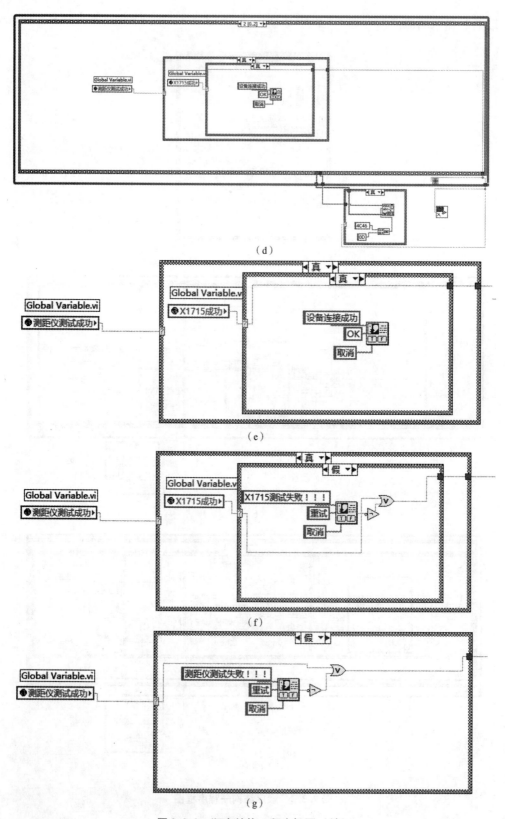

（d）

（e）

（f）

（g）

图 9.2.2　顺序结构一程序框图（续）

2. 顺序结构二

该结构由 While 循环、顺序结构以及条件结构构成，总体来说分为两个顺序事件，即事件一，如图 9.2.3（a）所示，按下"OK"按钮（"重新连接"）后，检测外设子 VI 触发，程序开始检测外部设备；事件二，如图 9.2.3（b）所示，测距仪与通道箱都成功检测后，二者真值相与，退出 While 循环，否则若有一种设备检测成功的状态值为假，则继续该循环。所以该顺序结构的功能在于重新检测设备，直到成功检测为止。

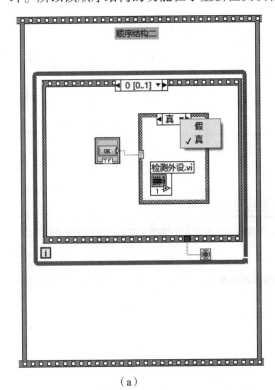

（a）

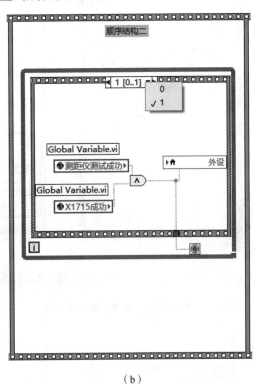

（b）

图 9.2.3　顺序结构二程序框图

3. 顺序结构三

顺序结构三如图 9.2.4（a）所示，通过打开 VI 引用来实现子 VI 的打开，属性节点的使用可以更好地设置程序运行状态，以 wait until done 为例，在节点前面赋予值 False，可以使程序在结束前不用等待。打开的 Binaryreadsys 子 VI 如图 9.2.4（b）所示。

Binaryreadsys 子 VI 主要通过两大块函数完成文件的二进制读取。第一块如图 9.2.4（b）左下角部分，先后使用读取当前路径、路径转换成字符串、搜索/拆分字符串、连接字符串、字符串转换为路径这些 VI 函数生成系统设置参数的文件目录；第二块使用读取 SGL 文件子 VI，可以将该路径下的文件读取出来，再根据相关协议，完成数据二进制读取，这里前四位作为阴线内径数据，后四位作为阳线内径数据。

4. 顺序结构四

顺序结构四如图 9.2.5（a）所示，与顺序结构三相似，该结构用来打开参数设置子 VI。参数设置子 VI 由三个顺序结构构成，如图 9.2.5（b）～（d）所示，显然该程序用来设置参数，按下"OK"按钮，即"设置完成"后，跳出循环，设置结束。参数设置的前面板如

图 9.2.5（e）所示，可以设置身管型号、身管编号、身管长度以及数据记录间隔这四项参数。

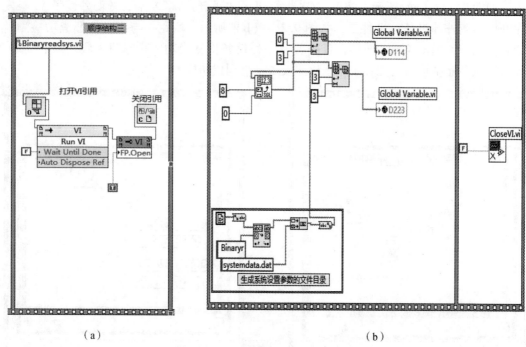

（a）   （b）

图 9.2.4　顺序结构三程序框图

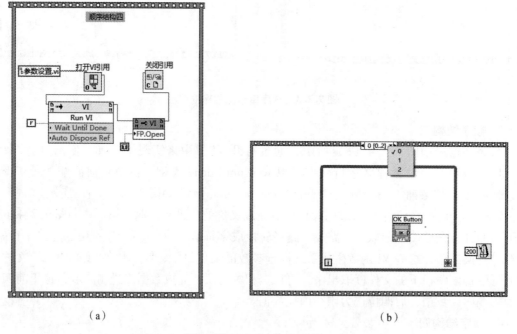

（a）   （b）

图 9.2.5　顺序结构四程序框图及参数设置前面板

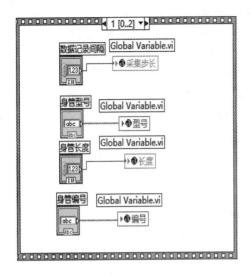

（c）

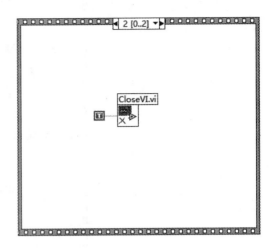

（d）

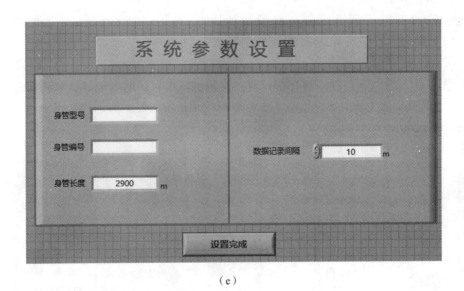

（e）

图 9.2.5　顺序结构四程序框图及参数设置前面板（续）

5. 顺序结构五

顺序结构五为设置延时。

6. 顺序结构六

该结构用来设置菜单栏，包含数据保存、控制、参数三项，同时激光初始化按钮使能，显示设备连接成功，程序框图如图 9.2.6 所示。

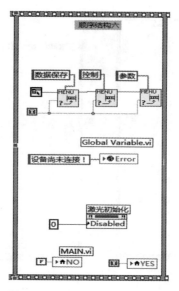

图 9.2.6　顺序结构六程序框图

7. 顺序结构七

如图 9.2.7（a）所示，该结构包含事件结构，按下"激光初始化"按钮后，激光初始化子 VI 开始触发，子程序的前面板如图 9.2.7（b）所示，程序框图如图 9.2.7（c）~（d）所示。激光初始化主要是使用 VISA 进行通信，图 9.2.7（b）程序根据协议将数据写入 VISA 串口，图 9.2.7（c）按照协议算法将数据从串口读取出来并经由计算机显示。VISA 串口的通信过程前文已经详细说明，不再解释激光初始化程序的具体工作原理。

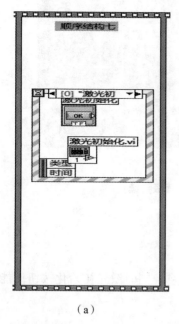

（a）

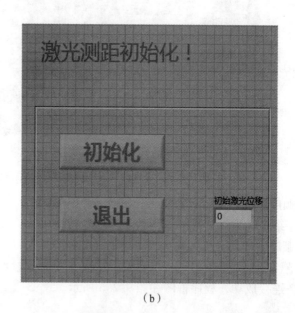

（b）

图 9.2.7　顺序结构七程序框图及前面板

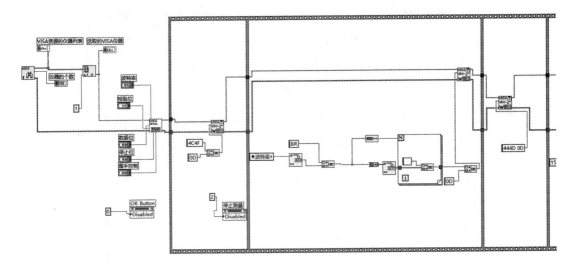

(c)

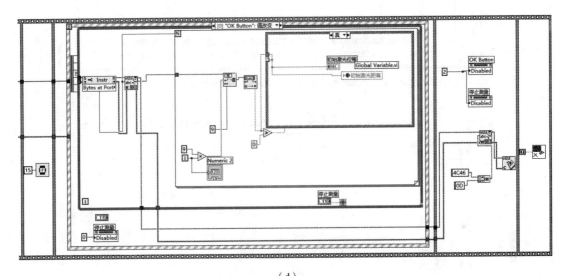

（d）

图 9.2.7　顺序结构七程序框图及前面板（续）

8. 顺序结构八

通过属性节点的调用使能"退出""标定""打印""测试曲线"这四个按钮，同时禁用"激光初始化"按钮。

9. 顺序结构九

该结构的主体是一个 While 循环，内嵌五个事件结构，程序框图如图 9.2.8（a）～（e）所示，五个事件结构依次为超时、打印、标定、测试曲线、退出。

显然，"超时"子事件结构包含层叠式顺序结构，"打印"子事件结构调用"print. vi"，"标定"子事件结构调用"标定 . vi"，"测试曲线"子事件结构调用"测试曲线 . vi"，"退出"子事件结构通过双按钮对话框的交会界面实现"退出"或"取消"功能。下面对各个子事件结构做详细说明。

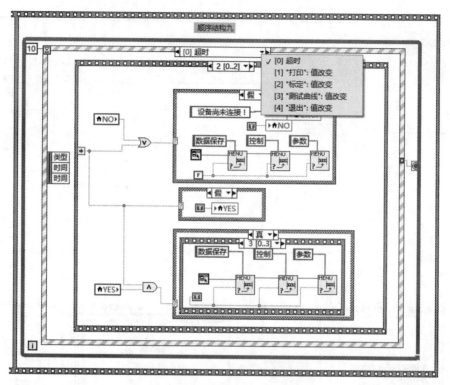

（a）

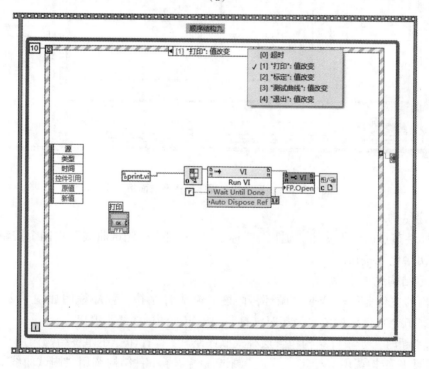

（b）

图 9.2.8　顺序结构九程序框图

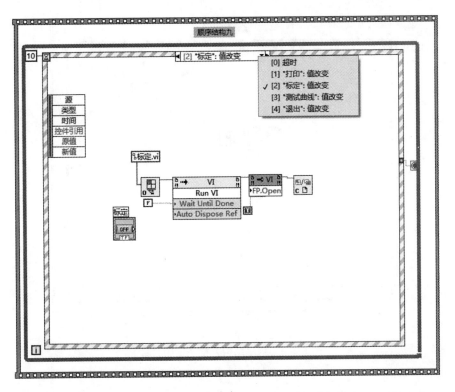

（c）

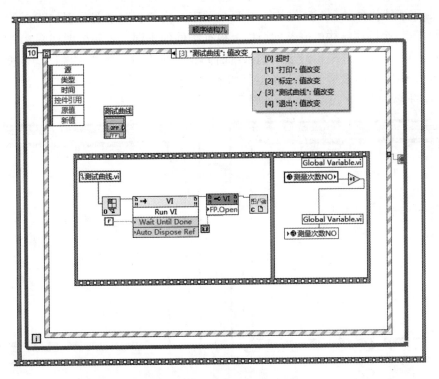

（d）

图 9.2.8　顺序结构九程序框图（续）

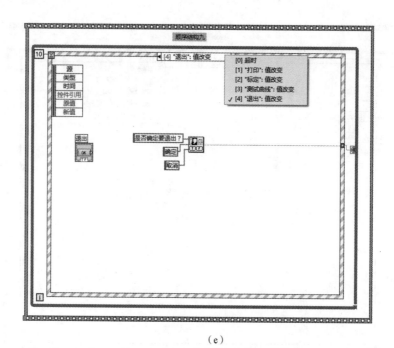

（e）

图9.2.8　顺序结构九程序框图（续）

1）"超时"

事件结构的超时"接线端"接入 10，表示等待 10 ms 后触发超时事件，即超时子事件程序运行。该事件包含三个顺序结构，前两个顺序结构的程序框图分别如图 9.2.9（a）和（b）所示，第三个顺序结构内嵌条件结构，根据条件的不同，程序框图如图 9.2.9（c）和（d）所示。第一个子顺序结构显示当前系统时间，并将外设状态通过顺序局部变量传递出去；第二个子顺序结构显示当前设备运行状态；第三个子顺序结构通过"外设""YES""NO"三者的逻辑运算来控制菜单项的设置。

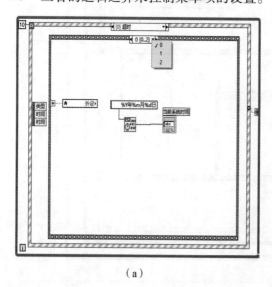

（a）

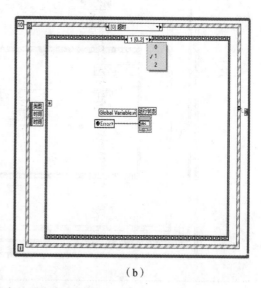

（b）

图9.2.9　"超时"子事件结构程序框图

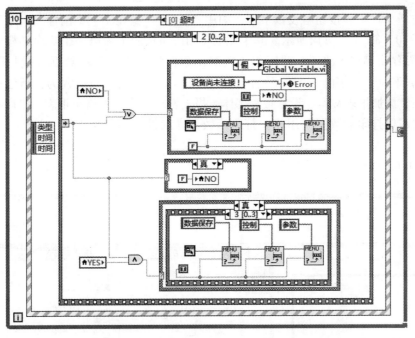

（c）

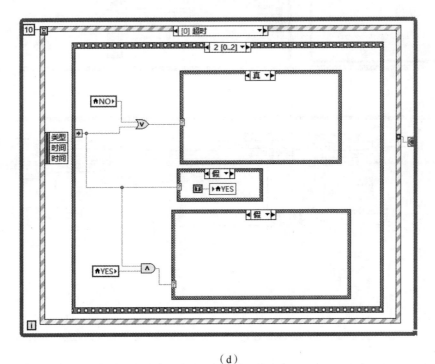

（d）

图9.2.9 "超时"子事件结构程序框图（续）

2）"打印"

通过按下"打印"按钮触发该事件，调用"print. vi"。该子 VI 包含三个顺序结构，程序如图9.2.10（a）~（d）所示。其中图9.2.10（a）所示为第一个顺序结构，通过按下"打印"按钮结束 While 循环，调用相关数组函数，将需要打印的数据合成打印数组；图9.2.10（b）和（c）为第二个顺序结构，实现打印操作，其大致流程为：新建报表、设置报表页边距、添加报表文本、设置报表字体、报表换行、添加表格至报表、打印报表、处置报表。根据需要打印的数据调用相关打印函数，详细设置如图9.2.10（b）和（c）所示；图9.2.10（d）所示为第三个顺序结构，用于打印完成后结束程序。整个打印操作的前面板如图9.2.10（e）所示。

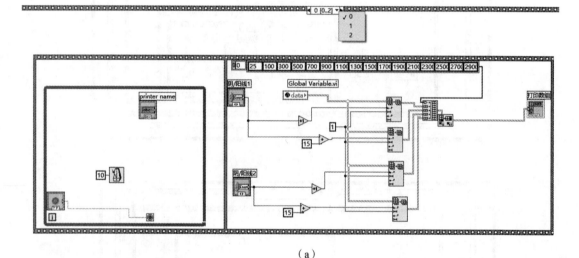

（a）

（b）

图9.2.10　"打印"子事件结构程序框图及前面板

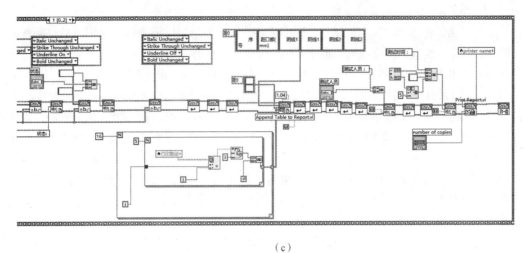

（c）

（d）

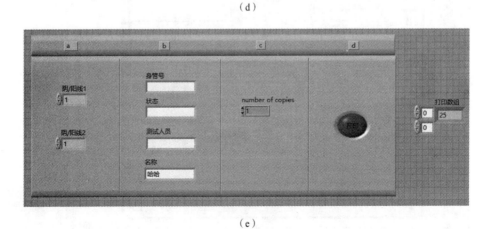

（e）

图 9.2.10 "打印"子事件结构程序框图及前面板（续）

3）"标定"

标定是对测径传感器的标定，通过三个标定环的标定值与测试值来确定标定系数。阴线的标定与阳线的标定虽然根据协议提取的数据不同，但标定算法是一样的。这里简单介绍一下标定过程：测径时采用两个传感器对称布置来测量一组阴线或阳线值。设方程 $Y = d_0 + d_1 * X_1 + d_2 * X_2$，$d_1$、$d_2$ 为传感器的线性输出系数，X_1、X_2 为传感器输出响应，d_0 为传感器初始零状态输出，Y 为测试输出值。依据三个标定环的标准值得到三组方程，可以利用矩阵相关算法，具体算法如图 9.2.11（a）所示，解算出参数 d_0、d_1 与 d_2，完成标定。阴线与阳线测试值的提取通过条件结构控制，"真"为阴线组，"假"为阳线组。其程序如图 9.2.11（b）和（c）所示。

"标定"程序实际上是串口通信与数据处理，其主程序如图 9.2.11（d）和（e）所示，首先将串口数据读取出来并写入缓冲区，使用布尔开关控制条件结构，从而完成对阴线或阳线的测试数据读取，经过矩阵与数组计算得到标定参数 d_0、d_1 与 d_2。接着调用 Binarysavesys 子 VI 将标定参数、采集步长、长度等相关数据保存起来。其程序操作流程与 Binaryreadsys 子 VI 的流程刚好相反，如图 9.2.11（f）所示。整个标定的前面板如图 9.2.11（g）所示。

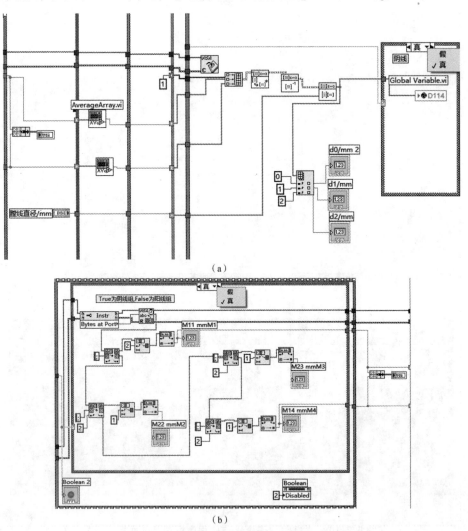

（a）

（b）

图 9.2.11　"标定"子事件结构程序框图及前面板

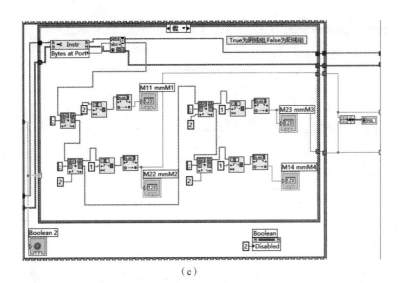

（c）

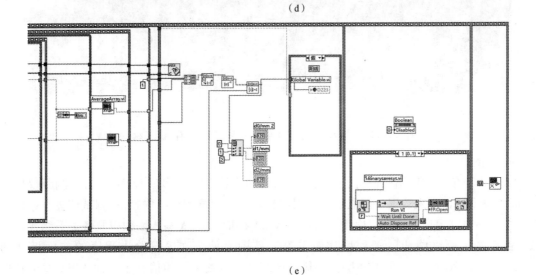

（d）

（e）

图 9.2.11　"标定"子事件结构程序框图及前面板（续）

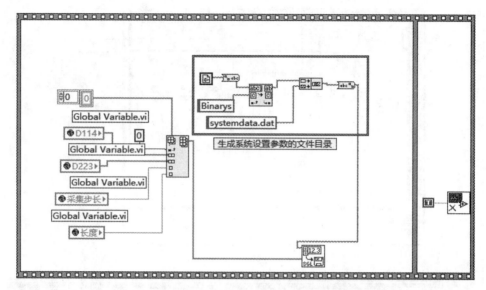

（f）

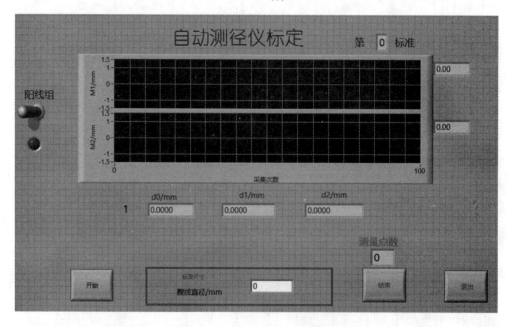

（g）

图 9.2.11　"标定"子事件结构程序框图及前面板（续）

4）"测试曲线"

该子程序依据顺序结构进行，依次为：打开通道箱 X1715 串口 COM1、打开测距仪串口 COM2、根据协议写入数据、读取数据并根据标定参数解算测试的内径值/测试位置、数据保存、关闭串口并退出程序。程序中多次用到 VISA 读取、VISA 写入函数以及各类数组操作函数，由于该"测试曲线"子程序比较复杂，截图不便，这里仅给出程序的前面板（图 9.2.12），有兴趣的读者可以参考书本附的源程序自行阅读。相信有了前面 VISA 通信和标定算法说明的基础，理解起来并不会十分困难。

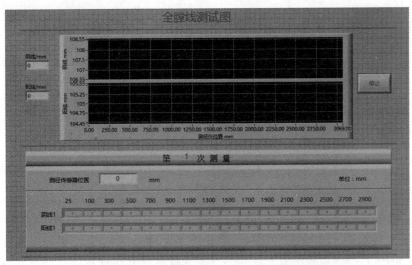

图 9.2.12 "测试曲线"子事件结构前面板

5)"退出"

通过"退出"按钮触发该事件,使用双按钮对话框实现人机界面交互。

9.3 软件分析与总结

本案例的软件由于需要实现外部设备检测、参数设置、激光初始化、标定、测试曲线、打印等功能,程序略显复杂,但是实质上,无非是顺序结构、条件结构、事件结构以及 While 循环和 For 循环的相互交错使用。串口通信上使用 VISA 来实现,可以总结为配置 VISA、读取 VISA、写入 VISA、关闭 VISA 这几个主要过程。设计完成后的软件前面板如图 9.3.1 所示。由于篇幅原因,读者可以通过阅读源程序并对照前文的介绍来熟悉整个软件的思想。

图 9.3.1 软件前面板

第10章 基于 USB 总线的仪器应用

随着计算机网络技术、虚拟仪器技术的发展，以远程仪器控制技术为基础的远程试验成为研究热门，这要求仪器都带有通信端口。USB 端口已成为现在 PC 上的标准配置，目前的主流操作系统上都支持。虽然在测量和自动化方面刚刚普及，但 USB 端口拥有的高速率、热拔插功能、内嵌式操作系统配置，还有多点布线技术使其在仪器应用领域表现极为出色。USB 为数据采集设备及仪器与 PC 间的连接提供了费用低廉、简单易用的方案。

10.1 案例简介

VISA 是一款可与仪器总线通信的高级应用程序接口（API）。通用序列总线（USB）是一款基于消息的通信总线。这表示，PC 和 USB 设备通过在总线上发送文本或二进制数据格式的指令和数据实现通信。每款 USB 设备都有各自的指令集，可通过"NI – VISA 读写"函数将这些指令发送给仪器并从仪器上读取响应。VISA 提供了两类函数供 LabVIEW 调用：USB INSTR 设备与 USB RAW 设备。USB INSTR 设备是符合 USBTMC 协议的 USB 设备，可以通过使用 USB INSTR 类函数控制，通信时无须配置 NI – VISA；而 USB RAW 设备是指除了明确符合 USB TMC 规格的仪器之外的任何 USB 设备，使用时需要配置。本案例使用配置好的 USB RAW 设备对数据进行发送和接收。

10.2 软件实现

该软件的主程序如图 10.2.1 所示，主要实现打开 USB 口、数据接收、数据发送以及数据清空等功能。

从程序结构分析，主程序主要是一个 While 循环内嵌一个事件结构和一个条件结构。条件结构及其相连函数的程序框图如图 10.2.2（a）～（c）所示，通过属性节点的调用可以切换按钮的使能和禁用状态，即给布尔属性（disabled）赋值为 0 时，按钮使能；赋值为 2 时，按钮禁用。具体到程序中，当"Session Opened"触发时，"OpenSession"和"VISA resource name"按钮不能使用，其他按钮"CloseSession""ControlIn""ControlOut""Clear"处于使能状态。当"Initialize/Session Closed"触发时，情况正好相反，此时处于接口初始化状态。将 Initialize/Session Closed、Do Nothing、Session Opened 作为初始值赋给 While 循环的移位寄存器，并连接到选择器接线端用来控制条件结构。使用创建数组和合并错误函数将各个属性节点的错误输出合并为错误 I/O 簇，作为 VISA 打开的错误输入。

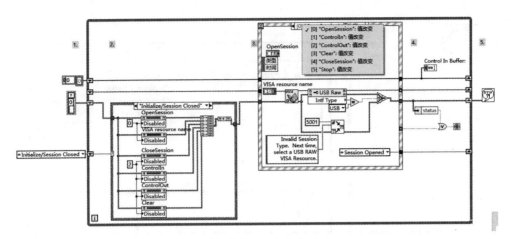

图 10.2.1　主程序

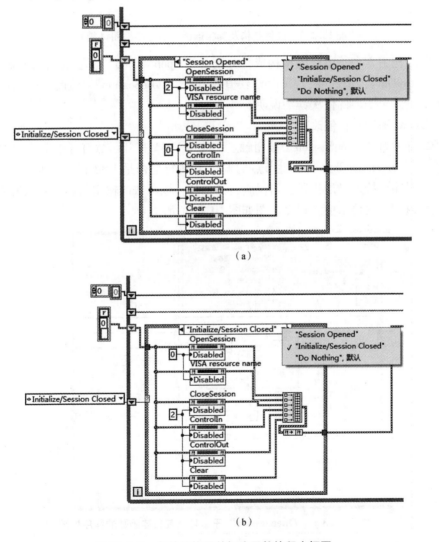

（a）

（b）

图 10.2.2　条件结构及其相连函数的程序框图

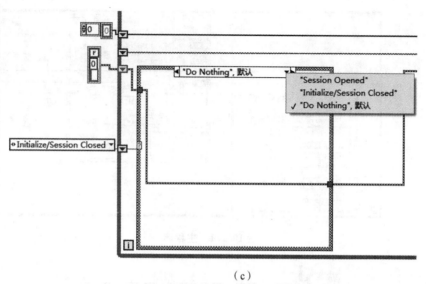

（c）

图 10.2.2　条件结构及其相连函数的程序框图（续）

而事件结构由六个子事件结构构成，分别为"OpenSession"：值改变；"ControlIn"：值改变；"ControlOut"：值改变；"Clear"：值改变；"CloseSession"：值改变；"Stop"：值改变。下面对这六个子事件依次详细说明。

1．"OpenSession"：值改变

该子事件通过"OpenSession"按钮触发，使用 VISA 打开函数打开指定的 USB 设备，通过 USB RAW（Interface Type）属性节点的调用来判断是否是 USB 设备。如果打开 VISA 错误，则将错误输出接入错误代码至错误簇转换函数，该函数的输出与属性节点的错误输出经由选择函数返回错误输出值，程序框图如图 10.2.3 所示。

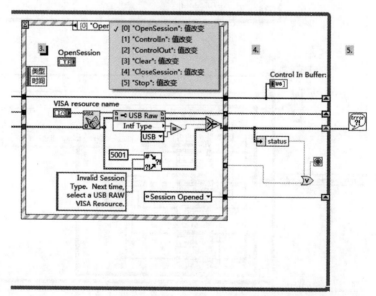

图 10.2.3　"OpenSession"子事件及其相连函数的程序框图

2. "ControlIn": 值改变

该子事件通过"ControlIn"按钮触发,使用 VISA USB 控制输入函数执行 USB 设备控制管道传输,从 USB 接收数据,并显示在 Control In Buffer 控件上。VISA USB 控制输入函数需要设置索引、值、VISA 资源名称、请求类型、请求、长度、错误输入等参数。程序框图如图 10.2.4 所示。

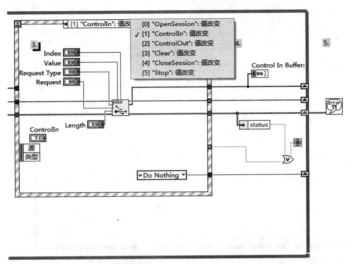

图 10.2.4 "ControlIn"子事件及其相连函数的程序框图

3. "ControlOut": 值改变

该子事件通过"ControlOut"按钮触发,与"ControlIn"子事件操作相反,该事件使用 VISA USB 控制输出函数将读取的数据发送到 USB 设备,程序框图如图 10.2.5 所示。

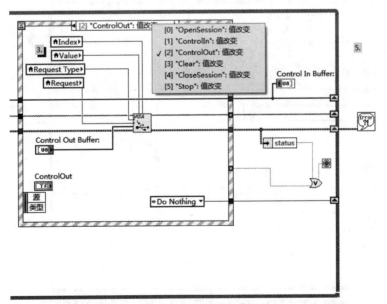

图 10.2.5 "ControlOut"子事件及其相连函数的程序框图

4. "Clear": 值改变

该子事件通过 "Clear" 按钮触发后将空数组赋予 Control In Buffer, 即清空接收缓冲区。程序框图如图 10.2.6 所示。

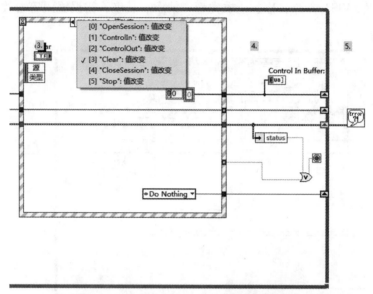

图 10.2.6　"Clear" 子事件及其相连函数的程序框图

5. "CloseSession": 值改变

该子事件通过 "CloseSession" 按钮触发 VISA 关闭函数, 将 VISA 关闭, 程序框图如图 10.2.7 所示。

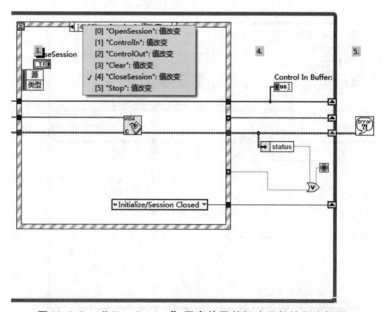

图 10.2.7　"CloseSession" 子事件及其相连函数的程序框图

6. "Stop": 值改变

该子事件通过 "Stop" 按钮触发, 通过与 While 循环的条件接线端相连来结束程序, 程序如图 10.2.8 所示。

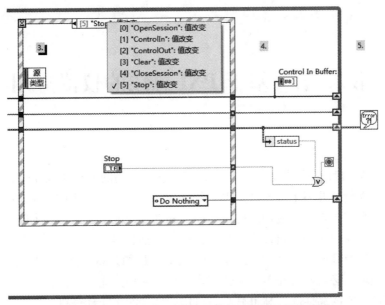

图 10.2.8　"Stop"子事件及其相连函数的程序框图

10.3　软件分析与总结

本案例的软件主要有五个程序流程：值的初始化、依据 VI 的状态更新用户接口、处理用户事件（即 OpenSession、ControlIn、ControlOut、Clear、CloseSession 和 Stop）、更新接收数据流并检查错误、处理错误。整个软件的前面板如图 10.3.1 所示。

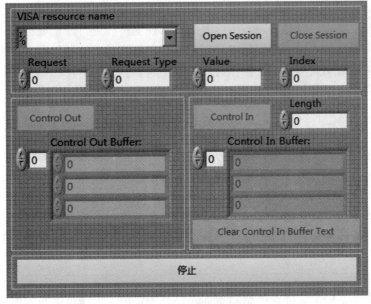

图 10.3.1　软件前面板

第11章 基于 PXI 总线的仪器应用

PXI 是一个新的专门为数据采集与自动化应用量身定制的模块化仪器平台，它能够提供高性能的测量，而价格并不十分昂贵。PXI 将 CompactPCI 规范定义的 PCI 总线技术发展成适合试验、测量与数据采集场合应用的机械、电气和软件规范，从而形成了新的虚拟仪器体系结构。利用 PXI 模块化仪器，可以充分享受开放式工业标准化 PC 技术所带来的低成本、简便易用性、灵活性及高性能等优点。制定 PXI 规范的目的是将台式 PC 的性价比优势与 PCI 总线面向仪器领域的必要扩展完美地结合起来，形成一种主流的虚拟仪器测试平台，使其能够满足不同行业需要的高性能、高可靠、高可用和经济的工业计算机技术。下面通过案例对 PXI 的应用作详细说明。

11.1 基于 PXI 总线仪器静态标定

11.1.1 案例简介

一般，各类传感器在出厂时，生产厂家必须对其进行全面的、严格的性能鉴定，给用户明确的技术性能指标，用户在使用过程中，按照相关的测试要求，需要经常性地对传感器的性能指标进行校准实验，以对传感器出厂时的技术性能指标进行修正或按实测技术数据重新确定传感器的性能指标。这种用实验方法确定传感器性能参数的过程称为标定。

本案例中使用活塞式压力发生器作为静压发生装置，将压力传感器接在压力发生器的传感器接头上。根据传感器的贴片形式，将其输出端以全桥的形式接到电桥盒上，接好应变仪，调节好倍率等参数，将电桥调平。应变仪的输出端接入带有数据采集卡（以下简称数采卡）的 PXI 工控机上操作压力发生器时，压力的变化会使传感器的电压发生变化，将采集到的电压信号与压力发生器的标准压力做线性拟合，可以得到该压力传感器的性能参数。

11.1.2 软件实现

压力传感器的标定软件需要实现电压信号的采集与保存、数据的计算拟合功能。根据软件功能，可以将软件大致分为寻找文件、数采卡参数设置、数据采集、数据保存、数据处理等部分。

1. 寻找文件

寻找文件主要是用来验证文件名与文件路径是否正确，方便后续数据保存的操作。其程序框图如图 11.1.1 所示，其中 seek_ file 子 VI 的程序框图如图 11.1.2 所示。

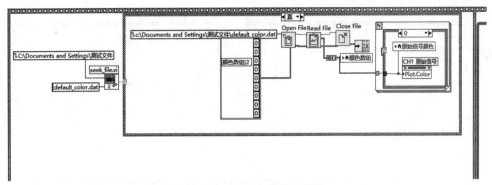

图 11.1.1　寻找文件程序框图

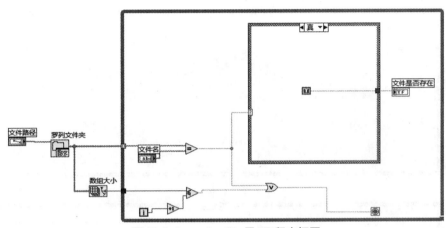

图 11.1.2　seek_ file 子 VI 程序框图

2. 数采卡参数设置

数采卡参数的设置要与数采卡的型号相符，根据数采卡的配置说明书来设置参数。一般需要设计触发源、触发方式、触发电平采样速度、采样长度、预延数、量程等一系列数采参数，具体情况以实际应用为准。本案例数采卡采用纵横公司的 JV58114 型，通过调用库函数节点来完成参数设置。详细配置程序框图如图 11.1.3（a）～（e）所示，其中图 11.1.3（a）为数采卡的整体设置，图 11.1.3（b）～（e）为四个通道的具体设置。虽然此案例只需要一个通道来采集数据，但是为了方便以后的测试，最好将数采卡的四个通道都配置好。

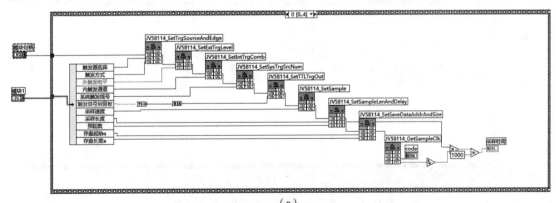

（a）

图 11.1.3　数采卡参数设置的程序框图

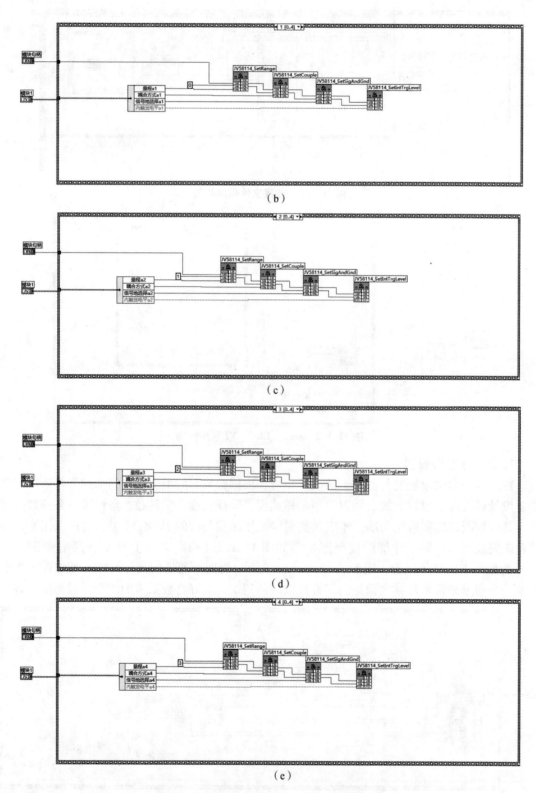

（b）

（c）

（d）

（e）

图 11.1.3　数采卡参数设置的程序框图（续）

　　当然，在程序框图设计的同时，也要保证前面板的美观大方，对于工程应用来说，还要求所涉及的前面板能够使用方便。本案例设计出的数采卡参数设置前面板如图 11.1.4所示，仅供各位读者参考。由前面板可以清晰地看到数采卡的各参数设计，大体可以将数采卡参数划分为三大块。第一大块主要包括触发源的选择、触发方式、外触发电平、内触发通道、系统触发线号、触发信号到背板的选择，这一部分主要用来控制触发的实现；第二大块则由采样速度、采样长度、预延数、存盘起始、存盘长度这五项数采工作状态构成，这一部分可以控制采样的基本状态；第三大块则是各通道的具体参数设置，即量程、耦合方式、信号地选择、内触发电平的设置，这一块能够具体到每一通道的参数设置，特别是内触发电平的设置经常用到。

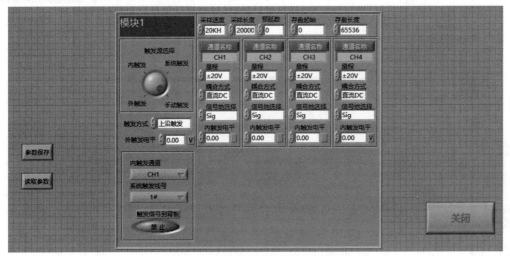

图 11.1.4　数采卡参数设置前面板

3. 数据采集

　　数采卡参数设置完毕后，就可以根据参数来编写数据采集程序。采样的顺序一般依次为：采样开始、采样触发、获取采样状态、获取采样时钟、采样长度、采样延时等。同时，为了在界面上更好地展示采样进度，一般可采用滑条来显示。具体的程序框图如图 11.1.5（a）~（e）所示。

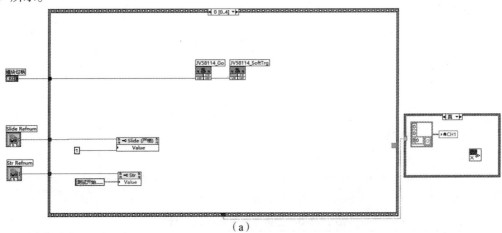

（a）

图 11.1.5　数据采集程序框图

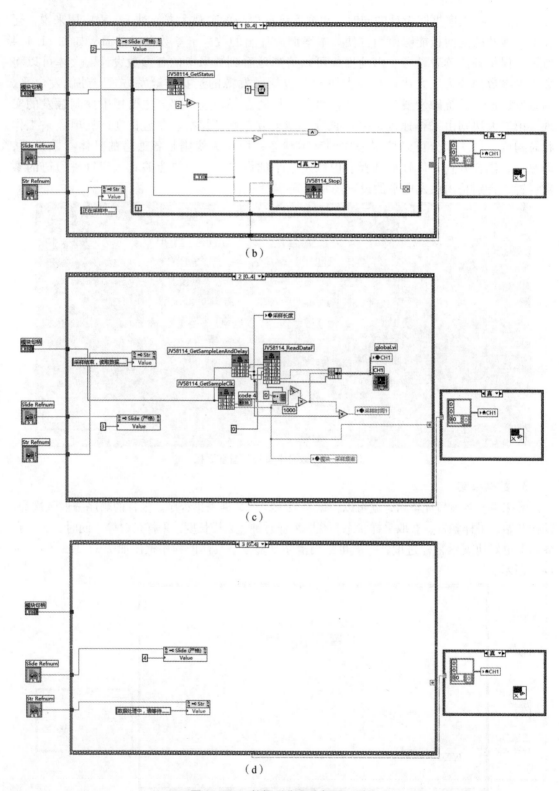

图 11.1.5 数据采集程序框图（续）

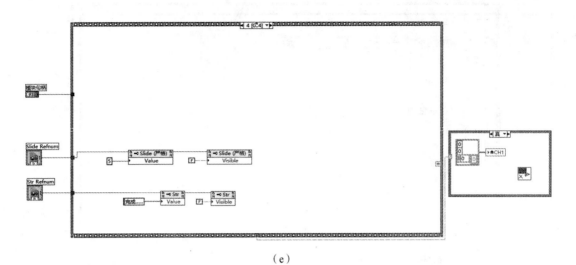

（e）

图 11.1.5　数据采集程序框图（续）

数据采集部分设计完成之后，便可以通过事件结构来统一测量的完成。在本例中，以"鼠标按下"作为事件的触发源，执行整个测量任务，具体程序框图如图 11.1.6 所示。其中 sub_wave1 子 VI 为数据采集程序，即图 11.1.5 中全部程序，mean 子 VI 为求数组的平均值程序。

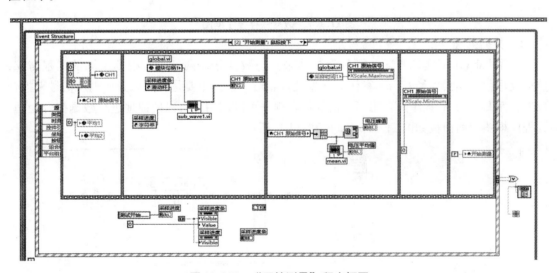

图 11.1.6　"开始测量"程序框图

4. 数据保存

数据保存时，可以根据用户要求保存的数据来设计。本案例中对数采卡采得的原始信号、采样频率、采样长度进行保存，其具体的程序框图如图 11.1.7（a）所示，其中 save 子 VI 为数据保存的具体操作流程，一般为通用程序，可以在其他数据保存的设计中用到，详细程序框图如图 11.1.7（b）所示。

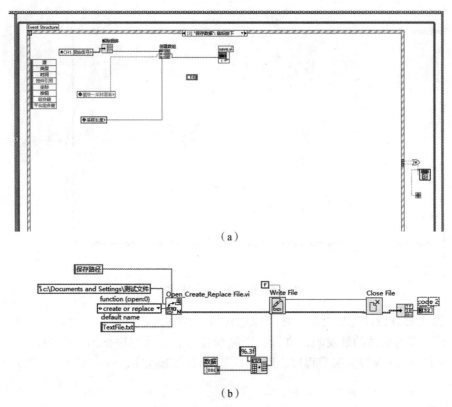

（a）

（b）

图 11.1.7　数据保存程序框图

5. 数据处理

应用 LabVIEW 实现测试一般分为数据采集与数据处理两部分。根据不同的工程需求，数据处理程序亦大相径庭。本案例的数据处理相对简单，主要是利用采集的电压信号来拟合数据，而 LabVIEW 程序附有相当丰富的拟合程序可以调用，可以便捷地进行数据拟合处理。其程序框图和前面板如图 11.1.8（a）和（b）所示。

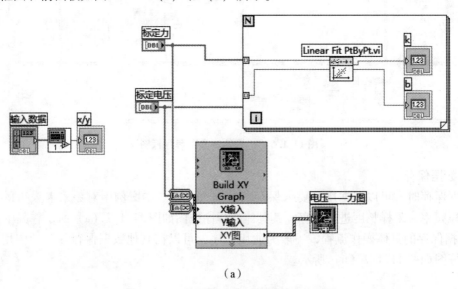

（a）

图 11.1.8　数据处理的程序框图及前面板

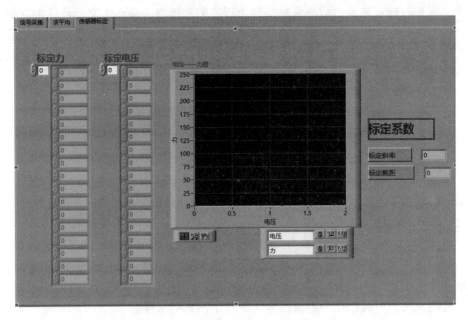

（b）

图 11.1.8　数据处理的程序框图及前面板（续）

11.1.3　软件分析与总结

本案例的软件需要实现电压信号采集以及数据拟合功能，因此可以用选项卡控件将电压采集和数据处理分割开来。其前面板如图 11.1.9 所示。由于标定需要重复多次完成，还需要对数据取平均值之后再拟合，于是将三个操作放在一个选项卡内，通过选项卡左上角来选择操作。

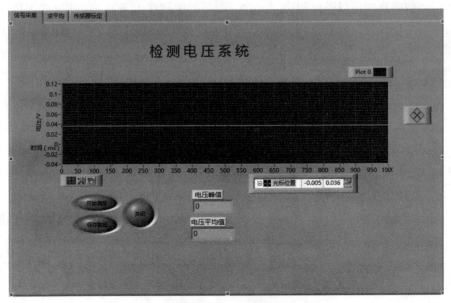

图 11.1.9　前面板

当然，对于该标定来说，数据采集是整个程序的关键点。虽然上文已经详细介绍了数据采集实现的主要程序，但需要与其他诸如菜单选择、颜色设定以及界面设计等衔接贯通，这样才能实现软件设计的初衷。由于篇幅有限，读者可以通过阅读源程序并对照前文的介绍来熟悉整个软件的思想。

11.2 基于 PXI 总线的枪弹速度及膛压测试

11.2.1 案例简介

本案例需要测量子弹的膛压及速度，将两个压力传感器布置在枪膛内来获取膛压，一对线圈靶安放在合适的位置以测试弹速，并通过接口接入 PXI 上。数采卡依然采用 JV58114 型。

由于案例 11.1 中已经标定了压力传感器的各个参数，因此可以直接将标定的参数代入，通过采集到的电压来计算膛压。子弹在快速穿过线圈靶时，会产生一个类正（余）弦信号，通过测试两个线圈靶产生信号的时间差与已知距离可以算出子弹的飞行速度。而且膛压先于子弹速度发生，可以将膛压作为触发信号完成整个测试的采样。

11.2.2 软件实现

子弹膛压及速度的测试软件需要实现电压信号的采集与保存、数据的计算处理功能。案例 11.1 中已经详细介绍了数据采集与保存部分，这里不再赘述，相较于案例 11.1，本案例对数据的处理要求更多。有了案例 11.1 的认识基础，有助于更好更全面地熟悉程序。因此笔者按照程序的顺序结构来介绍整个软件，以不同的角度展示软件的设计思想。

1. 程序面板主界面

如图 11.2.1 所示，程序面板主界面的最外端是一个 While 循环，通过与"退出 LabVIEW"函数的搭配可以退出程序。显然，程序的关键在于 While 循环里的事件结构。该事件结构由四个事件分支构成，即：［0］"关闭"：鼠标按下；［1］菜单选择（用户）；［2］"开始测量"：鼠标按下；［3］"保存数据"：鼠标按下。

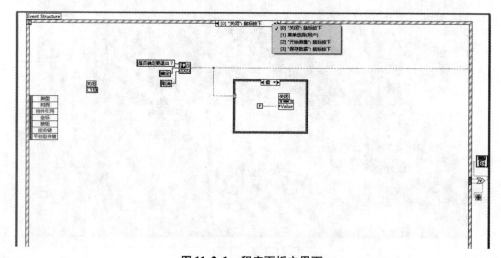

图 11.2.1 程序面板主界面

顾名思义，其中事件［0］通过按下"关闭"键来跳出程序；事件［1］提供菜单供用户选择；事件［2］通过按下"开始测量"进入测量程序；事件［3］在按下"保存数据"后开始数据保存。下面对事件［1］～［3］进行详细分析。

2. 事件［1］菜单选择（用户）

如图 11.2.2（a）所示，事件［1］包含一个条件结构，该条件结构内嵌有四个子条件分支，分别为默认、退出、读入数据与数据采集卡参数设置。条件结构的退出分支与事件结构 0 的退出分支功能相似，一起完成程序的跳出功能；读入数据分支可以将保存的数据读取出来，即将保存的数据解除捆绑，然后根据数据来计算膛压和速度，其程序框图如图 11.2.2（b）所示，其中 xianquanba 子 VI 为线圈靶数据处理程序，由于线圈靶的信号为类正（余）弦信号，通过信号波峰波谷的索引值的平均值定位出线圈的触发时间，程序如图 11.2.2（c）所示；数据采集卡参数设置（见图 11.2.2（d））中的 pamameter 子 VI 与案例 11.1 完全一致，不再赘述。

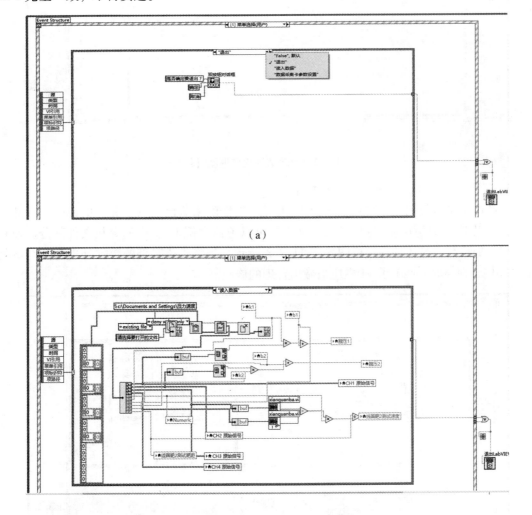

（a）

（b）

图 11.2.2 菜单选择程序框图

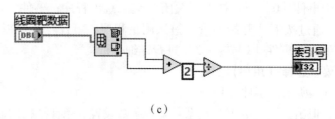

（c）

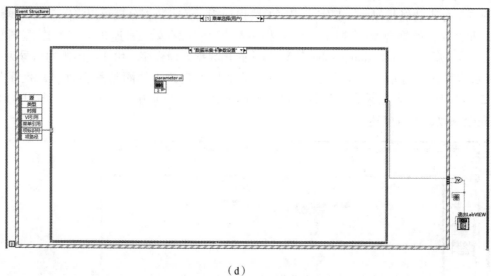

（d）

图 11.2.2　菜单选择程序框图（续）

3. 事件［2］"开始测量"：鼠标按下

该结构用于对数据进行采集，案例 11.1 对于数据的采集已经做了充分的说明，在此基础上，可以把信号的颜色设置放进去，这样就可以免掉案例 11.1 中的寻找文件部分，使程序变得更加精简。具体的程序框图如图 11.2.3 所示。当然，该案例的数据处理部分与案例 11.1 不同，在 sub_wave1 子 VI 中应当做出合理的修改。

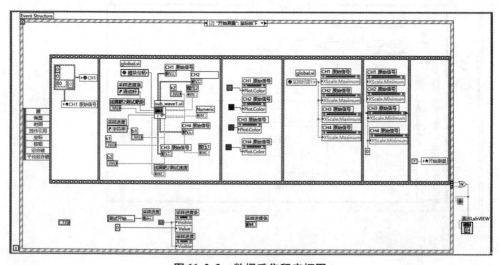

图 11.2.3　数据采集程序框图

4. 事件［3］"保存数据"：鼠标按下

本案例中对数据采集卡采得的四个通道的原始信号、两个压力传感器的标定系数、线圈靶靶距进行保存，其具体的程序框图如图 11.2.4 所示。实际上与案例 11.1 的数据保存方法大同小异，都是按照顺序捆绑数据、创建数据、写入数据、关闭文件，属于成熟的规范操作。

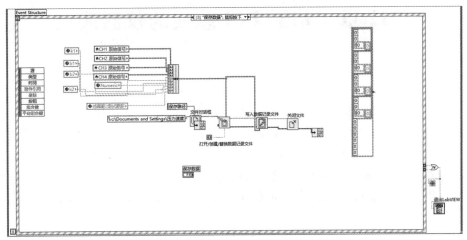

图 11.2.4　数据保存程序框图

11.2.3　软件分析与总结

结合前面的程序，把所有控件放置在选项卡控件上，本着简便美观的设计原则编写软件。在此，笔者给出前面板设计以供参考，如图 11.2.5 所示。将压力传感器的标定系数 k1、b1、k2、b2 以及靶距输入控件中，当软件触发采样后，就可以实现膛压和速度的测试。建议读者在看完本案例的基础上阅读源程序，这样可以更好地加深理解。

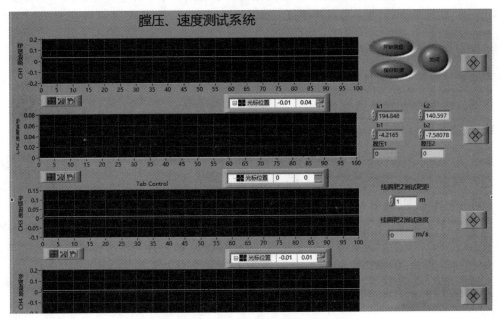

图 11.2.5　前面板

第12章 基于 PCI 总线的仪器应用

PCI 总线是一种不依附于某个具体处理器的局部总线。从结构上看，PCI 是在 CPU 和原来的系统总线之间插入的一级总线，具体由一个桥接电路实现对这一层的管理，并实现上下之间的接口以协调数据的传送。管理器提供了信号缓冲，使之能支持 10 种外设，并能在高时钟频率下保持高性能。PCI 总线也支持总线主控技术，允许智能设备在需要时取得总线控制权，以加速数据传送。下面通过案例对 PCI 总线仪器的应用作详细说明。

12.1 枪炮身管缠度测试

12.1.1 案例简介

对于多数读者来说，缠度这个概念或许十分陌生。实际上，缠度的测试简单来说就是测量一个转角和一段行程，而行程可以通过齿轮齿条组合转化为转角的测量。因此，通过两个增量式光电编码器来测量转角，进而计算出缠度。本案例中用于测量转角的编码器分辨率为 1 024/r，即编码器每转动一周，产生 1 024 个脉冲信号；用于测量行程的编码器分辨率为 30 000/r。

将编码器按照接线方式接入 PCI 上，使用纵横八通道数采卡 JV31222 采集数据。编码器转轴转动时，数采卡采集脉冲信号，通过对脉冲信号分析处理，可以获取脉冲的数量，从而得到角度并计算出缠度。

12.1.2 软件实现

本案例的程序流程与案例 11.2 大体相似，主要包含四个事件分支，即［0］"关闭"：鼠标按下；［1］菜单选择（用户）；［2］"开始测量"：鼠标按下；［3］"保存数据"：鼠标按下。程序框图如图 12.1.1（a）～（d）所示。

与案例 11.2 相比，不同之处主要在于数采卡参数设置和数据处理部分。由于所用数采卡型号不同，数采卡参数设置需要根据说明书进行配置；数据处理部分亦要从缠度的定义与计算出发，完成设计内容。

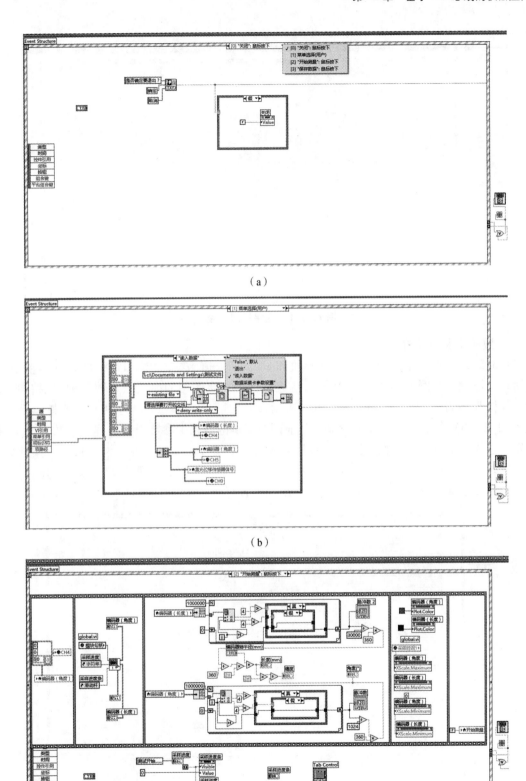

（a）

（b）

（c）

图 12.1.1　程序框图

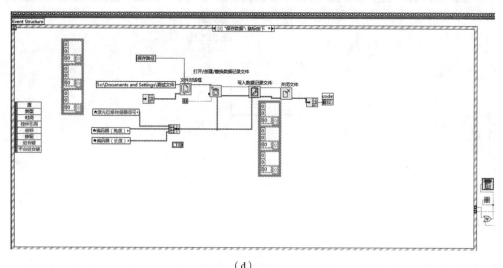

（d）

图 12.1.1　程序框图（续）

1. 数采卡参数设置

JV31222 的接口函数主要有 board 模块和 channel 通道函数，相较 JV58114 的函数使用更加简单。设置与案例 11.1 相似的数采卡参数面板时，所调用的库函数个数与种类都有所减少。具体程序如图 12.1.2（a）和（b）所示，其中图 12.1.2（a）为数采卡的整体设置，图 12.1.2（b）为通道 1 的具体设置。与前两个案例的数采卡参数设置一样，该数采卡也对触发源选择、触发方式、触发沿、时钟源、系统触发线号、采样速度、采样长度、预延数、预触发、量程、耦合方式、信号类型、内触发电平等做了配置，方便以后的测试工作。从前面板可以清楚地看到这些参数配置，如图 12.1.3 所示。

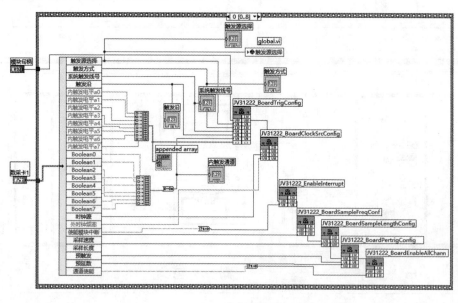

（a）

图 12.1.2　数采卡参数设置程序框图

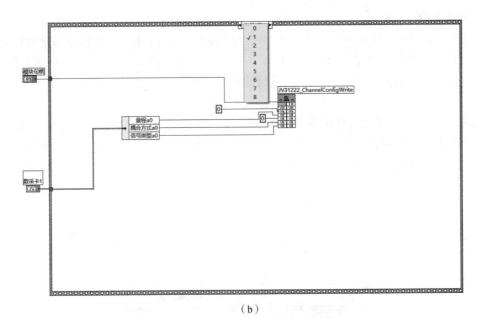

（b）

图 12.1.2 数采卡参数设置程序框图（续）

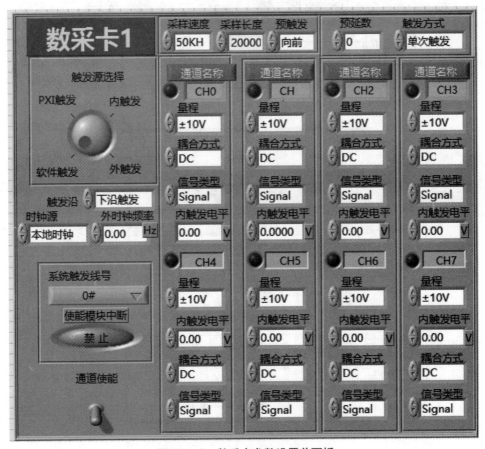

图 12.1.3 数采卡参数设置前面板

2. 数据处理

本案例数据处理的目的在于将脉冲信号转化为转角，而脉冲数目的提取则是数据处理的难点。数据处理程序框图如图 12.1.4（a）~（c）所示，依次对应三种不同的条件选项。以测试行程的编码器信号处理为例，将原始脉冲信号通过索引数组，从第一个索引开始，如果该索引值所对应的信号幅值小于 4 V（注：具体幅值以实际测量为准，4 V 仅供参考），对应图 12.1.4（a），则将此时移位寄存器的值传递给新的移位寄存器，实际上脉冲数目值不变；如果索引点对应的信号幅值大于 4 V，且下一个索引点对应的幅值不小于 4 V，对应图 12.1.4（b），则不计入脉冲数；只有当当前索引对应的幅值大于 4 V 且下一索引对应的幅值小于 4 V，对应图 12.1.4（c），才视该索引点为有效值，计入脉冲数。通过索引值的累加，最终可以判断出脉冲数目并进行相应计算从而得出缠度值。

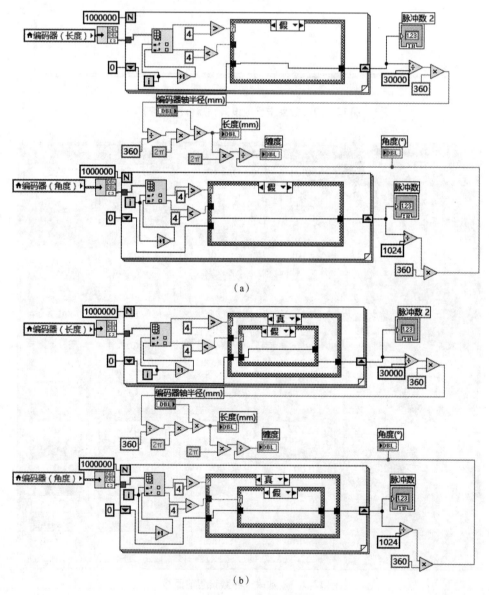

（a）

（b）

图 12.1.4　数据处理程序框图

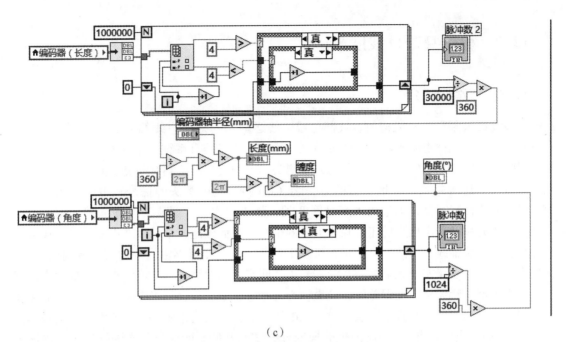

（c）

图 12.1.4　数据处理程序框图（续）

12.1.3　软件分析与总结

本案例的程序前面板如图 12.1.5 所示，输入编码器的半径，通过转角信号的采集与处理就可以完成缠度的测试。值得一提的是，LabVIEW "工具"选板里面有着丰富的颜色设置，软件设计时可以适当对前面板的颜色画面进行改动，使软件看起来更加悦目。但是如果仅偏重于画面本身而不注重软件的实用性，就失去了运用 LabVIEW 的初衷，还望读者把握平衡。

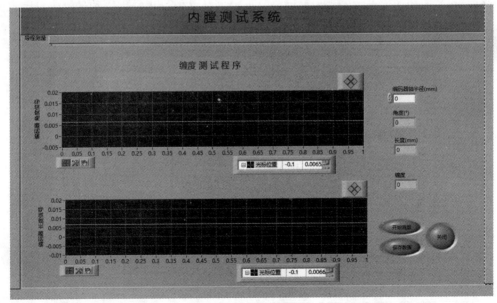

图 12.1.5　程序前面板

12.2 枪炮身管直线度测试

12.2.1 案例简介

直线度即被测直线（机构的直线部分或直线运动）与理想直线偏离的大小。测量枪炮身管直线度时，先把由激光器和光学准直系统构成的激光准直系统置于火炮身管的一端（A端），用 2D – PSD 光电位置探测器作为光电测头，手动爬行器前端有一突出的轴，可以与光电测头方便地连接并置于火炮身管的另一端（B端）。光电测头的信号经电缆输出。检测前，光电测头由爬行器带动进入火炮身管 B 端，静止在炮口。调节 A 端激光器的角度调节机构，使激光束经光学准直后正射在光电靶的中心，从而确定光束基准并以此激光束作为被检测炮管的理想轴线。检测时，由主控机发出信号，控制爬行器沿火炮炮管内壁向前行进，火炮内膛的直线度误差使光电测头与激光光束之间产生相对移动，光电测头可以提取直线度信息。当火炮身管无直线度误差时，光束中心与光电靶中心重合，光电靶各侧面受光面积相同，输出信号相同；当有直线度误差时，光电靶中心会偏离光束中心，四侧面输出信号不同（与各个侧面受光面积有关），所产生的携带直线度误差信息的信号经电缆线输出，进而由主控机处理并给出结果。

将 PSD 光电位置探测器按照接线方式接入 PCI 上，使用纵横八通道数采卡 JV31222 采集数据。

12.2.2 软件实现

本案例的程序改编自案例 12.1，由于使用同一款数采卡，数据采集部分可以不做改动，只需要对数据处理部分做相应的改进即可，案例的主程序框图如图 12.2.1 所示。与案例 12.1 的图 12.1.1 相比，主要在数据处理时对坐标做了平均。获取每一个坐标值之后，还需要导入数据至数组以及数组计算处理。

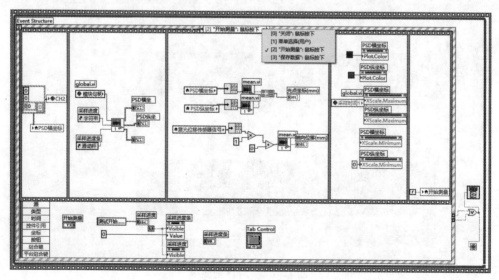

图 12.2.1　主程序框图

1. 数据导入

数据导入的程序框图如图 12.2.2 所示。利用事件结构的导入按钮可以将每一次测量出的横坐标和纵坐标求平均之后创建数组，再导入二维数组。

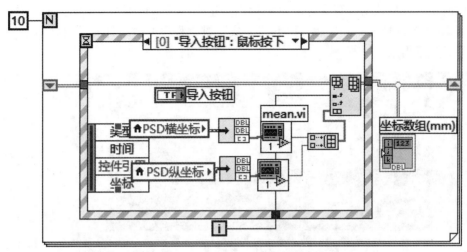

图 12.2.2　数据导入程序框图

2. 数组计算

直线度的计算方法如下：设有 n 组坐标，以第 1 组坐标为基准坐标，求出其余 $n-1$ 组坐标与第 1 组坐标的距离，这 $n-1$ 组中距离的最大值就是直线度。参照定义，数组计算的程序框图如图 12.2.3 所示。按下"采集完成"按钮，事件触发，程序开始运行。使用 For 循环与索引数组将 10 组坐标分开，然后利用拆分一维数组函数将坐标拆为横坐标与纵坐标。同时，将基准坐标通过索引数组拆成基准横坐标和纵坐标。于是，利用距离计算公式得到每一组坐标与基准坐标的距离值。将这些距离值组合成数组，使用数组最大值函数就可以计算出直线度。

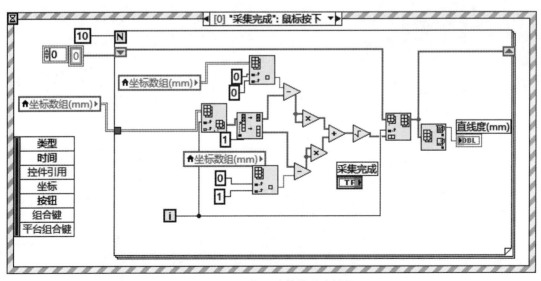

图 12.2.3　数组计算的程序框图

12.2.3　软件分析与总结

本案例的程序前面板如图 12.2.4 所示，单击"开始测量"按钮，可以测量出每一组坐标值，同时也可以将数据进行保存。每测量出一组坐标，可以通过"确定导入"按钮导入数据，当 10 组数据导入完成之后，按下"完成"键，程序的数组计算模块开始运行，给出计算结果并显示出来。

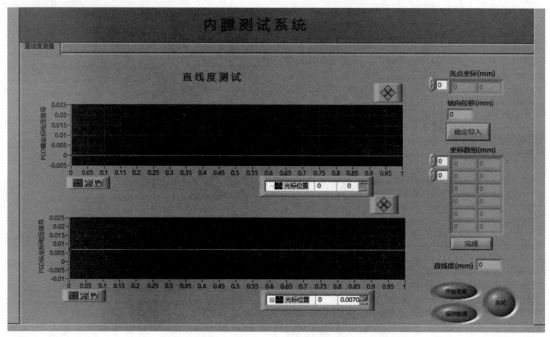

图 12.2.4　程序前面板

第 13 章 基于 VXI 总线的仪器应用

VXI 总线是 VMEbus Extension for Instrumentation 的缩写，即 VME 总线在测量仪器领域的扩展。这是一种新型测量仪器的标准总线，其总线标准是一种在世界范围内完全开放的、适用于各国不同的厂家、不同应用领域的行业标准。由于它是电子仪器发展史上一个重要的里程碑，因此被国内外专家誉为"跨世纪的仪器总线""划时代的技术成果"，并被认为是电子仪器和自动测试领域的"第三次革命"。VXI 总线系统自 20 世纪 80 年代末问世以来，对国际仪器仪表自动化测控技术的发展产生了重大影响，已成为国内外关注的"热点"。VXI 总线系统具有标准化、通用化、系列化、模块化的显著优点。下面通过案例对 VXI 总线的应用作详细说明。

13.1 案例简介

VXI 总线作为美国空军自动测试设备的标准，由于其军队保密的特殊性，国内一般较少采用 VXI 总线仪器实现测试，笔者接触的 VXI 虚拟仪器设计经验也极少。以下引用董介春《基于 VXI 总线的虚拟计数器的设计》一文提及的相关内容，希望有助于加深读者对 VXI 总线的理解。

由于基于 VXI 总线的计数器模块是将传统的计数器按照 VXI 总线规范的要求做成插卡式仪器，插入 VXI 总线主机箱中，其基本原理与传统的计数器是相同的，即利用脉冲整形电路，将被测信号变成标准的脉冲信号，然后由计数器对该脉冲信号进行计数。而计数只能做累加计数，因此要实现测频率、周期、时间间隔等多种功能，需在计数器前增加闸门电路。在闸门时间间隔 T_B 内，闸门开启，计数器即对被测信号计数；在 T_B 之外闸门关闭，计数器则停止计数。故计数电路累加的计数值 $N = T_B/T_A = f_A/f_B$，式中 f_A 为闸门"1"端输入的计数信号频率，T_B 为闸门"2"端输入的闸门脉冲持续时间。

当闸门"1"端加入不同的计数信号 A（未知或已知），而"2"端加入不同的时间控制信号 B（未知或已知），且一般 $f_A \geqslant f_B$ 时，即可实现频率、周期、时间间隔、脉宽等多种测量功能。通常，加入"1"端的计数信号 A 有被测信号、内部时标信号，加入"2"端的闸门信号 B 有被测信号（周期为 T）、内部闸门信号、两被测信号（时间间隔为 t_{2-1}）、被测信号（脉宽为 t）。按照计数信号和闸门信号的不同组合，即可实现表 13.1.1 所示测量功能。

表 13.1.1　测量功能

序号	计数信号输入端（A）	闸门信号输入端（B）	测试功能	技术结果
1	内部时标信号（T_0）	内部闸门信号（周期为 T）	自检	$N = T/T_0$
2	被测信号（f_x）	内部闸门信号（周期为 T）	频率测量	$f_x = N/T$
3	内部时标信号（T_0）	被测信号（周期为 T_x）	周期测量	$T_x = N \cdot T_0$
4	内部时标信号（T_0）	两被测信号（时间间隔为 t_{2-1}）	时间间隔测量	$t_{2-1} = N \cdot T_0$
5	内部时标信号（T_0）	被测信号（脉宽为 t）	脉宽测量	$t = N \cdot T_0$
6	被测信号 1（f_1）	被测信号 2（f_2）	频率比测量	$f_1 / f_2 = N$

其中，时间间隔的测量是把两路被测信号同时加到闸门输入端 B，闸门开启的时间实际上是两路信号同相位点之间的时间间隔 t_{2-1}。为了增加测量的灵活性，可以通过选择两路输入信号不同的有效沿去触发闸门控制电路。因此，两路信号间的时间间隔测量共有 4 种方式：两路信号上升沿—上升沿、上升沿—下降沿、下降沿—上升沿和下降沿—下降沿时间间隔。

多功能计数器模块中采用了消息基器件接口方案，将其集成到 VXI 总线平台上，主要完成频率、周期、时间间隔、脉宽及频率比等时间参数的测量。该模块借鉴传统计数器的工作原理，由 8031 单片机统一控制，在系统设计上严格遵照 VXI 总线规范和 VME 总线设计标准，能执行 IEEE488.2 标准和 SCPI 命令，能支持字串行协议。本模块在与 VXI 总线的接口电路中使用了 A16 地址空间，能进行 16 位数据传输，使用两片双端口 RAM 作为 VXI 总线与 8031 的共同存储体，将每片的最低 64 个字节作为 VXI 总线接口的配置寄存器和通信寄存器，由译码电路对各单元电路进行寻址。本模块具有中断能力，可向 VXI 总线请求中断服务，由 8031 单片机通过数据线向 VXI 总线发出中断向量，控制数据传输应答线进行应答，并将数据放在数据线上，命令者模块可以读取此数据，待数据被读取后，就释放数据传输应答线。功能电路由输入通道、闸门控制电路、计数电路等组成，其中输入通道由阻抗变换电路、放大电路和整形电路组成，闸门电路是用来产生计数器的门控信号，计数电路采用了专为微机系统设计的 Intel 8254-2 芯片作为计数部件，由于它本身带有信号输入端 CLK 和闸门控制端 GATE，相当于闸门的 "1" 和 "2" 端，所以 Intel 8254-2 能同时起到闸门和计数电路的双重功能。因此将其 3 个计数器经过合理组合，就可得到计数电路和分频电路。软件设计采用汇编语言编写，通过 VXI 总线接收外部主控制器发送来的命令和数据，以控制计数器进行频率、周期等测量，测量完成后进行数据处理，并将结果通过 VXI 总线送往 CRT 显示。

13.2　软件实现

根据功能，测试软件可以分为两部分。一部分是用户界面，这部分是按用户要求，根据测试对象编写的，主要是显示测试结果和完成人机对话；另一部分是测试程序，完成对 VXI

模块的操作，并处理和取得测试结果。虽然对于不同的测试任务，测试程序所执行的功能不同，但所有测试任务又都有一些共同之处，即每一个测试任务都分为若干个测试单元，每一个测试单元都完成一项测试功能，并取得结果以及对结果进行处理，这样就可以编写一个子程序完成对每一测试单元的测试。其中模拟频率比测试部分的程序框图如图 13.2.1 所示。

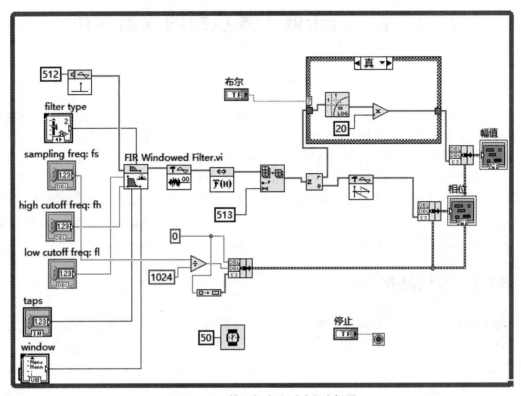

图 13.2.1　模拟频率比测试程序框图

13.3　软件分析与总结

受相关条件限制，本案例无法提供实现计数器功能的全部程序，有兴趣的读者在有条件的情况下可以试着编写完整的程序。

第 14 章　基于嵌入式总线的仪器应用

　　嵌入式系统是一种专用的计算机系统，它是软件和硬件的综合体。一般，嵌入式系统的构架可以分成四个部分：处理器、存储器、输入/输出（I/O）和软件。嵌入式系统中的各个部件之间是通过一条公共信息通路连接起来的，这条信息通路称为总线。为了简化硬件电路设计和系统结构，常用一组线路，配置以适当的接口电路，与各部件和外围设备连接，即总线。采用总线结构便于部件和设备的扩充，尤其是制定了统一的总线标准则更容易使不同设备间实现互连。下面通过实例"基于 LabVIEW 和 ARM 嵌入式数据采集与远程传输控制系统"对嵌入式总线应用作详细说明。

14.1　案例简介

　　基于嵌入式网络的远程数据采集系统具有不受地理环境、气候、时间的影响，小型便携，使用灵活方便，交互操作性好，传输速率高，可靠性高，功耗低和移动性好等优点。目前常用的嵌入式 CPU 中，ARM 由于性价比在同类产品中比较突出，用得越来越多，尤其是结合开源的嵌入式 Linux 操作系统以后，更是得到越来越多设计者的青睐。LabVIW 作为一种功能强大、简单易用和设计灵活的图形化编程语言，已经广泛地被工业界、学术界和研究实验室所接受，越来越多地应用在虚拟仪器、测试测量、数据分析、信号处理以及远程控制中。本设计中，远程数据采集系统采用基于 ARM 和嵌入式 Linux 的方案来实现。采用高性能的 ARM 嵌入式微处理器 SamsungS3C2440 作为系统的核心，结合数据采集、下变频、存储模块，实现了数据高速实时采集。同时，利用处理器外部配备的以太网控制器 CS8900 完成与主机上运行的 LabVIEW 服务器通信，实现数据的传输与系统的远程控制。

1. 系统整体结构

　　采用 SamsungS3C2440 作为前端数据采集系统的核心控制器件。系统的整体设计任务分为信号采集与下变频、数据存储与传输、信号显示与处理分析等。整体设计方案构架如图 14.1.1 所示。

　　信号采集部分采用 ADI 公司的 AD9244 完成，AD9244 是一款 14 bit，40/65 MSPS 的高性能 ADC。为了满足 AD9244 差分输入的要求，在信号的输入端配合了 AD8138 低失真单端转差分 ADC 驱动芯片。信号采集完成后，送至 AD6620 正交数字下变频器（Digital Down Conversion，DDC）处理，经过抽取和滤波后的 I、Q 两路正交信号在其输出的数据有效以及 I/Q 指示信号的配合下，由 FPGA 产生静态随机存取存储器（Static Random Access Memory，SRAM）存储时序并存储至 64 K×16 bit 的 SRAM 中。

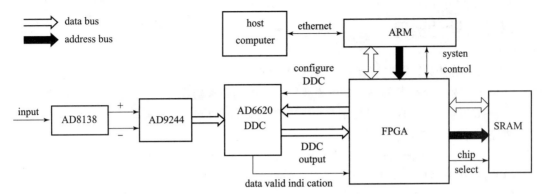

图 14.1.1　整体设计方案构架

在 FPGA 中主要完成 SRAM 读写时序产生、SRAM 读写地址生成、数据通道选择等工作，FPGA 中的逻辑在一个 16 bit 的控制字寄存器的控制下有序地工作。当 SRAM 中存储一定量的数据后产生中断信号，提示 ARM 将数据取走。为了提高系统的速度，ARM 采用直接数据存储（Direct Memory Address，DMA）方式读取数据。之后运行在 ARM 上的客户端程序将数据通过网络发送给远程主机。远程主机上的 LabVIEW 服务器程序对收到的数据进行显示、频谱分析、存储回放等处理，同时远程主机的控制信号以及为下变频器 AD6620 设计的滤波器文件也可以通过网络发送给客户端，实现远程控制。

2. 现场数据采集系统的硬件设计

1）ADC 设计

外部模拟信号从 SMA（Sub Miniature – A）接口输入，隔离直流后进入 AD8138 ADC 驱动芯片，AD8138 将单路输入信号变成两路差分信号，送至 AD9244 转换。AD9244 中几个重要引脚的含义及接法如下：

（1）CML（Common Mode Reference）：串联一个 0.1 μF 的电容后接地。

（2）DCS（Duty Cycle Stabilizer）：接 +5 V 电源时表示转换时钟为 50% 占空比，接地表示转换时钟的上升沿与下降沿均由外界控制。本设计中 DCS 接 +5 V 电源。

（3）SENSE：接地时将输入信号峰峰值的范围限制为 1 V，接 VREF 时将输入信号峰峰值的范围限制为 2 V。本设计中 SENSE 接 VREF。

（4）DFS（Data Format Select）：接 +5 V 电源时输出数据格式为补码，接地时为直接二进制码输出。由于 AD6620 将其输入数据解释成补码，本设计中 DFS 接 +5 V 电源。

2）AD6620 设计

AD6620 的任务是将高速数据流变成当前可实时处理的中低速数据流。在本设计中，AD6620 数据输入端代表指数含义的 3 位（EXP0 ~ EXP2）接地，且工作在单输入通道模式下（A/B = 3.3 V），以模式 0 接收来自于 ARM 的配置信息（MODE = GND），采用并行方式输出数据（PAR/SER = 3.3 V）。

3）其他设计

本设计所采用的 ARM 开发板是由广州友善之臂公司所生产的 QQ2440V3，其上有一个 44 针的系统总线接口，它与 FPGA 连接起来完成数据与控制信息的传输。FPGA 与 SRAM 的设计比较简单，这里不再赘述。

14.2 软件实现

为完成系统任务，需要实现几个方面的软件设计：

（1）正交数字下变频器 AD6620 滤波器以及控制寄存器设计。

（2）在 FPGA 上实现系统控制、SRAM 读写地址生成、数据通道选择等功能的 Verilog HDL 程序。

（3）ARM 上基于嵌入式 Linux 操作系统的数据采集硬件驱动程序。

（4）ARM 上客户端应用程序。

（5）远程主机上基于 LabVIEW 的服务器以及显示、频谱分析、存储与回放程序。

1. AD6620 滤波器及控制寄存器设计

AD 公司专门针对 AD6620 芯片推出了滤波器设计软件 Fltrdsn 以及监视控制软件 AD6620，但该软件是基于计算机并口与 AD6620 芯片连接的，不适应设计中远程数据传输与控制、多客户端的任务要求。可以利用该软件将设计成功的滤波器以及配置文件保存下来，利用 LabVIEW 的文件处理功能自动将信息提取出来，通过网络远程配置 AD6620。

2. FPGA 逻辑设计

FPGA 内部逻辑电路结构如图 14.2.1。考虑到后续设计的需要，FPGA 内部使用 ARM 地址总线的低 3 位来选择当前操作的模块，具体的地址与内部模块对应关系见表 14.2.1。

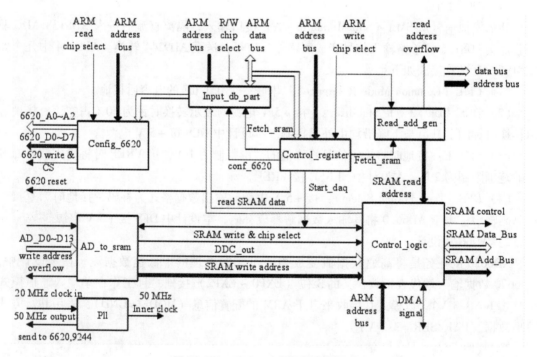

图 14.2.1 FPGA 内部逻辑电路结构

表 14.2.1 ARM 地址总线与 FPGA 内部模块之间的对应关系

ARM address（ARM ADD [3:1]）	corresponding module
000	Control_register
001	Config_6620
010	Control_logic
others	reserved

图 14.2.1 中各模块功能进一步说明如下：

（1）Input_db_part：双向数据总线分离。配合由 Control_register 送来的控制信号，在 Conf_6620 有效时将数据总线上的数据送至 Config_6620 模块，完成 AD6620 配置，在 Fetch_sram 信号有效时将读 SRAM 得到的数据传送至 ARM 数据总线。

（2）Control_register：控制寄存器。内部模块有序工作的核心，具体的控制定义见表 14.2.2。

表 14.2.2 控制寄存器定义

Control_register bit	control definition
0	Start_daq：start data acquisition
1	Fetch_sram：read SRAM data
2	Conf_6620：configure AD6620
3	AD6620_reset：AD620 hardreset
4 ~ 15	reserved

（3）Config_6620：配置 AD6620。此模块在 Conf_6620 位有效时接收由 ARM 传来的 AD6620 配置信息，完成 DDC 滤波器和控制寄存器配置。它除了本身使用 ARM 地址总线的 3 位 ARM ADD [3:1] 作为 FPGA 内部模块选择之外，还用了 ARM ADD [6:4] 作为 AD6620 的外部接口寄存器地址。Rdy in 信号用于指示写入操作成功，ARM 检测到此信号有效后，进行下一次的写操作。

（4）Pll：锁相环。Cyclone EP1C6Q240 中有 2 个锁相环模块，设计中使用了其中的一个将 20 MHz 的时钟倍频至 50 MHz，供 AD9244、AD6620 和 FPGA 内部使用。

（5）AD_to_sram：AD6620 输出数据写入 SRAM 时序产生模块。AD6620 工作在单通道模式时典型输出时序如图 14.2.2 所示。

此模块主要完成的功能有：用 2 个数据锁存器在 DV 与 IQ 信号的控制下锁存 I 路和 Q 路数据，产生写 SRAM 所需的地址。由于 AD6620 抽取率较高，输出数据率一般较低，在模块中使用了状态机在 2 次有效数据期间产生写 SRAM 的时序。此外，当写地址到达设定值时，模块产生写溢出中断，提示 ARM 改变控制寄存器内容，读取数据。

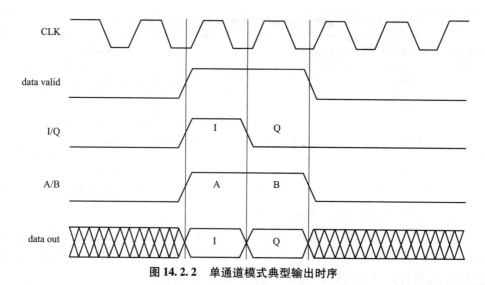

图 14.2.2 单通道模式典型输出时序

（6）Read_add_gen：读地址产生。在 Fetch_sram 位的控制下，产生读 SRAM 时的地址，当读地址到达设定值时，产生读溢出中断，提示 ARM 改变控制寄存器内容，进行下一步操作。

（7）Control_logic：控制逻辑。模块在 Start_daq 有效时选择由 AD_to_sram 模块产生的写 SRAM 的地址、数据与控制总线与 SRAM 相接，而在 Fetch_sram 有效时选择读 SRAM 的地址、数据与控制总线与 SRAM 相接。与 DMA 读取有关的请求与响应信号也在此模块中处理。

3. 嵌入式 Linux 驱动程序设计

驱动程序是硬件与应用程序的接口。针对设计任务与硬件特点，在驱动程序中设计了以下函数：

（1）AD6620_read：申请 DMA 缓存，睡眠等待写溢出中断到来，DMA 传输完成后，将数据从内核空间传送至用户空间，释放 DMA 缓存。

（2）AD6620_ioctl：核心是一个 Switch 选择结构，根据应用程序中的用户命令完成初始化 DMA、写控制寄存器或者配置 AD6620 的工作。

（3）AD6620_open：主要完成 DMA 通道参数设置，初始化 I/O 端口和信号量。

（4）AD6620_release：完成与 AD6620_open 相反的工作，主要是一些清理和释放申请资源的工作。

函数编写好后，通过下面的 file_operations 结构体联系起来。

（5）AD6620_init：初始化函数，完成驱动程序注册、中断与中断处理函数注册、创建设备文件节点等。其中驱动程序注册的核心就是上面的 file_operations 结构体。

驱动程序编写好后，用户就可以在应用程序中调用这些函数，实现通过一组标准化的调用来操作底层硬件。

4. 客户端应用程序

客户端应用程序为了保证数据与控制信息的可靠传输，采用的是基于 TCP 协议的 Socket 网络编程。本次设计客户端运行在 ARM 上，采用的是 Linux 下的 C 编程；而服务器端运行在远程主机上，利用 LabVIEW 的图形化语言实现。具体客户端的通信与控制流程如图 14.2.3 所示。

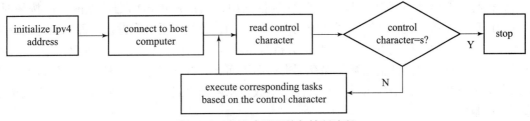

图 14.2.3　客户端通信与控制流程

可以看出，客户端是依赖于读取由远程主机发送的控制字符来完成实时控制，实现与服务器端的交互操作的。因此，无论是客户端还是服务器端，每一次发送数据与控制信息时都会发送一个控制字符，接收端就是依靠识别此字符来完成相应的操作。表 14.2.3 中给出了控制字符与所执行操作之间的对应关系。

表 14.2.3　控制字符与对应操作之间的关系

control character	corresponding operation
l	receive AD6620 filter design and control registers configuration files
d	change the contents of dynamic AD6620 registers based on address
s	start data acquisition
r	tansmmit SRAM data
e	stop system

5. LabVIEW 服务器程序设计

服务器端的完整程序如图 14.2.4 所示。服务器在指定的端口上侦听，等待远程客户端的连接。程序的核心是两个循环框，上面的循环框完成发送数据和控制信息的任务，主要包括传送 AD6620 滤波器设计与控制寄存器配置文件、实时改变 AD6620 可动态配置寄存器内容、开始数据采集以及停止系统控制等模块。

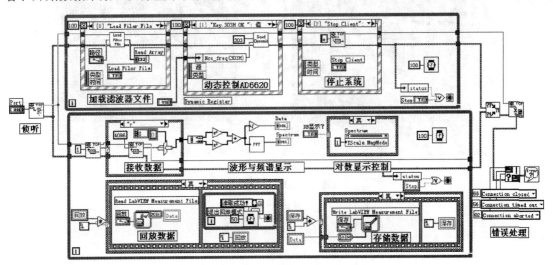

图 14.2.4　服务器端程序

数据与控制信息内容放在 LabVIEW 事件框图中，当用户单击前面板上的控制按钮时，相应的信息被发送，这样就避免了系统无休止地查询，节约了系统资源。下面的循环框完成读 SRAM 数据接收、分离 IQ 信号、频谱分析与显示等，当用户使得存储文件路径不为空时，可以将此时数据显示控件上的数据保存下来；而当回放文件路径不为空时，用户可以回放之前保存的历史数据。频谱显示控件有线性与对数显示两种格式，它受前面板上的一个系统复选框的控制。

14.3　软件分析与总结

本节采用了 3 组实验来验证设计的正确性。实验条件：现场数据采集系统 IP 地址 192.168.1.230，远程主机 IP 地址 192.168.1.1，二者位于同一个局域网内。系统工作主频为 50 MHz，AD6620 滤波器为低通滤波器，通带截止频率为 10 kHz，阻带截止频率为 15 kHz，通带内衰减 0，阻带衰减 −60 dB，三级滤波器的抽取系数分别为 10，25，2。

第 1 组实验的输入信号为单频信号，频率为 1.005 MHz，幅值为 250 mV，AD6620 中 NCO 频率字设定为 1 MHz。实验恢复的 I 路信号及其频谱分析如图 14.3.1（a）所示。从实验结果来看，系统采集数据频率准确，较好地恢复了信号。第 2 组实验的输入信号为调幅信号，载波频率为 1 MHz，幅值为 250 mV，单音调制信号频率为 3 kHz，调制深度为 30%。AD6620 中 NCO 频率字设定为 1 MHz。实验恢复的信号与频谱分析如图 14.3.1（b）所示。这时从频谱图上可以清晰地看出，差频之后，在零频周围 300 Hz 处有 1 根清晰的谱线。第 3 组实验的输入信号为单频信号，频率为 1.018 MHz，幅值为 250 mV，AD6620 中 NCO 频率字设定为 1 MHz。实验恢复的 I 路信号与频谱分析见图 14.3.1（c）所示。此时由于信号处于滤波器通带之外，衰减很大，不能恢复信号。I 路信号显示图中类似于"毛刺"的信号是由电路底噪声在 AD6620 中运算所产生的。综合 3 组实验的结果，可以看出案例成功实现。

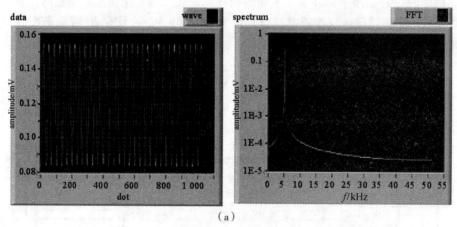

（a）

图 14.3.1　实验结果

（a）单频信号

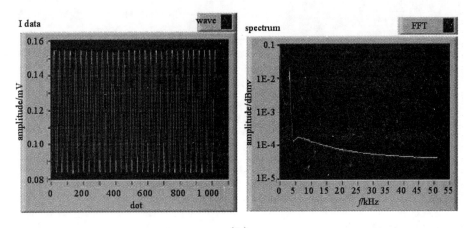

（b）

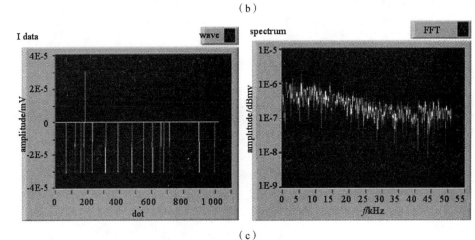

（c）

图 14.3.1　实验结果（续）

（b）调幅信号；（c）噪声信号

第 3 篇　LabVIEW 实验与简单应用

第 15 章 实 例 操 作

15.1 LabVIEW 开发环境

使用 LabVIEW 开发平台编制的程序称为虚拟仪器程序，简称 VI。VI 包括三个部分：前面板、程序框图和图标/连接器。

前面板是 VI 程序的用户操作界面，是 VI 程序的交互式输入输出接口，通常使用输入控件和显示控件来创建前面板，因此它可用于设置输入数值和观察输出量，用于模拟真实仪表的前面板。在前面板上，输入量被称为控制（Controls），输出量被称为显示（Indicators）。控制和显示是以各种图标形式出现在前面板上的，如旋钮、开关图标、指示灯、转盘、按钮、图表、图形等，这使得前面板直观易懂。

每一个前面板都对应着一段程序框图，前面板创建完毕之后，可使用程序框图来添加源代码，程序框图是图形化源代码的集合，它决定 VI 的运行方式，用 LabVIEW 图形编程语言编写，可以把它理解成传统程序的源代码。

创建 VI 前面板和程序框图之后，可以创建 VI 图标/连接器，以便将该 VI 作为子 VI 来调用。图标/连接器是子 VI 被其他 VI 调用的接口，它相当于文本编程语言中的函数原型。图标是子 VI 在其他程序框图中被调用的节点表现形式，它位于前面板和程序框图窗口的右上角，可包含文字、图形、图文组合；而连接器则表示节点数据的输入/输出口，就像函数的参数。用户必须指定连接器端口与前面板的控制和显示一一对应，若要将 VI 作为子 VI 被其他 VI 调用，需要创建连线板，连线板集合了 VI 的各个接线端，与 VI 前面板中的空间相互呼应，类似于文本编程语言中调用函数时使用的参数列表连线板，明确标明了可以与该 VI 连接的输入输出端子，以便 VI 作为子 VI 调用。LabVIEW 的强大功能归因于它的层次化结构，用户可以把创建的 VI 程序当作子程序调用，以创建更复杂的程序，而这种调用的层次是没有限制的。

LabVIEW 具有多个图形化的操作模板，用于创建和运行程序。这些操作模板可以随意在屏幕上移动，并可以放置在屏幕的任意位置。操作模板共有三类，分别为"工具"（Tools）选板、"控件"（Controls）选板和"函数"（Functions）选板。

"工具"选板为编程者提供了各种用于创建、修改和调试 VI 程序的工具。如果该选板没有出现，则可以在"Windows"菜单下选择"Show Tools Palette"命令以显示该选板。当从选板内选择了任一种工具后，鼠标箭头就会变成该工具相应的形状。当从"Windows"菜单下选择了"Show Help Window"功能后，把"工具"选板内选定的任一种工具光标放在程序框图的子程序（SubVI）或图标上，就会显示相应的帮助信息。程序框图中的"工具"选板与前面板中介绍的"工具"选板完全一致，打开与关闭方式也一致，"工具"选板可以同时位于前面板和程序框图中。

与"工具"选板不同，"控件"选板和"函数"选板只显示顶层子选板的图标。在这些顶层子选板中包含许多不同的控制或功能子选板，通过这些控制或功能子选板可以找到创建程序所需的面板对象和框图对象。用鼠标单击顶层子选板图标就可以展开对应的控制或功能子选板，只需按下控制或功能子选板左上角的大头针就可以把这个子选板变成浮动板留在屏幕上。

用"控件"选板可以给前面板添加输入控制和输出显示。每个图标代表一个子选板。如果"控件"选板不显示，可以用"Windows"菜单中的"Show Controls Palette"功能打开它，也可以在前面板的空白处单击鼠标右键，以弹出"控件"选板。"控件"选板包括新式、系统、经典、Express 方式的控件，以及其他选板安装的工具包和用户自定义的控件。在新式、系统、经典方式中，根据不同输入控件和显示控件的类型，控件被归入不同的子选板之中，子选板包括数值控件（如滑动杆和旋钮）、布尔控件（如按钮和开关）、字符串和路径、数组、簇、列表框、树形控件、图表、表格、下拉列表控件、枚举控件和容器控件等。

"函数"选板中包括创建程序框图所需要的函数和 VI，"函数"选板仅位于程序框图窗口，"函数"选板是创建程序框图的工具，函数和 VI 按照不同的类型被归入不同的子选板中。该选板上的每一个顶层图标都表示一个子选板。若"函数"选板不出现，则可以用"Windows"菜单下的"Show Functions Palette"功能打开它，也可以在程序框图窗口的空白处单击鼠标右键以弹出"功能"子选板。函数和 VI 的类型包括编程、测量 I/O、仪器 I/O、数学、信号处理、数据通信、互连接口、Express，以及用户自定义和收藏的函数和 VI 类型。

在启动窗口创建一个 VI 程序时，选择"文件"→"新建 VI"命令，新建一个新的空白VI 程序，此时，系统将自动显示 LabVIEW 的前面板工作界面，"工具"选板和"控件"选板都出现在前面板工作界面，设计一个 VI 程序时，需要设计前面板、程序框图和图标/连接器三部分。在实际设计中，具体步骤也大体按照这三个部分分别或者交叉进行。

1. 前面板

使用输入控制和输出显示来构成前面板。控制是用户输入数据到程序的接口，而显示是输出程序产生的数据接口。控制和显示有许多种类，可以从"控件"选板的各个子选板中选取（单击所选控件，光标变成手掌形状），按住鼠标不放，拖曳至适当的位置后再松开鼠标，即可将所需的控件置于前面板窗口工作区；也可以单击选择所需控件之后，将光标移动至工作区适当位置再单击，同样可以放置控件。

两种最常用的前面板对象是数字控制和数字显示。若想要在数字控制中输入或修改数值，只需要用操作工具（见"工具"选板）单击控制部件和增减按钮，或者用操作工具或标签工具双击数值栏进行数值输入或修改即可。

2. 程序框图

创建前面板后，前面板窗口中的控件在程序框图窗口中对应为接线端。在前面板窗口中的主菜单选项选择"窗口"→"显示程序框图"命令（或者按快捷键 Ctrl + E），或者直接双击所添加的框图对象，即可将前面板的设计界面切换到程序框图窗口，即程序框图的创建界面。从程序框图可以选择或添加所需要的函数对象、编程对象等各种与编程有关的函数对象。

程序框图是由节点、端点、图框和连线四种元素构成的。

节点：节点类似于文本语言程序的语句、函数或者子程序。LabVIEW 有两种节点类型——函数节点和子 VI 节点。两者的区别在于：函数节点是 LabVIEW 以编译好了的机器代码供用户使用的，而子 VI 节点是以图形语言形式提供给用户的。用户可以访问和修改任一子 VI 节点的代码，但无法对函数节点进行修改。

端点：端点是只有一路输入/输出，且方向固定的节点。LabVIEW 有三类端点——对象端点、全局与局部变量端点和常量端点。对象端点是数据在程序框图部分和前面板之间传输的接口。一般来说，一个 VI 的前面板上的对象（控制或显示）都在程序框图中有一个对象端点与之一一对应。当在前面板创建或删除对象时，可以自动创建或删除程序框图中相应的对象端点。控制对象对应的端点在程序框图中是用粗框框住的，它们只能在 VI 程序框图中作为数据流源点。显示对象对应的端点在框图中是用细框框住的，它们只能在 VI 程序框图中作为数据流终点。常量端点永远只能在 VI 程序框图中作为数据流源点。

图框：图框是 LabVIEW 实现程序结构控制命令的图形表示。如循环控制、条件分支控制和顺序控制等，编程人员可以使用它们控制 VI 程序的执行方式。代码接口节点（CIN）是程序框图与用户提供的 C 语言文本程序的接口。

连线：连线是端口间的数据通道。它们类似于普通程序中的变量。数据是单向流动的，从源端口向一个或多个目的端口流动。不同的线型代表不同的数据类型。在彩显上，每种数据类型还以不同的颜色予以强调。当需要连接两个端点时，在第一个端点上单击连线工具（从"工具"选板调用），然后移动到另一个端点，再单击第二个端点。端点的先后次序不影响数据流动的方向。

当把连线工具放在端点上时，该端点区域将闪烁，表示连线将接通该端点。当把连线工具从一个端点接到另一个端点时，不需要按住鼠标键。当需要连线转弯时，单击一次鼠标键，即可以正交垂直方向弯曲连线，按空格键可以改变转角的方向。

15.2　LabVIEW 实例

下面对 LabVIEW 的部分实例进行详细介绍，从实例中学习 LabVIEW 强大的图形化编程魅力。

[例 15.2.1]　利用合适的数组函数，计算数组元素总个数；提取数组中第 3 行的元素，循环后移 2 位；指定数组第 0 行所有元素；合并数组；计算数组的最大值、最小值；转置数组。

数组是文本程序设计中使用最广泛的数据类型之一，LabVIEW 中数组是相同数据类型元素的集合，由元素和维数两个参数定义；同时，不同于 C 语言及其他编程语言的是，LabVIEW 中的数组可以根据元素的多少动态改变大小，从而节省空间。元素是数组中每个单元的数值、维数。数组中的元素可以是任何基本数据类型，如数值型、布尔型、字符串型等。在前面板创建数组控件建立数组的步骤如下：

（1）从"数组和类"子选板（"Controls"→"All Controls"→"Array & Cluster"）上选中"数组"（Array）命令，放置在前面板设计窗口中，此时为一个数组空壳，可以向里面添加（用拖曳的方法）数字、布尔、字符等数据类型的控制器和指示器，来建立相应的数组控制器和指示器。此时可以看到数组上有以下两个显示窗：

标号显示窗：标号从 0 开始，每单击一次"增加"键，标号显示值按顺序递增。这个标号就是数组元素的序号；对于一个含 n 个元素的数组，其标号为 $0 \sim n-1$。

元素显示窗：用来显示元素的数值。数组中的元素按序号排列。数组元素的查找按行/列标号进行。

（2）增加维数。鼠标右键单击标号窗口，弹出一个快捷菜单，选择"添加维度"选项来增加数组的维数。每单击"添加维度"选项一次，就增加一维；也可以通过直接改变索引框的大小来增减维数；或者选择数组的右键快捷菜单选项"属性"，在弹出的"属性"对话框中改变数组的维数。

下面分别介绍选用的函数、程序框图和函数结果，操作步骤如下：

（1）使用"编程"→"数组"→"函数大小"函数计算数组的个数。函数的输入为"数组"值，如图 15.2.1 所示，根据嵌套循环的结果，可知循环输出结果为一个 4 行 5 列的数。

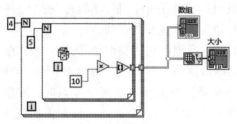

图 15.2.1　数组元素个数计算

（2）使用"编程"→"数组"→"索引数组"函数索引数组的具体行列元素。函数的输入为"数组"，指定行的索引号为"3"，由于要索引第 3 行的所有元素，因此不对函数指定索引的列号。如图 15.2.2 所示，选用"编程"→"数组"→"一维数组移位"函数，数组第 3 行元素循环后移 2 位。

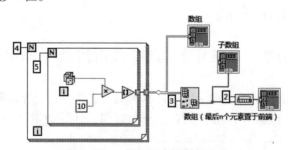

图 15.2.2　数组元素提取与移位

（3）使用"编程"→"数组"→"数组插入"函数对在数组中索引指定的位置插入元素或子数组。如图 15.2.3 所示，连线数组至该函数时，函数可自动调整大小以显示数组各个维度的索引。在 n 维数组中索引指定的位置插入元素或子数组。连接数组至该函数时，函数可自动调整大小以显示数组各个维度的索引。如未连接任何索引输入，该函数可添加新的

元素或字数组至 n 维数组之后。如索引大于数组大小，函数不对输入数组进行插入。如未连接任何索引输入，该函数可添加新的元素至数组之后。如索引大于数组大小，函数不对输入数组进行插入，输出数组函数返回的数组中已经对元素、行、列等进行替换。

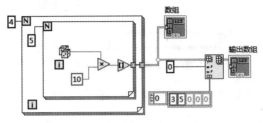

图 15.2.3　插入首行元素

（4）使用"编程"→"数组"→"添加数组"函数在数组的最后添加一行元素，数组添加的元素合并在原数组的后面，如图 15.2.4 所示，该函数连接多个数组或向 N 维数组添加元素。也可使用"替换数组子集"函数修改现有数组。

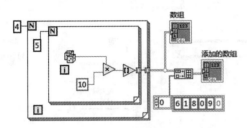

图 15.2.4　数组添加

（5）使用"编程"→"数组"→"数组最大值与最小值"函数计算数组的最值。同时返回数组所有元素的最大值、最大值索引、最小值、最小值索引，索引号是一个二维数组，包括行索引号和列索引号，最大/小值的数据类型和结构与数组中的元素一致。最大/小值索引是第一个最大/小值的索引。如数组是多维的，最大/小值索引为数组，元素为数组中第一个最大/小值的索引，如图 15.2.5 所示。

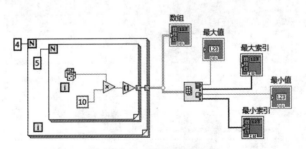

图 15.2.5　数组最值计算

（6）使用"编程"→"数组"→"二维数组转置"函数对数组进行转置，数组转置函数可以重新排列二维数组的元素，使二维数组 $[i, j]$ 变为已转置的数组 $[j, i]$。如图 15.2.6 所示，输出的结果为一个 5 行 4 列的数组。

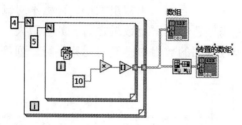

图 15.2.6　数组的转置

（7）完整的程序框图如图 15.2.7 所示。运行程序，前面板结果如图 15.2.8 所示。

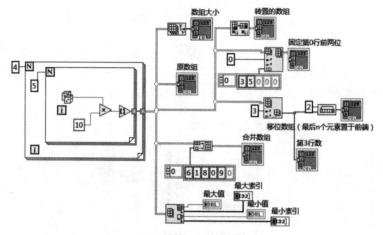

图 15.2.7　程序框图

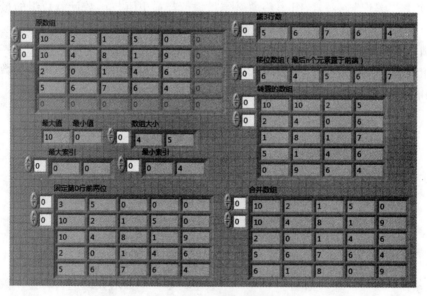

图 15.2.8　前面板结果

[例 15.2.2]　实时动态显示多条二输入可控颜色正弦曲线。

LabVIEW 的"图形"子选板（"Controls"→"All Controls"→"Graph"）提供完成各种图形显示功能的控件。这里主要介绍"图形"子选板中 3 种常用的图形控件：波形图表、波形图和 XY 图。

波形图表可以完成信号的动态显示，即每接收到一个（或一组）数据，就立即显示一个（或一组）数据，但显示的所有数据的总个数或波形的长度是一定的。新数据不断淘汰掉旧数据而得以显示。因此，这种显示方式非常适合描述数据动态变化的规律，适合实时数据的动态观察。它可以输入一维或二维数组，显示一维或二维动态波形。

属性节点可以在一个应用程序或者虚拟仪器中设定不同的属性，可以使用单击操作工具中的属性终端或者在节点的白色区域单击鼠标右键，并从弹出的快捷菜单中选择"属性节点"选项来操作；可通过单击鼠标右键，从弹出的快捷菜单中选择"全部转换为读"或"全部转换为写"来改变属性节点中各属性的读写状态。

属性节点从头至尾都起作用。只有当错误在其执行之前发生时，属性节点才停止执行，所以要不断地检查可能的错误。假如在一个属性中发生错误，LabVIEW 会忽略余下的属性并产生一个错误。

在前面板中单击鼠标右键，并在弹出的快捷菜单中选择创建一个新的属性节点时，LabVIEW 就会在程序框图中创建一个与前面板没有命名连接方式的属性节点。由于节点与创建它的位置没有说明连接方式，所以它们没有参考数字输入，所以用户不需要将属性节点连接到前面板的中断或者控制参数上。

下面分别介绍选用的函数、程序框图和函数结果，操作步骤如下：

（1）使用"编程"→"结构"→"While 循环"函数，While 循环会重复执行内部的子程序框图，直至条件接线端（输入端）接收到特定的布尔值。连接布尔值至 While 循环的条件接线端。鼠标右键单击条件接线端，在快捷菜单中选择真（T）时停止或真（T）时继续。在本例中，鼠标右键单击"循环条件"，选择"输入控件"，如图 15.2.9 所示，这时，While 循环重复执行内部的子程序框图，直至条件接线端（输入端）接收到输入控件特定的布尔值为假，跳出循环，While 循环至少执行一次。

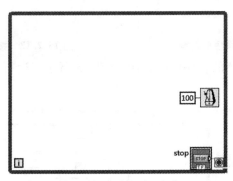

图 15.2.9 循环与延时

（2）使用"编程"→"结构"→"For 循环"函数，输出由内外循环共同控制产生的正弦函数，如图 15.2.10 所示，利用 sin 函数对输入求正弦，输出显示在循环外的波形图表中，$sin(x)$ 的输入端可以是标量数值、数值数组或簇、数值簇组成的数组等多种数据类型，输出端 $sin(x)$ 的数值表示与 x 一致。同时，外面的条件结构使得程序只有在"开始"按键按下后才能产生波形。

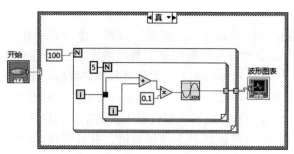

图 15.2.10　两输入正弦波形发生框

（3）在程序设计时，程序运行时常常需要用户实时修改前面板对象的颜色、大小、是否可见等属性，以达到最佳的人机交互目的，这就需要用到属性节点来实现这些功能。使用位于前面板的"新式"→"数值"→"带颜色控制盒"控件，控制显示的波形颜色，波形图表 Plot. Color 位于右击波形图表的"创建"→"属性节点"→"曲线"→"曲线颜色"中，颜色控制外面加入条件结构，根据"set"按键的状态判断是否改变颜色，如图 15.2.11 所示，若按键按下，波形图表显示曲线的颜色为颜色盒选择的颜色。

（4）当一个程序需要用一个变量来控制并行的两个或多个循环时，或当一个控件既作为显示控件又作为输入控件时，都需要用到局部变量。可以利用局部变量在程序内传递数据，也可以对前面板上的控件进行读/写操作。当鼠标右键单击"开始"和"set"按键，选择"创建"→"局部变量"选项，在循环之外创建两按键局部变量，从而使得按键都有一个初始状态量，以防程序沿用上次运行时的状态量，造成显示以及调节的不便。按键初始状态设置如图 15.2.12 所示。

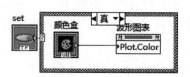

图 15.2.11　颜色的控制　　　　　图 15.2.12　按键初始状态设置

（5）加入循环后，完整的程序框图如图 15.2.13 所示。运行程序，前面板的结果如图 15.2.14 所示。

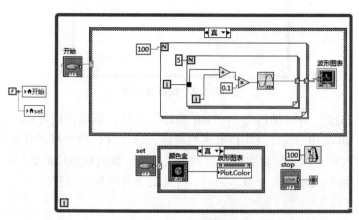

图 15.2.13　程序框图

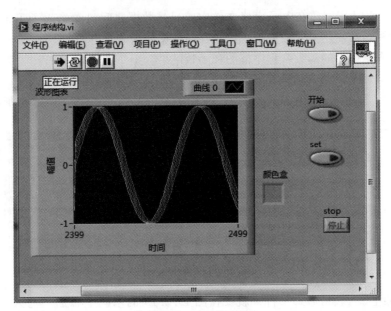

图 15.2.14　前面板

[**例 15.2.3**]　将一个二维数组写入工作表文件，然后读取工作表里的数组数据。

文件输入/输出完成的是数据和文件之间的转换，文件输入/输出功能用来解决所有的文件输入/输出问题，包括以下几方面：

（1）打开和关闭数据文件。

（2）从文件中读出数据和写数据到文件中。

（3）从电子表格中读出数据和写数据到电子表格中。

（4）文件和目录的移动以及重命名。

（5）改变文件属性。

（6）创建、修改配置文件。

一般，高级的文件输入/输出程序用来完成常见的输入/输出操作，使用方便；低级的文件输入/输出程序用来单独控制每一个文件的输入/输出操作，使用它们可编出符合特殊要求的输入/输出程序。一个典型的文件输入/输出过程包括以下几步：创建或打开文件，说明所要打开的文件位置或者所要创建文件的路径，也可以根据 LabVIEW 提供的对话框来找到文件的位置；从文件里读出或写入文件里；关闭文件。绝大多数的文件输入/输出程序和功能在输入/输出中仅需进行一次。但是，一些为通常的文件输入/输出设计的高级文件输入/输出虚拟程序则需经历以上三个步骤。尽管这些程序并不常常与低级功能具有相同的效率，但是它们很容易使用。

文件 I/O 依赖于文件的格式，用户可以用三种格式对文档进行读/写操作：文本格式、二进制数格式和数据记录格式。文件的格式取决于所获取或创建的数据以及将要访问的数据的应用范围。如果想让自己的数据在其他应用领域也同样可用，如 Microsoft Excel，则使用文本文件，因为它们最常用也最方便。

表单文件用于将数组数据存储为电子表格文件，用 Excel 等电子表格软件可以查看数据。实际上它也是文本文件，只不过它的输入数据格式可以是一维或二维数据数组，它将数据数组转换为 ASCII 码存放在电子表格文件中，只是数据之间自动加入了 Tab 符或换行符，文本文件的读写函数使用上比较简单，用它存储数据数组非常方便。

下面分别介绍选用的函数、程序框图和函数结果，操作步骤如下：

（1）使用"编程"→"结构"→"For 循环"函数，创建一个 10×8 的浮点型二维数组，其中第 x 行第 y 列元素为 $5(x-1) \times (y-1) - 3 \times random$，如图 15.2.15 所示。

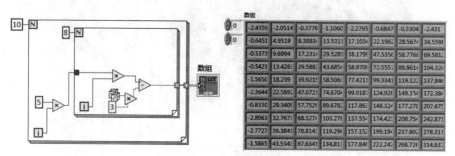

图 15.2.15　创建数组

（2）将数组写入表格形式文件，就要在图 15.2.15 的基础上添加"写入工作表"函数节点，位于"编程"→"文件 I/O"→"写入电子表格文件"中。文件的路径设置为与当下 VI 同一个根目录下，使用"编程"→"文件 I/O"→"文件常量"→"当前 VI 路径"函数，该函数总是返回 VI 的当前位置。如果 VI 的位置已更改，函数返回值也相应改变。使用"编程"→"文件 I/O"→"拆分路径"函数，拆分的路径是通过从路径末尾删除名称得到的路径。在现有路径后添加名称（或相对路径），创建新路径，使用"编程"→"文件 I/O"→"创建路径"函数。名称或相对路径引脚是要添加至基路径的新路径成分，若名称或相对路径引脚为空字符串或无效，函数可设置添加的路径为 <非法路径>；若基路径为空，名称或相对路径必须为绝对路径。其中，创建路径的输入引脚连接新命名的文件名。运行程序时，因为程序中设置文件路径和文件名，所以不会出现文件保存对话框，系统会自动创建一个已命名的工作表文件或文本文件（文本文件数据间默认以空格分开），这样数据就会按照一定的保存格式写入工作表或文本文件里面，如图 15.2.16 所示。

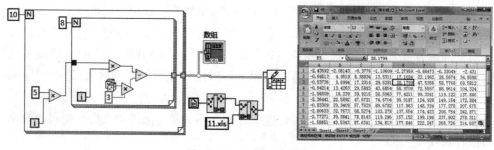

图 15.2.16　数据的保存

（3）从上一步保存的文件中读取数据，函数位于"编程"→"文件 I/O"→"读取电子表格文件"中，使用"编程"→"文件 I/O"→"文件常量"→"当前 VI 路径"函数，"编程"→"文件 I/O"→"创建路径"函数，"编程"→"文件 I/O"→"拆分路径"函数，其中，创建路径的输入引脚连接上一步已命名的文件名。运行程序时，因为在程序中设置文件路径和文件名，所以不会出现文件保存对话框，系统会自动从已命名的工作表文件或文本文件（文本文件数据间默认以空格分开）读取数据，并写到数组里面，如图 15.2.17 所示。

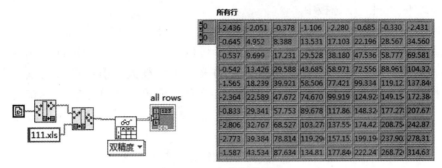

图 15.2.17 数据的读取

（5）若想要在同一个程序中既保存数据，又读取文件数据，则二者必须有一个前后顺序，否则就会出现逻辑错误。完整的程序框图如图 15.2.18 所示。运行程序，前面板的结果如图 15.2.19 所示。

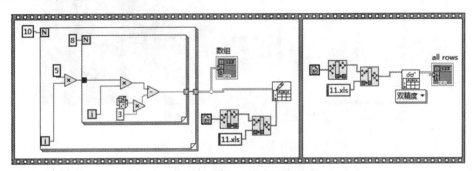

图 15.2.18 程序框图

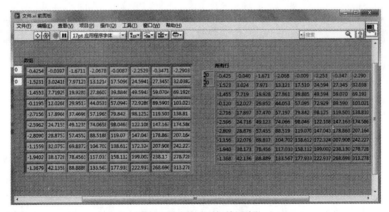

图 15.2.19 程序前面板

[例 15.2.4] 三维曲面图的显示。用 x、y 和 z 数据绘制图形上的各点，再将这些点连接，形成数据的三维曲面。

二维曲线只能显示二维数组，但很多情况下需要绘制三维曲线。在实际应用中，大量数据都需要在三维空间中可视化显示，如某个表面的温度分布、联合时频分析、飞机的运动等。三维图形可令三维数据可视化，修改三维图形属性可改变数据的显示方式，为此

LabVIEW 也提供了一些三维图形工具控件，使三维图形非常逼真而且富有想象力，这些控件包括三维曲面图、三维参量图、三维曲线图等，位于前面板右键菜单的"新式"→"图形"→"三维曲面图"子选板中。

三维曲面图用于在三维空间中绘制一个曲面，三维曲面位于前面板"控件"选板，在前面板新建的三维曲面图中，通过拖曳图形可以改变视角，拖动鼠标，光标变成一个小立方体，就可以进行视角转化。用鼠标中轴滚轮可以放大、缩小图形。鼠标右键单击图形，选择"三维图形属性"选项，通过弹出的对话框可以实现丰富的修饰功能，如背景色、着色方式、曲面显示方式、坐标轴刻度等，此外，也可以通过编程的方法来对图像的属性进行配置。

下面分别介绍选用的函数、程序框图和函数结果，操作步骤如下：

（1）新建一个 VI，在程序框图窗口利用 For 循环创建一个正弦曲线一维数组，共 200 个数据点，每个正弦周期占用 80 个点，如图 15.2.20 所示。

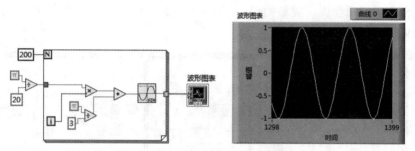

图 15.2.20　For 循环创建一维数组

（2）在上一步创建的基础上，利用 For 循环创建一个倍数递增的二维数组，同时在前面板创建三维曲面图，并将二维数组输入至三维曲面图"z 矩阵"端子，程序框图如图 15.2.21 所示，对应的前面板如图 15.2.22 所示。

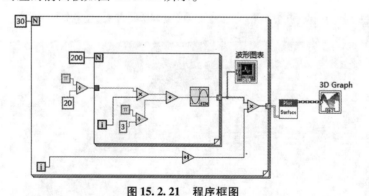

图 15.2.21　程序框图

（3）对上一步创建的三维曲面进行旋转操作。在图形窗口按下鼠标并围绕 z 轴逆时针旋转，松开鼠标完成旋转，旋转后的三维曲面图形如图 15.2.23 所示。

（4）变换三维图形属性。在三维图形中单击鼠标右键，选择"三维图形属性"→"曲线"→"重叠"选项，如图 15.2.24 所示，在"点/线"项选择"线（Lines）"后，图形窗口三维曲面图形显示如图 15.2.25 所示。

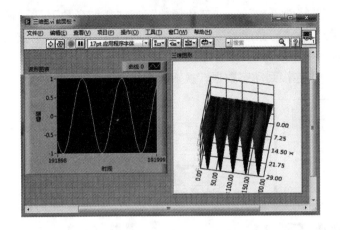

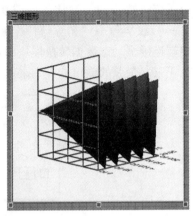

图 15.2.22　前面板　　　　　　　　图 15.2.23　旋转后的三维曲面图形

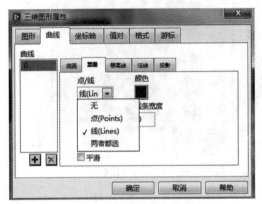

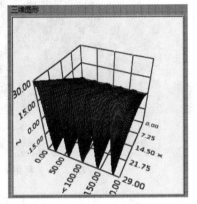

图 15.2.24　三维图形属性设置　　　　图 15.2.25　图形窗口三维曲面图形显示

[例 15.2.5]　绘制同心圆，使得两个圆的半径分别为 1 和 2。

波形图表和波形图只能描绘样点均匀分布的单值函数变化曲线，因为它们的 X 轴只是表示时间先后，而且是单调均匀的。也就是说，波形图和波形图表只能用于显示一维数组中的数据或是一系列单点数据，对于需要显示横、纵坐标对的数据，它们就无能为力了。若想绘制一类 Y 值随着 X 值变化的曲线，波形图和波形图表就明显不合适了，故此处使用 XY 图显示控件。

与波形图相同，XY 图也是一次性完成波形显示刷新，不同的是 XY 图的输入数据类型是由两组数据打包构成的簇，簇的每一对数据都对应一个显示数据点的 X、Y 坐标，XY 图显示控件的输入数据结构是由两组数据打包构成的簇，簇的每一对数据对应一个数据显示点的 X、Y 坐标，而 Express XY 图控件的输入数据是两个一维数组，分别接在控件的"X 输入"端口和"Y 输入"端口。

下面分别介绍选用的函数、程序框图和函数结果，操作步骤如下：

（1）新建一个 VI，调整它的边框为合适大小，在前面板中放置一个 XY 图，使曲线图例显示两条曲线标识，这时就会在程序框图中看到与其同时出现的还有转换至动态数据模块，使数值、布尔、波形和数组数据类型转换为可与 Express VI 配合使用的动态数据类型。

（2）在程序面板放置一个 For 循环，给计数端子赋值为 360，添加正弦与余弦函数，它们位于"函数"→"数学"→"初等与特殊函数"→"三角函数"→"正弦函数"和"函数"→"数学"→"初等与特殊函数"→"三角函数"→"余弦函数"中，正弦、余弦的输出端连接至动态数据转换模块即可产生半径为 1 的圆，同时，为了产生半径为 2 的圆，可以在正弦、余弦的输出端分别乘以 2，再连接到动态数据转换输入端，如图 15.2.26 所示。

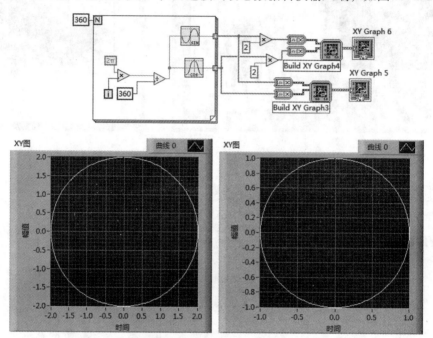

图 15.2.26　利用 Express XY 绘制圆的程序框图和前面板

（3）上一步叙述了产生半径分别为 1 和 2 的圆的方式，若要两圆同心，这里就要用到位于"函数"→"编程"→"簇、类型与变体"→"捆绑"的簇的捆绑函数，可使用该捆绑簇函数改变现有簇中独立元素的值，而无须为所有元素指定新值，如需实现上述操作，可连接簇到该函数中间的簇接线端。连接簇到该函数时，函数可自动调整大小以显示簇中的各个元素输入，连线板可显示该多态函数的默认数据类型。把 sin 与 cos 的输出捆绑在一起，再把 sin 和 cos 的输出乘以 2，输出捆绑，这样就构成了半径分别为 1 和 2 的圆的数组，再使用位于"函数"→"编程"→"数组"子选板中的"创建数组"函数创建数组，最后直接送到 XY 图显示即可。利用簇捆绑绘制圆的程序框图和前面板如图 15.2.27 所示。

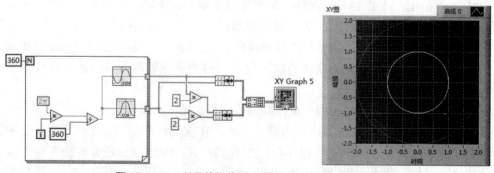

图 15.2.27　利用簇捆绑绘制圆的程序框图和前面板

（4）下面叙述产生半径分别为 1 和 2 的圆的另外一种方式。同样的，这里使用到位于"函数"→"编程"→"簇、类型与变体"→"捆绑"的簇的捆绑函数，在 For 循环内部把 sin 与 cos 的输出捆绑在一起，这样 For 循环自动索引隧道的输出端就是单位圆的簇，把单位圆簇的输出乘以 2，便是半径为 2 的圆，使用位于"函数"→"编程"→"簇、类与变体"子选板中的"创建簇数组"函数创建簇数组，再送到 XY 图显示即可，如图 15.2.28 所示。

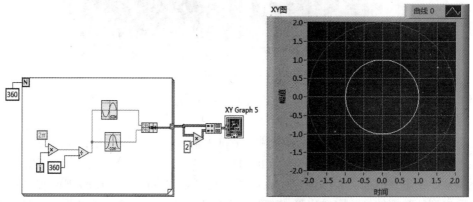

图 15.2.28　同心圆绘制的程序框图和前面板

（5）完整的程序框图如图 15.2.29 所示。运行程序，前面板的结果如图 15.2.30 所示。

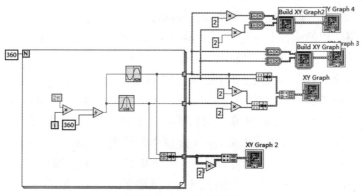

图 15.2.29　程序框图

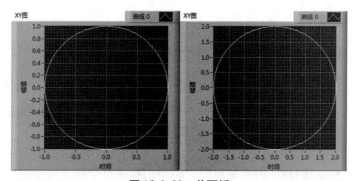

图 15.2.30　前面板

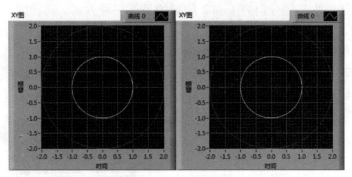

图 15.2.30　前面板（续）

[例 15.2.6]　字符串程序实例。将数值型数据转换为字符串型数据，并与其他字符串组合在一起。

字符串在 LabVIEW 编程中会频繁用到，字符串输入控件一般被用作文本输入框，而字符串显示控件一般被用作文本显示框。在前面板中，字符串相关控件包括输入控件、显示控件和下拉框。文本字体的大小、颜色、显示形式是可以改变的。在 LabVIEW 程序中，经常需要将采集到的数据转换为字符串形式存储在文件中，或从文件中读取数据形式的字符串转换为数据，因此需要经常用到数字/字符串转换函数。当然，除了单个数据的转换，还能对一串数据或字符串按指定的格式转换。

在程序面板，字符串相关的函数都在"函数"→"编程"→"字符串"子选板下，这些 VI 函数基本涵盖了字符串处理所需要的各种功能。

下面分别介绍选用的函数、程序框图和函数结果，操作步骤如下：

（1）创建前面板控件。在前面板中，添加一个位于"编程"→"字符串"子选板下的"格式化日期/时间字符串"函数作为计算机时间的输出函数，如图 15.2.31 所示。按照该格式使时间标识的值或数值显示为时间。例如，%c 可显示依据地域语言设定的日期/时间。时间相关格式代码为：%X（指定地域时间），%H（小时，24 小时制），%I（小时，12 小时制），%M（分钟），%S（秒），%<digit>u（分数秒，精度<digit>），%p（AM/PM）。日期相关格式代码为：%x（指定地域日期），%y（两位年份），%Y（四位年份），%m（月份），%b（月名缩写），%d（一个月中的天值），%a（星期名缩写）。输出上午/下午显示，进行连接并添加计算字符串长度的"字符串长度"显示控件，如图 15.2.32 所示。

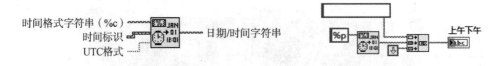

图 15.2.31　格式化日期/时间字符串　　　　　　图 15.2.32　合并字符串

（2）利用位于"编程"→"字符串"→"截取字符串"子选板的"字符串截取"函数，从以"%c"显示时间格式字符串输出的时间字符串中截取出年月日与时分秒部分，同时，利用"编程"→"字符串"→"字符串长度"函数计算字符串的总体长度，利用字符串显示控件显示"格式化日期/时间字符串"输出的日期与时间，具体如图 15.2.33 所示。

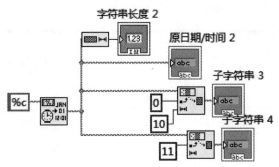

图 15.2.33　字符串的截取

（3）字符串的连接。在"编程"→"字符串"→"连接字符串"位置单击，选择连接字符串函数，设置连接的第一个字符串为输入为"现在时刻"的字符串输入控件，连接的第二个字符串为以"％p"日期/时间输出的合并字符串，连接的第三个字符串为以"年－月－日"形式输出的合并形式日期，连接的第四个字符串为一个多空格字符串，连接的第五个字符串为计算机当下"时－分－秒"形式的时间。字符串的连接如图 15.2.34 所示。

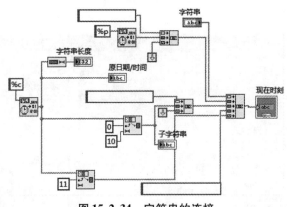

图 15.2.34　字符串的连接

（4）字符串的匹配、替换。在"编程"→"字符串"→"匹配字符串"位置单击，对"现在时刻"字符串匹配，在字符串指定的偏移位置开始搜索正则表达式，如找到匹配的表达式，字符串可分解为三个子字符串。正则表达式为特定的字符的组合，用于模式匹配。"子字符串之前"该字符串包含匹配之前的所有字符，"子字符串之后"显示控件显示包含匹配模式后的所有字符。接着使用"编程"→"字符串"子选板中的"替换子字符串"函数，该函数从指定偏移位置开始在字符串中删除指定长度的字符，并使删除的部分替换为子字符串。如长度为 0，"替换子字符串"函数在指定偏移位置插入子字符串。如字符串为空，该函数在指定偏移位置删除指定长度的字符。长度确定字符串中替换子字符串的字符数。字符串、替换的匹配如图 15.2.35 所示。

（5）上述程序只能对时间显示一次，若想要实时显示出计算机时间，则对程序压入 While 循环，循环条件为"停止"按键按下，完整的程序框图如图 15.2.36 所示。运行程序，程序就会按照需求实时显示出计算机时间。该程

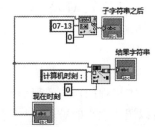

图 15.2.35　字符串、替换的匹配

序前面板的结果如图 15.2.37 所示。

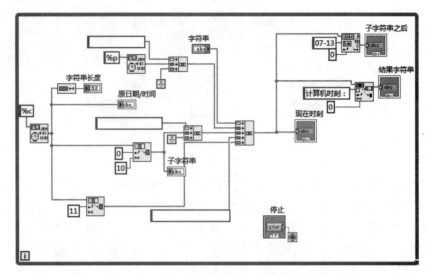

图 15.2.36　程序框图

图 15.2.37　前面板

[**例 15.2.7**]　公式节点的创建实例。创建一个 VI，它用公式节点计算下列等式输入 x 的值，求出不同 x、$x1$ 输入时对应的 y、z 值，其中，$x1$ 为变量。当 $0 < x < 10$ 时，$y = x\textasciicircum 2 - x + 5$；$z = x + 6$，$p = \tan\,(x1 * \mathrm{pi})$；当 $x < 0$ 时，$y = x\textasciicircum 3 - x\textasciicircum 2 + 5$，$z = x\textasciicircum 2 + 9$，$p = \sin\,(\mathrm{pi} * x1)$；而当 $x > 10$ 时，$y = x + 5$，$z = x\textasciicircum 2$，$p = \cos\,(x1 * \mathrm{pi})$。

　　由于一些复杂的算法完全依赖图形代码实现会过于繁杂，因此本例使用 LabVIEW 包含的以文本编程的形式实现程序逻辑的公式节点来实现。公式节点类似于其他结构，本身是一个可以调节大小的矩形框。

　　除接受文本方程表达式外，公式节点还接受 C 语言中的 If 语句、While 循环、For 循环和 Do 循环，这些程序的组成元素与在 C 语言程序中的元素类似，但不完全相同。公式节点特别适用于含有多个变量和较为复杂的方程，以及对已有文本代码的利用，可以通过复制、粘贴的方式将已有的文本代码移植到公式节点之中。公式节点位于"编程"→"结构"→"公式节点"子选板中，新建的公式节点为类似于循环结构的方框，但公式节点不是子程序框图，而是一个或多个用分号隔开的类似于 C 语言的语句。

公式节点在程序中相当于一个数值运算子程序，可以进行参数的输入和输出，参数传递通过输入变量和输出变量来实现。当需要键入输入变量时，可在程序公式节点边框上单击鼠标右键，在弹出的菜单中选择"添加输入"选项，并且键入变量名，即可完成输入变量的定义；在变量上单击鼠标右键，在弹出的快捷菜单中选择"删除"选项，将删除该变量；同样的，若选择"转换为输出"选项，则将输入变量转换为输出变量；选择"转换为输入"选项，则将输出变量转换为输入变量。在公式节点的使用过程中，必须注意输入节点变量名的大小写是敏感的，因此前后必须保持一致。

下面分别介绍选用的函数、程序框图和函数结果，操作步骤如下：

（1）创建一个 VI。在程序面板中，添加位于"编程"→"结构"→"公式节点"子选板中的公式节点，鼠标右键单击公式节点的边框，分别在边框的左侧和右侧添加一个输入命名为"x"的节点，两个输出命名为"y""z"的节点，如图 15.2.38 所示。

图 15.2.38　公式节点添加

（2）复制程序节点，使得程序框图中有三个同样的公式节点。在公式节点中，用文本标签工具在公式节点中分别添加"x"取不同值的情况下"y""z""p"的计算代码，这里需要注意的是，"p"为一个 float 型数据，因此要在公式节点的上面先进行相应声明，如图 15.2.39 所示。

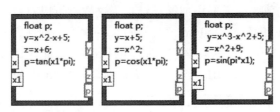

图 15.2.39　公式节点代码的输入

（3）根据"x"值进行判断。对"x"不同范围进行判断，因此，在程序框图中放置 If 条件判断框，如图 15.2.40 所示，首先看"x"是不是大于 0，若是，再判断"x"是否小于 10，之后再把上一步写好的公式节点放入不同的条件分支之中，输出用数值显示控件进行显示。

（4）由于"x1"是一个变量，这里选用 While 循环的循环计数端作为输入的"x1"端子，"p"用一个波形图表进行显示，如图 15.2.40 所示。

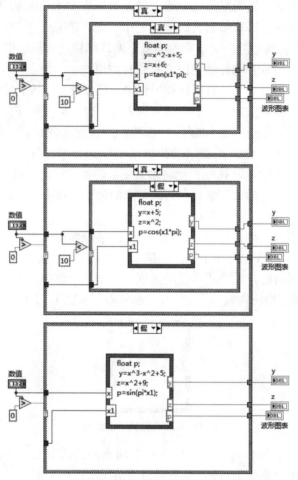

图 15.2.40　判断条件的添加

（5）上述程序只能对数值的大小判断一次，结果显示一次。若想实时判断输入数值并显示"y""z""p"的值，则需要添加循环结构，这样就可以对数值的变化适时地给出响应，循环之中加入 50 ms 的延时，50 ms 之后进行下一次循环判断，循环的停止条件为"停止"按键按下，这时跳出循环，结束程序。完整的程序框图如图 15.2.41 所示。运行程序，程序就会按照需求实时显示出数值的变化，前面板结果如图 15.2.42 所示。

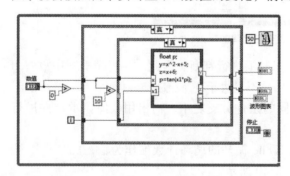

图 15.2.41　程序框图

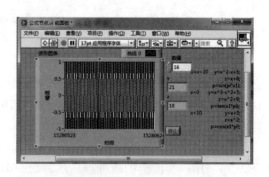

图 15.2.42　前面板

[**例 15.2.8**]　多项式的求解问题。求满足公式 $x+y+z=0$，$\dfrac{5}{3}x-3y+5z=0$，$5x+2y-$

$10z=-5$ 的 x、y、z 的值，把这三个值作为全局变量保存起来，在另一个 VI 程序中显示出来。

分析：线性代数在现代工程和科学领域有着广泛的应用，因此，LabVIEW 也提供了强大的线性代数运算功能，相关函数位于"函数"→"数学"→"线性代数"子选板下，矩阵是新增的数据类型，旨在更直接地实现线性代数运算。LabVIEW 8 以前的版本中只能通过二维数组来实现矩阵的操作，但是数组的运算方法和矩阵的运算方法有很大的不同，例如两个数组相乘是直接将相同索引的数组元素相乘，而矩阵的相乘必须按照线性代数中规定的方法相乘，因此，用数组实现矩阵运算是十分麻烦的。自从 LabVIEW 加入了对矩阵的支持，矩阵的运算就变得非常简单。矩阵分为两种，一种是实数型矩阵，另一种是复数型矩阵。如果直接将两个矩阵相乘，LabVIEW 就会自动按照矩阵相乘法则相乘，输出也必然是矩阵，如果两个矩阵不满足乘法要求，则输出空矩阵。同理，矩阵的加减也按照矩阵的运算法则运算。通过 LabVIEW 实现线性代数运算的代码非常简单，因此用户可以把精力集中在所做的数学运算上，而不需要考虑数据类型的定义。

方程组在求解过程中把系数矩阵作为 A，把输出矩阵作为 B，如 A 为 $m \times n$ 的输入矩阵，B 为右端项中的 m 个系数，X 为方程组向量解中 n 个元素，$AX=B$。如 $m>n$，方程组中方程的个数多于未知数个数，方程组是超定的，满足 $AX=B$ 的解可能不存在，VI 可得到最小二乘解 X，使得 $\lVert AX-B \rVert$ 最小化。如 $m<n$，方程组中方程的个数少于未知数个数，方程组是欠定的，有无限个满足 $AX=B$ 的解，VI 可选择其中的一个解。$m=n$ 时，如 A 为非奇异矩阵，即没有任何行或列是其他行或列的线性组合，通过使输入矩阵 A 分解为上三角矩阵 U 和下三角矩阵 L 可求解方程组得出解 X。例如，$AX=LZ=B$ 与 $Z=UX$ 可以作为原有方程组的另一种表示方法，Z 也是 n 个元素的向量，三角方程组容易通过递归方法求解。因此，得到矩阵 A 的上三角矩阵 U 和下三角矩阵 L 后，通过 $LZ=B$ 方程组可得到 Z，通过 $UX=Z$ 可得到 X。

下面分别介绍选用的函数、程序框图和函数结果，操作步骤如下：

(1) 创建一个 VI。在前面板中找到"新式"→"数组、矩阵与簇"→"实数矩阵"控件，用以书写系数矩阵与输出矩阵。求解线性方程组 $AX=B$ 时，可用位于"函数"→"数学"→"线性代数"子选板中的"求解线性方程"函数来求解。对"求解线性方程"函数，其输入矩阵是实数方阵或实数长方矩阵，右端输出项的元素数必须等于输入矩阵的行数。若右端输出项的元素数与输入矩阵的行数不同，VI 可设置向量解为空数组，并返回错误。当输入矩阵为奇异矩阵时，如矩阵类型为 General，求解线性方程 VI 可寻找最小二乘解；否则，VI 返回错误。右端输出项是由已知因变量值组成的数组，右端输出项的元素数必须等于输入矩阵的行数，如右端输出项的元素数与输入矩阵的行数不同，VI 可设置向量解为空数组，并返回错误。

向量解是方程组 $AX=B$ 的解，A 是输入矩阵，B 右端项为常数项矩阵，二者分别连接到"求解线性方程"函数的输入矩阵和右端项引脚，方程的解使用矩阵显示控件进行显示，如图 15.2.43 所示。

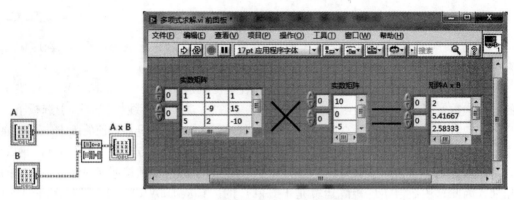

图 15.2.43　线性方程组的求解代码与前面板

（2）解的保存，由题要求保存为全局变量之中，因此需要在程序框图的空白处单击鼠标右键，在弹出的菜单中选择"函数"→"编程"→"结构"→"全局变量"函数，放到程序框图中，双击"全局变量"函数，就会出现全局变量的前面板，这里需要注意的是全局变量没有程序面板，所以按下 Ctrl + E 键也不会有任何反应。在全局变量的前面板中放入三个分别命名为"x""y""z"的数值显示控件，保存全局变量。在原程序框图中放入位于"编程"→"数组"→"矩阵"子选板中的"获取矩阵元素"函数，从输出的方程的解矩阵中分别索引出变量"x""y""z"的值，如图 15.2.44 所示。

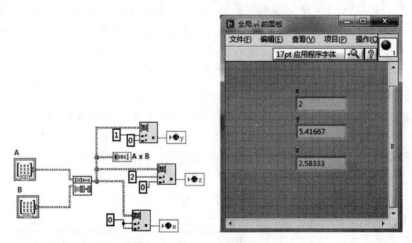

图 15.2.44　全局变量的保存

（3）全局变量经过保存后，另新建一个 VI，在新建的 VI 程序框图中单击鼠标右键，选择"函数"→"选择 VI"函数，这时就会跳出程序选择框，选择刚刚保存的全局变量 VI 程序，单击"确定"按钮，就会在程序框图内看到全局变量，鼠标右键单击全局变量，在右键菜单列选取"转换为读取"选项，单击全局变量，选择"x"全局变量，同理处理"y""z"全局变量，并用数值显示控件对全局变量的值进行显示，如图 15.2.45 所示。

（4）完整的程序框图如图 15.2.46 所示。运行程序，程序就会按照需求实时显示出计算机时间，前面板结果如图 15.2.47 所示。

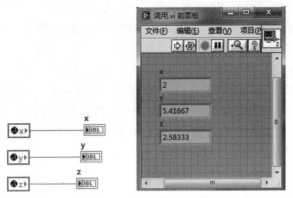

图 15.2.45　全局变量的调用

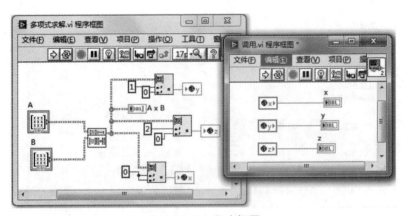

图 15.2.46　程序框图

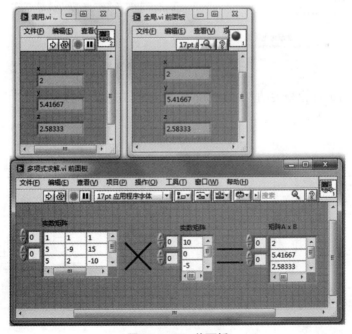

图 15.2.47　前面板

[**例15.2.9**] 数学分析最优化问题举例。对边长为 6 米的正方形厚纸板，在 4 个角剪去相等的正方形以制成方形无盖纸盒，问如何剪能使纸盒的容积最大？

LabVIEW 除了能够进行信号分析外，还具有强大的数学计算功能，能够对采集到的信号进行必要的计算处理，这一点与 MATLAB 相似。LabVIEW 特别增强了数学分析和信号处理能力，除了增强的数学函数库，它还极大地增强了 MathScript 的功能和性能，喜欢文本编程的用户，可以在 LabVIEW 中编程并执行 MATLAB 式的文本代码，并能与图形化编程完美结合。新的 MathScript 包含 600 多个数学分析和信号处理函数，并增加和增强了丰富的图形功能。用于数值计算的函数节点集中在"数学"子选板中，该子选板的位置如图 15.2.48 所示。

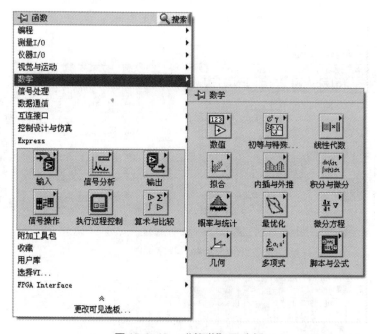

图 15.2.48　"数学"子选板

LabVIEW 中与最优化相关的 VI 函数位于"函数"选板中的"数学"→"最优化"子选板中，如图 15.2.49 所示。

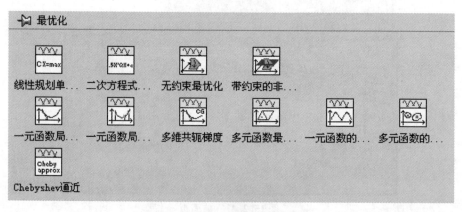

图 15.2.49　"最优化"子选板

"最优化"子选板上的函数基本包含了各种最优化问题，其中"线性规划单纯形法．vi"用于求解线性规划方程；"无约束最优化．vi"用于求解无约束优化问题；"一元函数局部最小值（Brent 法）．vi"用于指定区间内一元函数的最小值；"一元函数局部最小值（黄金分割法）．vi"通过包围极小值的方法计算给定的一维函数的局部极小值；"多维共轭梯度．vi"通过多维共轭梯度方法确定有 n 个独立变量的函数的最小值；"多元函数最小值（Downhill Simplex 法）．vi"通过 Downhill Simplex 方法可确定有 n 个独立变量的函数的最小值；"一元函数的所有最小值．vi"用于返回指定区间内一元函数的全部最小值；"多元函数的所有最小值．vi"用于计算 n 维函数在 n 维给定区间上的最小值；"Chebyshev 逼近．vi"通过 Chebyshev 多项式确定函数。

（1）求解分析。

设剪去的正方形的边长为 x，则纸盒的容积为 $(6-2x)^2 x$。

建立无约束优化模型为：$\max y = (6-2x)^2 x$，$0 < x < 3$。

可以把求极大值问题转为求极小值问题，即 $\min y = -(6-2x)^2 x$，因此利用"一元函数的所有最小值．vi"函数即可找到该一维函数在 $[0,3]$ 上的最小值，解得当 $x = 1$ 米时纸盒的容积最大，此时纸盒的容积为 16 米^3。

（2）程序子模块介绍。

①一元函数的所有最小值．vi 函数。

返回指定区间内一元函数的全部最小值，如图 15.2.50 所示。

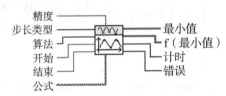

图 15.2.50　一元函数的所有最小值．vi 函数的图标及端子

该函数的"精度"端子确定最小值的精度，如两个连续近似值的差小于等于设置的精度，该方法停止，默认值为"1.00E-8"。函数的"步长类型"端子控制采样点之间的间隔，步长类型值为"0"时，代表固定函数，表示函数值的间隔固定；当步长类型值为"1"时，即使用修正函数表示优化步长。一般情况下，通过修正函数可得到精确的最小值，默认值为"0"。函数的"算法"端子指定 VI 使用的方法，默认值为"0"，表示使用黄金分割搜索法；若"算法"端子值为"1"，表示使用函数局部最小值法（Brent 法）。函数的"开始"端子表示区间的开始点，默认值为"0.0"。函数的"结束"端子表示区间的结束点，默认值为"1.0"。函数的"公式"端子是描述函数的字符串，公式可包含任意个有效的变量。函数的"最小值"输出端子为一个数组，该数组包含区间（开始，结束）中公式中出现的所有最小值。函数的"f（最小值）"端子返回的是函数在最小值点的取值。函数的"计时"输出引脚是用于整个计算的时间，以毫秒为单位。函数的"错误"端子返回 VI 的任意错误或警告，如连接"错误"端子至错误代码至错误簇转换 VI，错误代码或警告可转换为错误簇。

②表达式节点。

表达式节点用于计算含有单个变量的表达式，如图 15.2.51 所示。下列内置函数可在公式中使用：abs、acos、acosh、asin、asinh、atan、atanh、ceil、cos、cosh、cot、csc、exp、 expm1、floor、getexp、getman、int、intrz、ln、lnp1、log、log2、max、min、mod、rand、rem、sec、sign、sin、sinc、sinh、sizeOfDim、sqrt、tan 和 tanh。

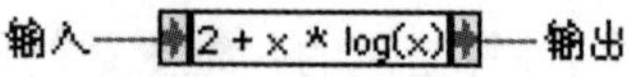

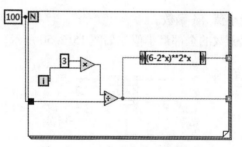

图 15.2.51　表达式节点

鼠标右键单击节点，在快捷菜单中选择"创建单位字符串"，可创建和编辑单位字符串。

该节点的"输入"端子输入的值作为表达式节点的变量；函数的"输出"端子返回计算的结果。

（3）程序实现。

下面分别介绍选用的函数、程序框图和函数结果，操作步骤如下：

①使用"编程"→"结构"→"For 循环"结构，用于显示正方体边长与容积的关系，For 循环预先设置为 100，表示在 ［0,3］ 区间上选取 100 个间隔均匀的点。

②使用"数学"→"数值"→"表达式节点"创建变量与因变量之间的表达式，表达式节点内写入 "（6-2*x）**2*x"，如图 15.2.52 所示。

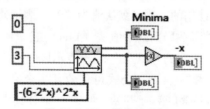

图 15.2.52　表达式节点的创建

③使用"编程"→"簇、类与变体"→"捆绑"将变量与因变量进行捆绑，这样可以方便后续进行 XY 图显示。

④使用"数学"→"最优化"→"一元函数的所有最小值"求解函数的最值，设置相应的开始结束区间值，输入变量与因变量关系表达式，如图 15.2.53 所示。

图 15.2.53　最优化求解

⑤将求解的最优化问题所得结果与原问题关系式进行捆绑，输入至 XY 曲线显示模块进行显示，完整的程序框图如图 15.2.54 所示，运行时，前面板如图 15.2.55 所示。

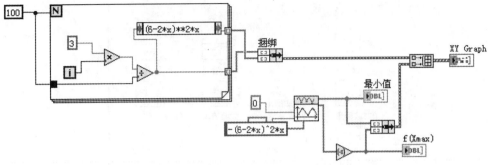

图 15.2.54　程序框图

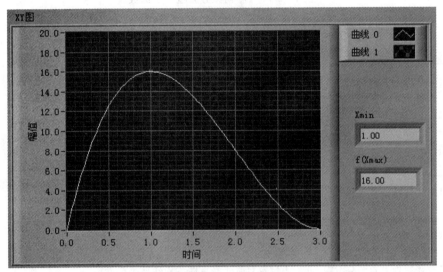

图 15.2.55　前面板

[**例 15.2.10**]　常微分方程数值解举例。设河边点 O 的正对岸为点 Q，河宽 $OQ = h$，两岸为平行直线，水流速度为 a，有一鸭子从点 Q 游向点 O，设鸭子（在静水中）的游速为 b（$b > a$），且鸭子游动方向始终朝着点 O，求鸭子游过的迹线方程。

LabVIEW 是通过连线和框图的方式进行编程的，复杂的算法会不会导致繁杂的连线呢？的确，如果仅以 LabVIEW 基本运算符号和框图结构程序来实现复杂的算法，则很可能导致复杂的连线，针对这一点，LabVIEW 封装了大量的数学函数致力于数学分析，并提供了基于文本编程语言的公式节点和 MathScript。通过这些封装好的 VI 函数并结合公式节点和 MathScript，程序框图可以非常简洁，用户可以把精力集中在所需要解决的问题上而不必再为数学算法费心。由于采取了图形化编程和文本编程相结合的方式，它比单纯的文本编程语言具有更大的优势，此外，由于 LabVIEW 能方便地与各种数据采集设备直接相连，用户可以直接将采集到的数据进行数学分析。

解常微分方程在工程计算中经常用到，通过解常微分方程可以解决几何、力学和物理学等领域的各种问题。LabVIEW 提供了多个 VI 函数用于解常微分方程，这些函数位于程序面板中的"数学"→"微分方程"→"常微分方程"子选板中，如图 15.2.56 所示。

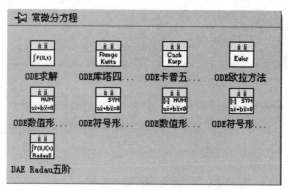

图 15.2.56 "常微分方程"子选板

这些函数的功能如表 15.2.1 所示。

表 15.2.1 常微分方程函数的功能

函数名称	功能
ODE 求解	解带初始条件的常微分方程，形式如：$X' = F\ (X,\ t)$
ODE 库塔四阶方法	通过库塔方法求解带初始条件的常微分方程
ODE 符号形式线性微分方程	解给定起始条件的 n 维线性微分方程组，解是基于对矩阵特征值和特征向量的判断
ODE 数值形式线性微分方程	求解给定起始条件的常系数 n 维齐次线性微分方程组
ODE 符号形式线性 n 阶微分方程	求解符号常系数 n 阶齐次线性微分方程
ODE 数值形式线性 n 阶微分方程	求解数字常系数 n 阶齐次线性微分方程
ODE 欧拉方法	通过欧拉方法求解带初始条件的常微分方程
ODE 卡普五阶方法	通过卡普（Cash Karp）方法求解带初始条件的常微分方程
DAE Radau 五阶	通过 Radau 五阶方法求解带初始条件的微分代数方程

下面通过举例说明这些函数在实际问题中的用法。

（1）求解分析。

设水流速度为 a（$|a| = a$），鸭子游速为 b（$|b| = b$），则鸭子实际运动速度为 $v = a + b$。取 O 为坐标原点，河岸朝顺水方向为 x 轴，y 轴由对岸指向出发点，如图 15.2.57 所示。

设在时刻 t 鸭子位于点 $P\ (x,\ y)$，则鸭子运动速度

$$v = (v_x,\ v_y) = \left(\frac{\mathrm{d}x}{\mathrm{d}t},\ \frac{\mathrm{d}y}{\mathrm{d}t}\right)$$

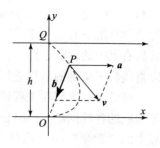

图 15.2.57 鸭子游泳轨迹

从图 15.2.57 中可以看出，$\boldsymbol{a} = \{a, 0\}$，$\boldsymbol{b} = -\dfrac{b}{\sqrt{x^2 + y^2}} \{x, y\}$，从而

$$v = a + b = \left(a - \frac{bx}{\sqrt{x^2 + y^2}}, \ -\frac{by}{\sqrt{x^2 - y^2}} \right)$$

由此得到微分方程

$$\begin{cases} \dfrac{\mathrm{d}x}{\mathrm{d}t} = a - \dfrac{bx}{\sqrt{x^2 + y^2}} \\[3mm] \dfrac{\mathrm{d}y}{\mathrm{d}t} = -\dfrac{by}{\sqrt{x^2 + y^2}} \end{cases}$$

（2）程序子模块介绍。

①ODE 库塔四阶方法。

通过库塔方法求解带初始条件的常微分方程。ODE 库塔四阶方法函数的图标及端子如图 15.2.58 所示。

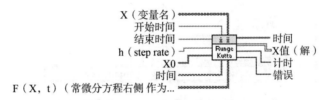

图 15.2.58　ODE 库塔四阶方法函数的图标及端子

该函数的"X（变量名）"端子连接的是变量字符串数组；"开始时间"端子表示的是常微分方程（ODE）的开始点，默认值为"0"；"结束时间"端子是待测时间区间的结束点，默认值为"1.0"；"h（step rate）"端子是固定的步长，默认值为"0.1"；"X0"端子是描述开始条件的向量，x[10]，…，x[n0]，X0 和 X 的分量一一对应；"时间"端子是时间变量的字符串表示，默认的变量为"t"；"F（X，t）（常微分方程右侧作为…）"一维数组用于表示微分方程的右端项，公式可以包含任意数量的有效变量；"时间"端子用于表示时间步长的数组，库塔方法在开始时间和结束时间之间可以产生等距的时间步长；"X 值（解）"端子是解向量 x[10]，…，x[n0]组成的二维数组，顶层索引是时间数组中指定的时间步长，底层索引是元素 x[10]，…，x[n0]；"计时"端子是用于整个计算的时间，以毫秒为单位。

②索引数组。

索引数组的作用是返回"n 维数组"输入端在"索引"位置的元素或子数组。

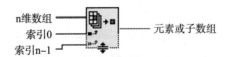

图 15.2.59　索引数组的图标及端子

该函数的"n 维数组"输入端连接的可以是任意类型的 *n* 维数组，若连接的 *n* 维数组为

空数组，则函数的输出端"元素或子数组"可返回数组的已定义数据类型的默认值；"索引0""索引 n－1"输入端必须为数值，并且索引输入端的数量与 n 维数组的维数匹配；输出端"元素或子数组"输出的类型与"n 维数组"输入端一致。

（3）程序实现。

下面分别介绍选用的函数、程序框图和函数结果，操作步骤如下：

①使用"数学"→"微分方程"→"常微分方程"→"ODE 库塔四阶方法"函数，在该函数的几个输入引脚单击鼠标右键，在下拉菜单中选择"创建"→"输入控件"选项，利用输入控件在前面板分别设置开始时间、结束时间、步长以及鸭子的初始位置，输入变量以及相应鸭子的初始位置表达式为"3－5＊x/（sqrt（x^2＋y^2））""－5＊y/（sqrt（x^2＋y^2））"，在输入端"X（变量名）"端子输入由"x""y"创建的一维数组，当然也可以直接右键创建两个常量"x""y"。ODE 库塔四阶方法函数的设置如图 15.2.60 所示。

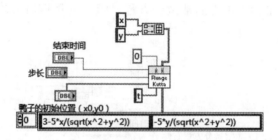

图 15.2.60　ODE 库塔四阶方法函数的设置

②使用"编程"→"数组"→"索引数组"索引出解中的"x""y"，使用"编程"→"簇、类与变体"→"打包捆绑"将"x"与"y"进行打包捆绑。与"解包捆绑"函数相对，"打包捆绑"函数用于为参考簇中各元素赋值，一般情况下，只要输入的数据顺序和类型与簇的定义匹配，就不需要再参考簇，但是当簇内部元素较多，或用户没有太大的把握时，建议加上参考簇，参考簇必须和输出簇完全相同，本题簇的输入至 XY 图显示模块中进行显示。

③完整的程序框图如图 15.2.61 所示。运行程序，前面板如图 15.2.62 所示。

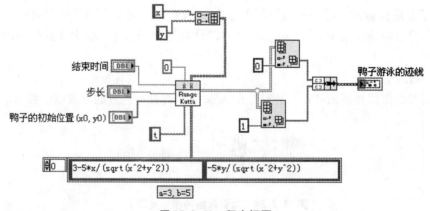

图 15.2.61　程序框图

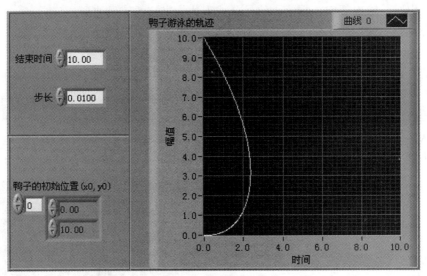

图 15.2.62　前面板

[例 15.2.11]　任意波形的信号发生器的设计。设计一个任意波形发生器，使它既可以产生正弦波、三角波、矩形波等基本信号，又可以产生输入的任意波形。

一个测试系统通常由三大部分组成：信号的获取与采集、信号的分析与处理以及结果的输出与显示，其中，信号的分析与处理是测量仪器必不可少的一部分。

作为虚拟仪器开发平台，LabVIEW 在信号的发生、分析和处理上有着明显的优势，它将信号处理所需要的各种功能封装在一个个 VI 函数中，用户只需使用现成的信号处理函数即可实现信号处理的功能，无须为数字信号处理算法花费精力，LabVIEW 中与信号处理相关的函数位于"函数"→"信号处理"子选板中。

LabVIEW 中信号的发生总体可以分为两种，一种是通过外部硬件发生信号，然后用 LabVIEW 编写程序控制数据采集卡进行采集，从而获得信号；另外一种是把 LabVIEW 程序产生的信号经过数/模转换作为信号源来使用。信号按照不同的要求，既可以用波形数据类型来表示，也可以用一维实数数组表示。实际上波形数据类型还包括采样信息，dt 表示采样周期，采样率为 $1/dt$，因此 LabVIEW 中有两个信号发生函数选板，其中，"波形生成"子选板中的 VI 用于产生波形数据类型表示的信号，"信号生成"子选板中的 VI 用于产生一维数组表示的波形信号，它们分别位于"函数"→"信号处理"→"波形生成"子选板和"函数"→"信号处理"→"信号生成"子选板中。

基本函数信号是指平时常见的正弦波、方波、三角波等，"基本函数发生器"是 LabVIEW 中一种常见的用于产生波形数据的 VI，它可以产生四种基本信号——正弦波、方波、三角波、锯齿波，信号发生器可以控制信号的频率、幅度、相位。当然，对于比较复杂的信号，当用基本的函数或者 VI 实现起来比较困难时，LabVIEW 提供了一个比较简单的方法——利用公式节点来产生，它可以使用下列内置函数：abs、acos、acosh、asin、asinh、atan、atan2、atanh、ceil、cos、cosh、cot、csc、exp、expm1、floor、getexp、getman、int、intrz、ln、lnp1、log、log2、max、min、mod、pow、rand、rem、sec、sign、sin、sinc、sinh、sizeOfDim、sqrt、tan、tanh。"公式波形"可以根据指定的偏置频率、幅值、相位、采样信息生成一个信号波形，该函数的"formul"输入引脚为公式表达式接口。"signal out"引脚为信号输出引脚，输出频率、幅值、信号公式表达式决定的信号波形。

下面分别介绍选用的函数、程序框图和函数结果，操作步骤如下：

（1）创建一个 VI。在前面板中找到"函数"→"信号处理"→"波形生成"→"基本函数发生器"函数，这个函数可以依据信号类型创建输出波形。信号类型是要生成的波形的类型，0 为正弦波形，也是默认波形，1 为三角波波形，2 为方波波形，3 为斜三角波波形。频率是波形频率，以赫兹为单位，默认值为"10"。幅值是波形的幅值，幅值也是峰值电压，默认值为"1.0"。相位是波形的初始相位，以度为单位，默认值为"0"。根据"基本函数发生器"的引脚创建输入控件及输出控件，如图 15.2.63 所示。

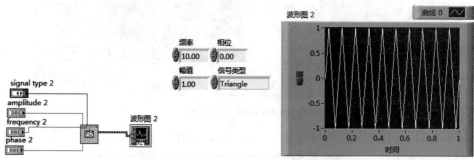

图 15.2.63　基本波形发生框图及前面板

（2）在上一步的基础上，需要对任意波形发生器的任意波形进行选择，把基本波形作为一种情况，因此在波形发生器外部加入条件判断框，在程序的前面板放置一个布尔控件——垂直摇杆布尔开关，连接到条件框的条件端子，把基本波形的发生作为"真"。

（3）在条件端子的"假"条件里，使用位于"函数"→"信号处理"→"波形生成"子选板中的"公式波形"函数，通过公式字符串指定要使用的时间函数，创建任意输出波形。对该函数，如图 15.2.64 所示，"偏移量"是指定信号的直流偏移量，默认值为"0.0"；"重置信号"如值为"True"，时间标识重置为 0，默认值为"False"；"频率"是波形频率，以赫兹为单位，默认值为"100"；幅值是波形的幅值，幅值也是峰值电压，默认值为"1.0"；公式是用于生成信号输出波形的表达式，默认值为"sin（w * t）* sin（2 * pi（1）* 10）"。定义的变量名称："f"为函数频率等于频率输入；"a"为函数幅值等于幅值输入；"w"为 2 * pi * f；"n"为目前生成的采样数；"t"为已经过去的秒数；"fs"为采样频率；"Fs"是每秒采样率，默认值为"1 000"；"#s"是波形的采样数，默认值为"1 000"；"信号输出"端是生成的波形端子。

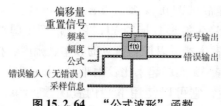

图 15.2.64　"公式波形"函数

在"公式波形"函数的输入端子创建频率、幅值、公式输入控件，在"公式波形"函数输出端接入波形图，如图 15.2.65 所示。

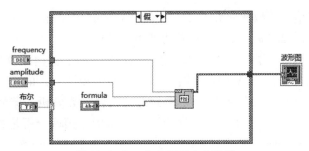

图15.2.65　公式波形产生设计

（4）在程序的外部加入 While 循环，循环停止条件为"停止"按键按下，完整程序框图如图 15.2.66 所示，程序运行时，前面板如图 15.2.67 所示。

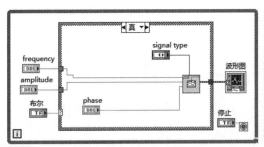
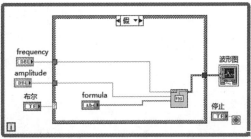

图15.2.66　程序框图

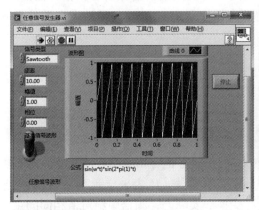
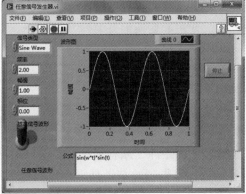

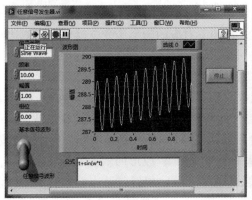
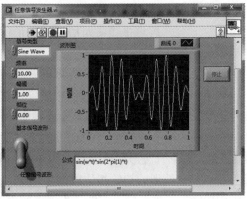

图15.2.67　前面板

[**例 15.2.12**]　信号的频域分析。对信号 $y(t) = 2\sin(10 \times 2\pi t + 1/3\pi) + 6\sin(40 \times 2\pi t + 1/6\pi) + 9\sin(70 \times 2\pi t + 2/3\pi)$　做单边和双边傅里叶变换。

有时候对信号的时域分析不能完全揭示信号的全部特征，这时候就要对信号进行频域分析。在信号频率分析方面，LabVIEW 提供了丰富的关于频域分析的函数，可以实现信号的傅里叶变换、Hilbert 变换、小波变换、频率分析、联合时频分析、谐波分析等。频域变换节点位于"函数"→"信号处理"→"变换"子选板中。频域分析是数字信号处理中最常见、最重要的方法。傅里叶变换是数字信号处理中最重要的一个变换，它的意义在于能够使人们在频域中观察信号的特征。它的一个重要作用就是进行信号的频谱计算，通过频谱计算可以直观地看到信号的频率组成成分。

如果连续时间信号 $x(t)$ 满足条件

$$\int_{-\infty}^{\infty} |x(t)|\, \mathrm{d}t < \infty$$

则其傅里叶变换定义为

$$X(\omega) = \int_{-\infty}^{\infty} x(t)\, \mathrm{e}^{\mathrm{j}\omega t}\, \mathrm{d}t$$

且有

$$x(t) = \int_{-\infty}^{\infty} X(\omega)\, \mathrm{e}^{\mathrm{j}\omega t}\, \mathrm{d}\omega$$

计算机只能处理离散且有限长度的数据，要用计算机完成频谱分析和其他方面的工作，通常的处理方法是通过对模拟信号 $x(t)$ 采样得到离散序列 $x(n)$，这就导致了离散傅里叶变换的产生。傅里叶变换定义为

$$X(k) = \sum_{n=0}^{N-1} x(n)\, \mathrm{e}^{-\mathrm{j}\frac{2\pi}{N}nk} \quad (k = 0, 1, \cdots, N-1)$$

反变换为

$$x(n) = \frac{1}{N} \sum_{k=0}^{N-1} X(k)\, \mathrm{e}^{\mathrm{j}\frac{2\pi}{N}nk}$$

傅里叶频谱中除了原有频率外，在 samples − f 的位置上也有相应的频率成分。这是由于 FFT. vi 函数计算得到的结果是采样区间 $[0, f_s]$ 上的一段（f_s 为采样频率），它不仅包含正频率成分，还包含负频率成分，即双边傅里叶变换。实际上，频谱中绝对值相同的正负频率对应的信号频率是相同的，负频率只是由于数学变换才出现的，因此，将负频率叠加到相应的正频率上，然后将正频率对应的幅值加倍，零频率对应的频率不变，就可以将双边频谱转变为单边频谱了。

下面分别介绍选用的函数、程序框图和函数结果，操作步骤如下：

（1）新建一个 VI，在程序框图中放置"函数"→"信号处理"→"波形生成"→"基本函数发生器"函数，根据这个函数生成题中波形，此函数可根据信号类型创建输出波形。信号类型是要生成的波形的类型，0 为正弦波形，也是默认波形，1 为三角波波形，2 为方波波形，3 为斜三角波波形；波形频率以赫兹为单位，默认值为"10"；波形的幅值也是峰值电压，默认值为"1.0"；波形的初始相位以度为单位，默认值为"0"。根据"基本函数发生器"函数的引脚创建输入控件及输出控件，先生成题中第一个基本波形，如图 15.2.68 所示。

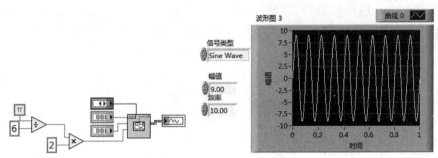

图 15.2.68　信号波形的产生

（2）同理，建立另外两个信号波形，这时若要生成"$y(t)$"波形，就需要对三个信号进行合成运算，使用位于"编程"→"数值"→"复合运算"进行信号的合成。"复合运算"是对一个或多个数值、数组、簇或布尔输入执行算术运算。鼠标右键单击函数，在快捷菜单中选择运算（加、乘、与、或、异或），可选择不同的运算符号转换模式。在"数值"选板中拖放该函数至程序框图时，默认模式为"加"；在布尔选板拖放该函数时，默认模式为"或（OR）"。直接连接波形信号输出端到复合运算的输入端子会报错，由于数据类型（数值、字符串、数组和簇等）不匹配，将无法连接这些对象。

（3）由于上一步数据源的类型是波形（DBL），数据接收端的类型是双 [64 位实数（~15 位精度）]，因此必须对数据类型进行转换，如图 15.2.69 所示。使用位于"函数"→"Express"→"信号操作"子选板中的"从动态数据转换"函数，数据转换包含下列选项：结果数据类型——指定转换动态数据类型至何种数据类型；浮点数（双精度）——使数值（包括数组中的值）格式化为双精度浮点型；布尔（True 与 False）——使数值（包括数组中的值）格式化为布尔值；通道——指定要获得数据的通道。

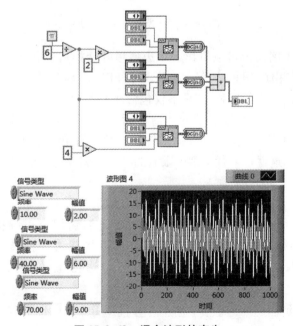

图 15.2.69　混合波形的产生

（4）对上述时域信号进行双边傅里叶变换。选用位于"函数"→"信号处理"→"变换"子选板中"FFT"模块进行傅里叶变换，计算输入序列"X"的快速傅里叶变换（FFT），FFT 模块如图 15.2.70 所示。"X"端是实数向量。"移位?"端指定 DC 元素是否位于

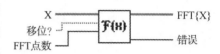

图 15.2.70　FFT 模块

FFT $\{X\}$ 中心，默认值为 False。"FFT 点数"是要进行 FFT 的长度设定，若 FFT 点数大于"X"的元素数，VI 将在"X"的末尾添加 0，以匹配 FFT 点数的大小；若 FFT 点数小于"X"的元素数，VI 只使用"X"中的前 n 个元素进行 FFT，n 是 FFT 点数。若 FFT 点数小于等于 0，VI 将使用"X"的长度作为 FFT 点数。"FFT $\{X\}$"端是"X"的 FFT 输出。对"y(t)"信号进行双边傅里叶变换，变换结果如图 15.2.71 所示。

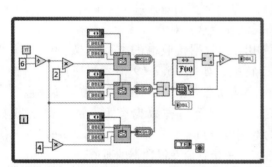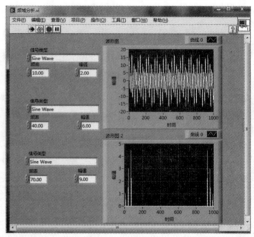

图 15.2.71　双边傅里叶变换

（5）从图 15.2.71 前面板可以看出，双边傅里叶变换后的频谱中除了原有的频率，在 samples − f 的位置也有相应频率成分，这是由于 FFT.vi 函数计算得到的结果是采样区间 $[0, f_s]$ 上的一段（f_s 为采样频率），它不仅包含正频率成分，还包含负频率成分，因此图中在 990 Hz、960 Hz、930 Hz 处出现的频谱实际上对应的频率分别为 − 10 Hz、− 40 Hz、− 70 Hz。如果不断增大信号 f，可以看到正负频率对应的频谱逐渐靠近，当 $f > f_s/2$ 时，就会出现频谱混叠现象。这就是采样定理所限制的结果，因此为了能够得到正确的频谱，采样时必须满足采样定理，即 $f < f_s/2$。

实际上，频谱中绝对值相同的正负频率对应的信号频率是相同的，负频率只是由于数学变换才出现的，因此，将负频率对应的频谱叠加到相应正频率上，然后将正频率对应的幅值加倍，零频率对应的频谱不变，就可以将双边频谱转换为单边频谱。根据这个道理，对上述双边傅里叶变换处理，进行单边傅里叶变换，结果如图 15.2.72 所示。

（6）完整的程序框图如图 15.2.73 所示。运行程序，前面板结果如图 15.2.74 所示。

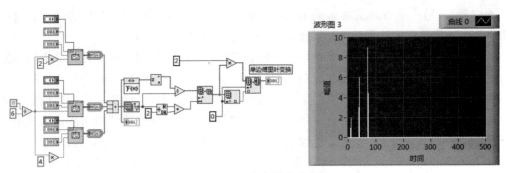

图 15.2.72　单边傅里叶变换

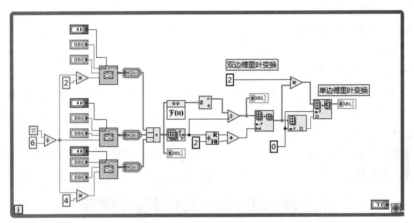

图 15.2.73　程序框图

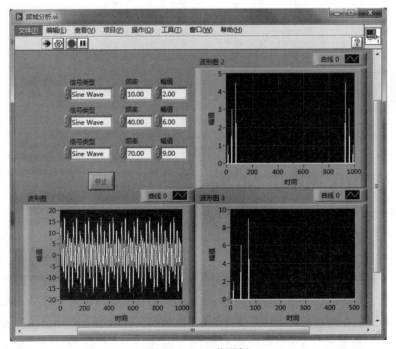

图 15.2.74　前面板

[例15.2.13] 串口通信数据采集系统设计。利用计算机和 LabVIEW 软件，通过串口线 RS232 在虚拟仪器实验平台上对温度采集模块进行温度采集。

一个完整的仪器控制系统除了包括计算机和仪器外，还必须建立仪器与计算机的通路以及上层应用程序。通路包括总线和针对不同仪器的驱动程序；上层应用程序用于发送控制命令、仪器的控制面板显示以及数据的采集、处理、分析、显示、存储等。串行通信是工业现场仪器或设备常用的通信方式，它是将一条信号的各位数据按顺序逐位传送。计算机串行通信采用 RS232 协议，允许一个发送设备连接到一个接收设备以传送数据，最大速率为115 200 b/s。计算机串行口采用 Intel 8250 异步串行通信组件构成，通常以 COM1～COM4 来表示。

在工程应用中经常会用到 232 串口，最简单的串口连接方法是 DB–9 针形串口连接的"三线制"连接，通信的接收数据针脚（或线）与发送数据针脚（或线）相连，彼此交叉连接，信号地对应相连。

（1）LabVIEW 通信节点。

在 LabVIEW 中用于串口通信的节点实际上是 VISA 节点，与串口通信相关的函数位于"函数"→"仪器 I/O"→"串口"子选板中。LabVIEW 中提供了已封装好的串口通信节点，它们位于"函数"→"仪器 I/O"→"串口"子选板上，如图 15.2.75 所示。LabVIEW 中用于 VISA 节点的一个子模块即 Serial 模块，该模块有 VISA 配置串口、VISA 写入节点、VISA 读取节点、VISA 关闭节点、VISA 串口中断节点、VISA 串口缓存节点图标等。

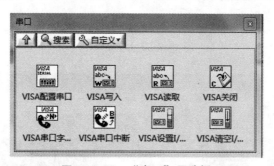

图 15.2.75　"串口"子选板

串口配置节点：在进行串口通信时，首先要对串口进行初始化和配置，这可以由 VISA 配置串口节点来完成。VISA 配置串口节点的图标及其端口定义如图 15.2.76 所示。使用该节点可以设置串口的 VISA 资源名称、波特率、数据位、校验位、超时时间、终止符以及流控制等参数。其中，"启用终止符"使串行设备做好识别终止符的准备，如值为 True（默认），VI_ATTR_ASRL_END_IN 属性设置为识别终止符；如值为 False，VI_ATTR_ASRL_END_IN 属性设置为 0（无）且串行设备不识别终止符。"终止符"通过调用终止读取操作，从串行设备读取终止符后读取操作终止。"0xA"是换行符"\ n"的十六进制表示。消息字符串的终止符由回车"\ r"改为"0xD"。"VISA 资源名称"指定要打开的资源"波特率"是传输速率，默认值为"9 600"。数据比特是输入数据的位数。数据位的值介于 5 和 8 之间，默认值为"8"。"奇偶"指定要传输或接收的每一帧使用的奇偶校验。"停止位"指定用于表示帧结束的停止位的数量。"VISA 资源名称输出"是由 VISA 函数返回的 VISA 资源名称的副本。

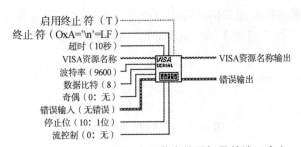

图 15.2.76　VISA 配置串口节点的图标及其端口定义

串口写入：串口写入是将写入缓冲区的数据写入 VISA 资源名称指定的设备或接口，可以选择同步或异步通信。该操作仅当传输结束后才返回。VISA 写入节点的图标及其端口定义如图 15.2.77 所示。其中，"VISA 资源名称"为指定要打开的资源，"写入缓冲区"为要写入设备的数据，"返回数"包含实际写入的字节数量。

图 15.2.77　VISA 写入节点的图标及其端口定义

串口读取：从 VISA 资源名称所指定的设备或接口中读取指定数量的字节，并将数据返回至读取缓冲区，可以选择同步或异步通信。该操作仅当传输结束后才返回。VISA 读取节点的图标及其端口定义如图 15.2.78 所示，其中，"字节总数"包含要读取的字节数量，"读取缓冲区"包含从设备读取的数据，"返回数"包含实际读取的字节数量。

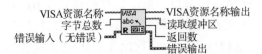

图 15.2.78　VISA 读取节点的图标及其端口定义

串口关闭：关闭 VISA 资源名称指定的设备会话句柄或事件对象。VISA 关闭节点的图标及其端口定义如图 15.2.79 所示。该函数使用特殊的错误 I/O。无论此前操作是否产生错误，该函数都关闭设备会话句柄。打开 VISA 会话句柄并完成操作后，应关闭该会话句柄。该函数可接受各个会话句柄类。

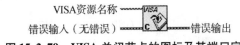

图 15.2.79　VISA 关闭节点的图标及其端口定义

VISA 属性节点：如图 15.2.80 所示，属性节点主要是获取（读取）和/或设置（写入）引用的属性。连接引用句柄至引用输入端可指定执行该属性的类。例如，选择 VI 类、通用类或应用程序类，连接 VI、VI 对象或应用程序引用至引用输入端。节点可自动调整为相应的类，也可用鼠标右键单击节点，在快捷菜单中选择类。通过属性节点对本地或远程应用程序实例、VI 或对象获取或设置属性和方法也可通过属性节点访问 LabVIEW 类的私有数据。"引用"是与要设置或获取属性的对象关联的引用句柄。如"属性节点"类为应用程序或

VI，则无须为该输入端连接引用句柄。对于应用程序类，默认值为当前应用程序实例。对于 VI 类，默认值为包含属性节点的 VI。"引用输出"返回无改变的引用。

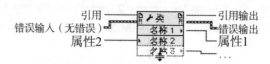

图 15. 2. 80　VISA 属性节点

通过 VISA 用户可以与大部分仪器总线连接，包括 GPIB、USB、串口、PXI、VXI 和以太网中的任何一种总线，只要安装了设备的驱动并在 MAX 中进行了适当的配置，就能在"VISA 资源名称"控件中看到该仪器的选项。而无论底层是何种接口，用户只需要面对同一编程接口——VISA。VISA 的另一个显著优点就是平台可移植性强，任何调用 VISA 函数的程序都易于移植到其他平台上，VISA 定义了它自己的数据类型，这就避免了当移植程序时由整数类型大小不一致导致的问题。注意：在使用 LabVIEW 提供的串口节点功能时，必须安装串口驱动。

（2）温度采集。

DS18B20 是美国 DALLAS 公司生产的单线数字温度传感器，可把温度信号直接转换成串行数字信号供微机处理，从 DS18B20 读出温度信息或写入命令信息，只需要一根线与 MCU 连接。引脚线中除了一根数据输入输出线外，另两根为电源和地线。数据线可完成数据的读写、温度转换控制及寄生电源的提供（用数据线供电无须额外电源），检测系统无须任何外围硬件。

（3）单片机控制。

此实验中采用了 AT89S51 单片机对其进行控制，当单片机接收到串口数据"0x7E"时，单片机将采集到的温度数据帧送往串口。温度数据帧格式为 0xF9、0xPP 和 0x00/0xFF。其中，0xF9 为固定帧头；0xPP 的最高位为符号位（0 为正值，1 为负值），低 7 位为温度整数部分的绝对值；0x00/0xFF 前面值时表示小数位为 0.0，后面值时表示小数位为 0.5。单片机 I/O 口选用 P1.0，串口波特率配置为 1 200，偶校验。AT89S51 的 P1.0 引脚与 DS18B20 的数据输入输出线 I/O 连接，接口如图 15.2.81 所示。

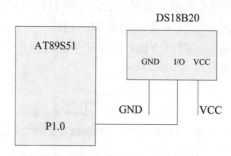

图 15. 2. 81　单片机温度采集连接

（4）程序实现。

下面分别介绍选用的函数、程序框图和函数结果，操作步骤如下：

①创建一个 VI，在程序面板上，单击鼠标右键选择菜单栏中的"函数"→"仪器 I/O"→"VISA"→"高级 VISA"→"VISA 查询资源"，"函数"→"仪器 I/O"→"VISA"→"VISA 读取"，"函数"→"仪器 I/O"→"串口"→"VISA 配置串口"，"函数"→"仪

器 I/O"→"VISA"→"VISA 写入"，"函数"→"仪器 I/O"→"VISA"→"高级
VISA"→"VISA 关闭"，同时放入位于"函数"→"仪器 I/O"→"VISA"→"高级
VISA"子选板中的"VISA 属性节点"对 VISA 资源属性进行设置，使得 VISA 传递字符，直
到传递结束方进行下一项。"VISA 查询资源"占用端口，把找到的第一个端口的端口名连
接到"VISA 资源配置"端口。

②由于串口读写的端口定义默认为字符串类型，为了和单片机通信，串口应以十六进制
发送 0x7E 标志，所以在写串口时数据类型为十六进制的 7E，而串口读取的字符串要转换为
字节数组才能正确地作后续处理。在"VISA 写"的输入端口写入字符"7E"，在读和写之
间加入 5 ms 延时，然后在"VISA 读"的输入端写入"3"，表示读取 3 个字节的数据，在
"VISA 读"的输出端口读取串口返回的温度数据，转化为数组，如图 15.2.82 所示。

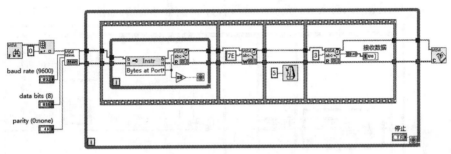

图 15.2.82　串口数据读取

③温度显示。从串口中读取的字符串转换为三个字节，其中第一个字节为 0xF9，为帧
头标志，其余两个字节表示温度。表示温度的数据有两个字节，第一个字节的最高位表示温
度的正负，后七位表示温度的整数值，第二个字节表示温度的后一个小数，0x00 表示 0.0，
0xFF 表示 0.5。这两个字节共同表示实际的温度。将温度送入数值中的温度计控件，即可显
示温度传感器的温度。温度显示部分程序框图如图 15.2.83 所示。

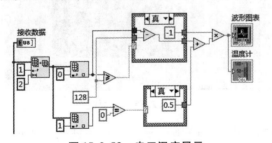

图 15.2.83　串口温度显示

④修饰程序的前面板。它位于"控件"→"新式"→"修饰"子选板中，它包括一些
图形对象，用于前面板的静态修饰。静态界面的修饰主要可以通过以下几个途径来实现：

a. 调节控件的颜色、大小和位置。

除了 System 风格的控件，LabVIEW 的大多数控件颜色都是可以随意调节的。通过画笔
工具，可以轻松地改变控件或者文字的颜色，例如可以将关键操作的按钮涂成红色，将报警
文字涂成黄色，正常状态设为绿色等。而对于大面积的背景色一般都用灰色调，因为它可以
让人看得更久且不厌烦。具体如何搭配颜色，是一门学问，有兴趣的读者可以查看相关书
籍。对于编程人员来说，只需要知道一些原则就够了。

b. 控件的排版、分布。

简洁整齐的界面永远会受到用户的欢迎，我们要尽量保证同类控件大小一致，整齐排列，这可以通过工具栏中的排版工具轻松实现。当对多个控件排版完后，可以通过前后按钮，对多个控件进行绑定，这样就不会改变各控件之间的相对位置了。若需要对其位置进行重新排布，取消其排布即可。

c. 利用修饰元素。

除了可以调节控件颜色、大小之外，还可以加入更多的修饰元素。这些修饰元素在"控件"→"新式"→"修饰"子选板下，不要小看这些修饰元素，虽然它们对程序的逻辑功能没有任何帮助，但是可以使用户界面装饰和排版更加容易，并能制造一些意想不到的效果。必要的时候也可以贴一些图片作为装饰，如自己公司的 Logo 等。

完整的程序框图如图 15.2.84 所示。运行程序，前面板结果如图 15.2.85 所示。

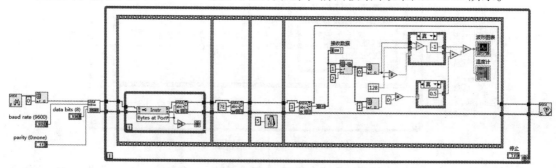

图 15.2.84　程序框图

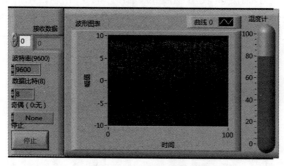

图 15.2.85　前面板

[例 15.2.14]　项目管理与 LabVIEW 报表生成。创建一个简单报表，效果预览如图 15.2.86 所示，表格为 5 × 4，记录实验结果，要求表格标题中名称可以输入。

速度 - 压力实验测量记录

序号	第一次测量	第二次测量	第三次测量
1	1.000	2.000	3.000
2	5.000	8.000	7.000
3	9.000	10.000	11.000
4	13.000	14.000	15.000

图 15.2.86　报表预览

LabVIEW 提供了丰富的关于报表生成的 VI，位于"函数"→"编程"→"报表生成"子选板中，如图 15.2.87 所示，使用文本块和格式化信息作为输入，并输出报表至指定的打印机进行打印，或发布至指定路径。关于报表生成的 VI，大致可以分为 5 个模块：简易报表控件、常用报表控件、高级报表控件、Express 报表控件和 Office 报表控件。

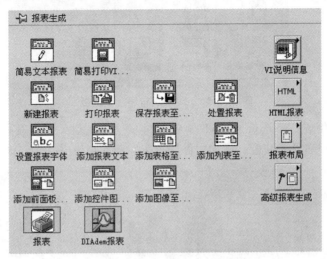

图 15.2.87　"报表生成"子选板

简易报表控件提供了"简易文本报表生成"和"简易打印 VI 面板或详细信息"两个 VI，利用它们可以以简单的配置生成最基本的文本报表和打印 VI 面板的一些信息。

常见报表控件包括新建报表、设置报表字体、添加文本、添加表格、添加列表、添加前面板、添加控件、保存/打印、处置报表等。这些控件是创建报表的基本控件，包括报表的创建、编辑、保存/打印、关闭等操作。利用这些控件可以创建一个报表的基本框架，另外，在创建高级报表时经常用它们来创建基本的报表框架，然后再利用高级报表控件对细节内容进行设置，最后生成一个完整的报表。

高级报表控件主要包括 VI 说明信息、HTML 报表、报表布局、高级报表生成 4 个子选板。利用这些控件对报表的详细内容进行设置，生成更完整、更专业的报表。

① "VI 说明信息"子选板如图 15.2.88 所示，它提供了一些 VI 可以将前面板对象、VI 层次、VI 历史、子 VI、VI 图标、VI 说明等信息添加到报表文件中。

② "HTML 报表"子选板如图 15.2.89 所示，主要提供了关于生成 HTML 报表时需要用到的一些 VI，包括添加水平线、超文本、控制是否在浏览器中进行浏览等。

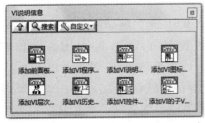

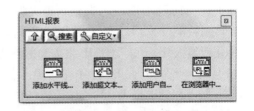

图 15.2.88　"VI 说明信息"子选板　　　　图 15.2.89　"HTML 报表"子选板

③ "报表布局"子选板如图 15.2.90 所示，主要提供了对报表布局的一些 VI，包括设

置报表的页眉、页脚，设置页边距、打印方向、换页和换行等。

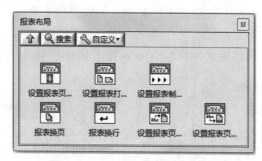

图 15. 2. 90　"报表布局"子选板

④"高级报表生成"子选板如图 15. 2. 91 所示，主要提供关于报表高级操作的一些 VI，如报表类型获取、报表设置获取、添加文件到报表、清除报表文件、查询可用打印机等。

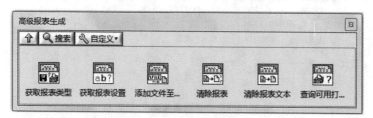

图 15. 2. 91　"高级报表生成"子选板

（1）分析。

本例实验主要生成一个常用报表，在报表中插入表格、设置表格内字体、设置打印机等，涉及报表的创建、编辑、保存/打印、关闭等控件的使用。

如果连接的是实际的打印机，则可以输出打印信息。如果不知道自己在电脑上安装的打印机名称或者不知道 LabVIEW 默认的打印机时，LabVIEW 提供了一个"Query Available Printers. vi（查询可用打印机）"VI，通过它可以查询到当前计算机安装的所有打印机信息和默认打印机信息。

（2）程序函数介绍。

高级报表生成涉及报表的排版、字号、字体设置、插入图片、图片格式设置等。这些都需要多种不同功能 VI 的支持，但是创建报表的流程基本可以概括为"创建报表"→"编辑报表"→"保存/打印"→"关闭报表"四个步骤。

下面对本例所用到的主要报表生成函数进行简单介绍。

①新建报表. vi 函数。

新建报表. vi 函数的图标及其端口定义如图 15. 2. 92 所示，该函数的作用是创建一个新的报表。该函数的"窗口状态（正常）"端子可以设置 Microsoft Word 或 Excel 窗口正常显示、最小化或最大化，对于 HTML 报表和标准报表，VI 忽略该参数；"显示警告？（F）"端子确定在 Microsoft Word 或 Excel 中是否显示提示或警报，默认值为 False，表示禁用警报，对于 HTML 报表和标准报表，VI 忽略该参数；"报表类型"输入端是要创建的报表的类型，主要创建的报表类型如表 15. 2. 2 所示。

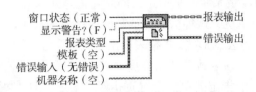

图 15.2.92　新建报表. vi 函数的图标及其端口定义

表 15.2.2　报表创建类型

0	Standard Report（默认）：创建报表并在报表输出中返回它的引用，以便用其他报表生成 VI 设置或打印该报表
1	HTML：创建 HTML 报表并在报表输出中返回它的引用，以便用其他的报表生成 VI 设置、保存或打印该报表
2	Word：创建 Word 报表并在报表输出中返回它的引用，以便用其他的报表生成 VI 设置、保存或打印该报表
3	Excel：创建 Excel 报表并在报表输出中返回它的引用，以便用其他的报表生成 VI 设置、保存或打印该报表

该函数的"模板（空）"输入端子指定作为报表模板的 Word 文档和 Excel 工作报表的路径，输入要打开的 Word 文档或 Excel 工作表的路径，对于 HTML 报表和标准报表，VI 忽略该参数；"机器名称（空）"输入端指定运行 Microsoft Word 或 Excel 的远程计算机的名称；"报表输出"输出端是报表引用，用户可对该报表的外观、数据以及打印进行控制，可连接该输出至其他报表生成 VI；"错误输入（无错误）"输入端表明该节点运行前发生的错误条件；"错误输出"输出端包含错误信息。

②设置报表页边距. vi 函数。

设置报表页边距. vi 函数的图标及其端口定义如图 15.2.93 所示，该函数的作用是设置指定报表的页边距。该函数的"报表输入"端子是报表引用，用户可对该报表的外观、数据以及打印进行控制，通过新建报表 VI 生成 LabVIEW 类对象；"页边距（1.00）"输入端子设置页边距的大小，页边距的默认值为"1.00"，输入的是一个包含"上、左、右、下"四个页边距的距离输入控件，若"页边距"设置值小于打印机的最小页边距，VI 返回错误，设置格式如下：

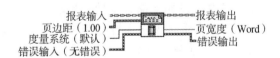

图 15.2.93　设置报表页边距. vi 函数的图标及其端口定义

"上"设置顶部页面边界与页面内容之间的距离，以英寸或厘米为单位；

"左"设置左侧页面边界与页面内容之间的距离，以英寸或厘米为单位；

"右"设置右侧页面边界与页面内容之间的距离，以英寸或厘米为单位；

"下"设置底部页面边界与页面内容之间的距离，以英寸或厘米为单位。

该函数的"度量系统（默认）"输入端设置度量边距的单位，当输入端值设置为"0"

时，设置计算机上配置的度量系统的页边距，同时它也是计算机默认值；当输入端值设置为"1"时，页边距以英寸为单位，这种情况为英制形式；当输入端值设置为"2"时，页边距以厘米为单位，这种情况为公制形式。"报表输出"端子同上所述，这里不再赘述。可连接该输出至其他报表生成 VI。该函数的"页宽度（Word）"输出端返回的是 VI 设置页边距后的宽度，VI 按照测量系统中指定的单位设置页边距，对于 HTML 报表、Word、标准报表或Excel 报表，VI 忽略该参数。

③添加报表文本 . vi 函数。

添加报表文本 . vi 函数的图标及其端口定义如图 15.2.94 所示，该函数的作用是添加文本至所选报表，通过连线数据至文本输入端可确定要使用的多态实例，选定报表是指连线至报表输入接线端的报表，文本可添加至报表中新行上光标的当前位置。该函数的"格式字符串（%.3f）"输入端口为指定 LabVIEW 使数字转换为字符时使用的数字格式，连接数值数据至文本输入端时应使用格式字符串；"MS Office 参数"输入端子指定 Microsoft Word 或Excel 报表中要进行插入操作的点，对于 HTML 报表和标准报表，VI 忽略该参数，参数可以是 Word 中的书签或 Excel 中的单元格坐标，若设置报表类型为 Word 但并未指定书签，则插入位置为文档末尾，插入位置包含 Excel 工作表中插入点的行列坐标，行列值从 0 开始，单元格 A1 的坐标为（0，0）；"文本"输入端为要包括在报表中的信息；"添加至新行？（F）"输入端值为"TRUE"时在报表中添加新的行，默认值为"FALSE"；"开始输出（Word）"输入端表示在 Microsoft Word 文档中插入文本的起始字符索引，对于 HTML 报表和标准报表，VI 忽略该参数；"结束输出（Word）"输出端表示在 Microsoft Word 文档中插入文本的末尾字符索引，对于 HTML 报表和标准报表，VI 忽略该参数。

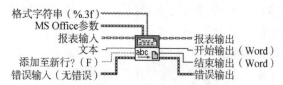

图 15.2.94 添加报表文本 . vi 函数的图标及其端口定义

④设置报表字体 . vi 函数。

设置报表字体 . vi 函数的图标及其端口定义如图 15.2.95 所示。该函数的作用是设置报表的字体属性，包括页眉和页脚字体的斜体、粗体、删除线、下划线、颜色、字体名称、字体大小、字符集、磅数等属性。该函数的"字体设置源"输入端用来指定选择字体设置的方式，对于 HTML 报表和标准报表，VI 将忽略该参数；"文本颜色（未更改）"输入端设置报表中文本的颜色，可连线颜色盒常量至该输入端，默认值为 T，表示不对文本进行改动；"文本选项"输入端用来指定文本在表格中的显示格式，具体如下：

斜体：确定后续文本在报表中是否以斜体显示，默认值为 Italic Unchanged。

0	默认值：Italic Unchanged
1	Italic On
2	Italic Off

删除线：确定后续文本在报表中是否显示删除线效果，默认值为 Strike Through Unchanged。

0	默认值：Strike Through Unchanged
1	Strike Through On
2	Strike Through Off

下划线：确定后续文本在报表中是否显示下划线，默认值为 Underline Unchanged。

0	默认值：Underline Unchanged
1	Underline On
2	Underline Off

粗体：确定后续文本在报表中是否显示为粗体，默认值为 Bold Unchanged。

0	默认值：Bold Unchanged
1	Bold On
2	Bold Off

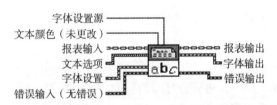

图 15.2.95　设置报表字体 . vi 函数的图标及其端口定义

该函数的"字体设置"输入端用来对报表使用的字体进行设置，主要包括的设置有：字符集设置——设置报表文本的字符集，默认值为"－1"；权重设置——设置字体的粗细，默认值为"－1"；名称设置——设置字体名称；大小设置——设置字体的大小，在标准报表中，大小以点为单位。该函数的"字体输出"端子中包含 VI 用于进行格式设置的字体，该值对各种报表都有效，里面包含字体名称、字体大小、粗体、斜体、下划线、删除线、字体颜色等。

⑤添加数值表格至报表 . vi 函数。

添加数值表格至报表 . vi 函数的图标及其端口定义如图 15.2.96 所示，该函数的作用是按照指定列宽，使二维数组作为表格至报表。该函数的"列宽测量系统（默认）"端子确定"列宽（1）"端子中输入值的单位为英寸或厘米；"列宽（1）"确定报表表格中每列的宽度，参数值取决于"列宽测量系统（默认）"中的设置，默认值为"1"，对于 HTML 报表，VI 使值乘以 100 时得列宽，以像素为单位；"列首"用来确定表格中每列的标题；"行首"

用来确定表格中每行的标题；"数值数据"端是要以表格形式打印的消息，如使用表格控件，表格的值可传递至该参数；"显示网格线"端用来指定是否在表格中显示网格线，默认值为"False"。

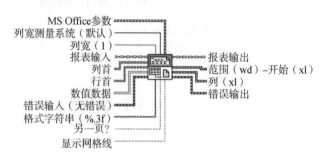

图15.2.96　添加数值表格至报表.vi函数的图标及其端口定义

⑥打印报表.vi函数。

打印报表.vi函数的图标及其端口定义如图15.2.97所示，该函数的作用是在指定或默认的打印机上打印报表。函数的"打印机名（默认）"输入端用于连接打印报表的打印机的名称，若连接打印机名，打印机必须配置为供要打印报表的计算机使用；若未连接打印机名，VI使用计算机默认的打印机，用于打印报表的计算机必须有默认的打印机。函数的"副本数（1）"端子用以指定报表要打印的份数，如未指定数量，LabVIEW只打印一份。

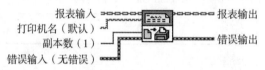

图15.2.97　打印报表.vi函数的图标及其端口定义

（3）程序实现。

①字符串输入控件用于输入打印机名称，添加While循环用于控制打印程序的开启，单击"打印"按钮，退出While循环，将需要打印的数据写入"数组"中，如图15.2.98所示。

②使用"函数"→"编程"→"报表生成"→"新建报表"函数创建新报表，鼠标右键单击"新建报表"中的报表类型创建为常量类型，表示创建的是标准报表。

③使用"函数"→"编程"→"报表生成"→"报表布局"→"设置报表页边距"设置打印页面的页边距。

④使用"函数"→"编程"→"报表生成"→"设置报表字体"设置所要输入的报表名称字体，使用"函数"→"编程"→"报表生成"→"添加报表文本"输入报表名称，在文本选项中设置"Underline on"为实验具体名称添加下划线，并设置字体。

⑤重复添加"函数"→"编程"→"报表生成"→"设置报表字体"以及"函数"→"编程"→"报表生成"→"添加报表文本"添加内容"实验测量记录"。

⑥使用"函数"→"编程"→"报表生成"→"报表布局"→"报表换行"换行，使用"函数"→"编程"→"报表生成"→"设置报表字体"设置表格字体。

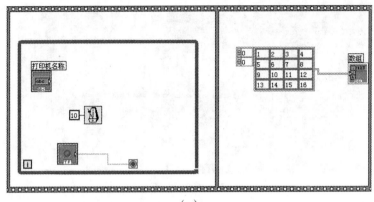

（a）

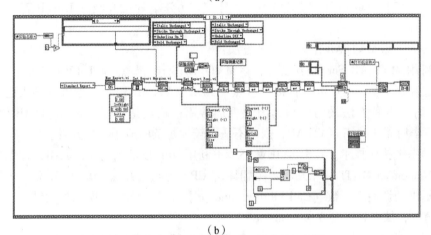

（b）

图 15.2.98　程序框图

（a）程序框图第一帧；（b）程序框图第二帧

⑦添加嵌套的 For 循环，将步骤①中数组中的内容依次添加至"函数"→"编程"→"报表生成"→"添加表格至报表"的文本数据中，并设置行首。

⑧使用"函数"→"编程"→"报表生成"→"打印表格"，设置打印机名称以及打印份数，使用"函数"→"编程"→"报表生成"→"处置打印机"关闭打印机。

⑨完整的程序框图如图 15.2.99 所示。程序运行时，前面板如图 15.2.100 所示。

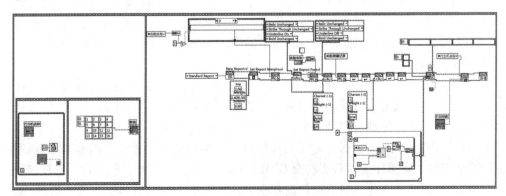

图 15.2.99　程序框图

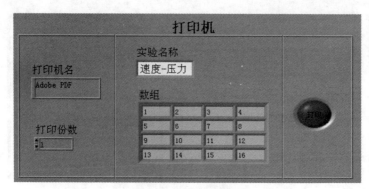

图 15.2.100　前面板

[**例 15.2.15**]　LabVIEW 与 MATLAB 程序接口方法。详细介绍在 LabVIEW 中实现调用 COM 对象的做法。

LabVIEW 调用 MATLAB 主要有三种方法：

（1）利用 MATLAB Script 节点方法。MATLAB Script 节点是 LabVIEW 提供的专门与 MATLAB 通信的节点，用户可以直接在节点中编辑 MATLAB 程序，也可以导入已经存在的 MATLAB 程序，此种方法最为简单，因此更加常用；缺点是不能脱离 MATLAB 语言环境，脚本执行完毕后无法关闭 MATLAB，因而不适合较为复杂的应用程序开发。

（2）动态链接库技术。在 LabVIEW 环境下利用 DLL 技术调用 MATLAB，首先是用 M 文件翻译器 Matcom 将 MATLAB 的 M 文件翻译为 CPP 代码，并编译为 DLL 文件，然后利用 LabVIEW 提供的调用库函数（Call Library Function，CLF）节点实现二者的结合，增强了程序的可移植性，缺点是需要安装 Matcom。

（3）利用 COM 技术。通过 MATLAB Builder for COM 能够将低速执行的 M 文件编译成二进制的 COM 组件，在 LabVIEW 的 ActiveX 中有专门调用 COM 组件的 VI，可以实现利用 MATLAB 进行算法快速开发的目的。

组件对象模型（Component Object Model，COM）是微软生成软件组件的技术标准，是一种以组件作为发布单元的对象模型，各组件之间可以用统一的方式进行交互。COM 不仅提供了组件之间进行交互的规范，还提供了实现交互的环境，成为不同语言协作开发的一种标准。

一个基于 COM 的软件系统可以由多个组件构成，每一个组件被定义为一个具有独立功能的软件模块，它可以通过接口和其他组件进行交互，接口的定义和组件之间的互操作都必须遵守 COM 规范。COM 技术是面向对象技术的重大发展，和以往面向对象技术相比，COM 技术具有以下优点：

（1）封装性。面向对象技术中所谓的封装性只是语义上的封装，这种封装性只在源代码级有意义，一旦生成可执行代码，这种封装性也就不存在了。COM 的封装性是指可执行代码级的封装，每个组件都可以是一个独立的可执行代码模块。

（2）可重用性。面向对象技术中的可重用性是指源代码级的重用，而 COM 的可重用性表现在 COM 组件的可重用上。只要符合 COM 的标准，组件可以被其他组件不加任何修改地使用。如果组件发生了变化，只要接口没有改变，其他组件可以直接使用修改后的 COM 组件，而不需要任何的修改和重新编译。

（3）位置透明性。位置透明性是指组件之间的调用与组件的具体位置无关。两个组件可以在同一台计算机上，也可以在不同的计算机上，甚至可以在 Internet 上，只要两个组件遵循 COM 的规范，就可以实现组件之间互操作。

（4）语言无关性。COM 规范的定义不依赖于特定的编程语言，便于系统的开发和扩展。因此，无论采用哪种编程语言，只要它们能生成符合 COM 规范的可执行代码即可。

使用 MATLAB Builder for COM 创建 COM 组件的过程非常简单，只需要四个步骤，即创建工程、管理 M 文件和 MEX 文件、编译生成组件、打包和发布组件，实现 M 文件的 COM 组件编译生成步骤主要为：

（1）配置 COM 组件编译器。

为了将 M 文件编译成后缀为 dll 的 COM 组件，需要采用合适的编译器，在这里通常选用高级的 C/C++ 编译器。MATLAB 的 Command 中输入 "mbuild - setup"，并按照提示进行编译器逐步配置，直至配置成功。由于要生成 COM 组件，故选用了高版本的 C++ 编译器。

（2）建立 M 文件。

建立一个 M 函数，命名为 AmpSpectrum. m，该函数原型为 function [f, Amp] = AmpSpectrum（y, fs）。用 Function 关键字定义声明，其内部采用了 FFT 函数，作用是求出一个波形的幅度频谱，输入参数为波形数组、采样率，输出参数为频率、幅度。代码如下：

```
function:[f,Amp] = AmpSpectrum(y,fs)
            N = length(y);
              n = N/2;
            temp = fft(y);
           temp1 = abs(temp);
         Amp = temp1(1:n) * 2/N;
          f = (0:n - 1) * fs/N;
```

建立另外一个 M 文件 SineFFT. m 调用 AmpSpectrum. m，代码如下：

```
            function SineFFT
              t = 0:0.001:1;
         y = 2 * sin(2 * pi * 10 * t);
       [f,Amp] = AmpSpectrum(y,1000);
             plot(f, Amp)
```

在 MATLAB 的 Command 环境中加载并运行文件 SineFFT. m，看其工作状况是否良好及达到需求。如果运行正确，则绘出一个频谱图，说明 M 文件原理正确，编译过的组件同样不应该出现问题。

在 MATLAB 命令行中输入 "comtool"，启动 "MATLAB Builder" 图形用户界面。此工具方便易用，可以帮助用户生成独立的 COM 组件对象，新建一个工程，在图形化用户界面的 "New Project Setting" 对话框中 "Component flame" 项输入组件名 "SineFFTDemo"，"Class name" 项输入类名 "SineFFT"，组件版本号设为 "1.0"，其余项均取默认值，如图 15.2.101 所示。由于 MATLAB 7.1 大大增强了 MATLAB Compiler 模块功能，从而简化了 COM 组件的开发过程，6.5 版本中的 MATALB COM Builder 很多设置项都不再出现。

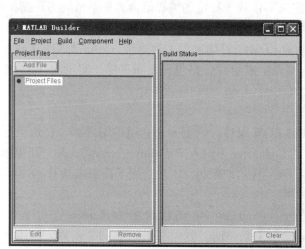

图 15.2.101　新建工程项目页面设置

在"MATLAB Builder"图形用户界面中依次添加 SineFFT. m 和 AmpSpectrum. m 文件。当定义工程设置并添加必要的 M 文件和 MEX 文件后，运行菜单命令"Build"→"COM Object"，调用 MATLAB 编译器。编译过程中将中间文件写到 < project – dir > src 目录中。输出的 DLL 文件写到 < project – dir > distrib 目录里。生成的 DLL 文件会自动注册到系统中。

一旦算法文件编译成功，并通过测试，就可以打包和发布组件。创建一个 self – extracting executable，包含一些支持和注册文件，以便该组件可以在其他机器上使用。运行菜单命令"Component"→"Package Component"，创建一个自解压可执行程序 < componentname > exe。有时为了在目标机上使用用户能够使用 MATLAB Compiler 生成的组件，需要一同发布 MCR（MATLAB Component Runtime，Windows 用户可以通过 MCRInstaller. exe 进行安装）。本例中生成的是 SineFFTDemo. exe 安装包。此外，MATLAB Builder for COM 可以给 COM 对象添加属性和事件。

（3）在 LabVIEW 中调用 COM 对象。

MATLAB Builder for COM 创建的 COM 组件是具有双重接口的独立的 COM 对象。调用 COM 对象时，输入参数将转换为 MATLAB 内部数组格式并传递给经过编译的 MATLAB 函数。函数退出时，输出参数由 MATLAB 内部数组格式转换为 COM 自动化数据类型。COM 客户端在经过编译的 MATLAB 函数中将所有的输入、输出参数作为变体型（Variant）变量进行值传递。变体型是一种特殊的数据类型，可以适应所需数据的变化，如表征字符型、整型、浮点型，并可以按需要进行大小调节。该数据类型并不存在于 LabVIEW 中，但是由于 ActiveX、COM 和 OLE 控件允许使用变体型数据，因而 LabVIEW 提供了对这种数据类型的支持，以便传递和检索 COM 对象中的数据。在目标机上运行 SineFFTDemo. exe 安装包，注册 SineFFTDemo_1_0. dll。

程序子模块介绍：

①打开自动化. vi 函数。

打开自动化 . vi 函数的图标及其端口定义如图 15.2.102 所示，该函数的作用是返回指向某个 ActiveX 对象的自动化引用句柄。该函数的输入端"自动化引用句柄"可为输出端的"自动化引用句柄"输出提供对象类型；"机器名"端子用以表明 VI 要打开的"自动化引用句柄"所在的机器，如没有给定机器名，VI 可在本地机器上打开该对象。若端子"打开新实例（假）"的值为"True"，LabVIEW 可为"自动化引用句柄"创建新的实例；若端子值为"False"（默认值），LabVIEW 可尝试连接已经打开的引用句柄的实例。若尝试成功，LabVIEW 可打开新的实例。该函数的"自动化引用句柄"输出端是与 ActiveX 对象关联的引用句柄；"错误输出"用于包含错误信息。

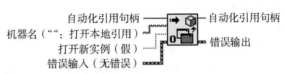

图 15.2.102　打开自动化 . vi 函数的图标及其端口定义

②调用节点 . vi 函数。

调用节点 . vi 函数的图标及其端口定义如图 15.2.103 所示，该函数的作用为在引用上调用方法或动作，大多数方法有其相关参数。该函数的"引用"端子是与调用方法或实现动作的对象关联的引用句柄，若"调用节点"类为应用程序或 VI，则无须为该输入端连接引用句柄，对于应用程序类，默认值为当前应用程序实例，对于 VI 类，默认值为包含"调用节点"的 VI；"输入 1...n"端子是方法的范例输入参数；"引用输出"端子返回无改变的引用；"返回值"端子是方法的范例返回值；"输出 1...n"端子是方法的范例输出参数。

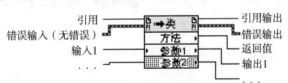

图 15.2.103　调用节点 . vi 函数的图标及其端口定义

③变体至数据转换 . vi 函数。

变体至数据转换 . vi 函数的图标及其端口定义如图 15.2.104 所示，该函数的作用是转换变体数据为 LabVIEW 可显示或处理的 LabVIEW 数据类型，也可用于使变体数据转换为 ActiveX 数据。该函数的"类型"用于指定需要使变体数据转换为何种 LabVIEW 数据类型；"类型"端子可以是任意数据类型，但是，如 LabVIEW 无法使连线至变体的数据转换为输入端指定的数据类型，函数可返回错误，若数据是整型，可使数据强制转换为另一种数值表示法（例如，扩展精度浮点数）；"变体"端子可转换为"类型"端子中指定的 LabVIEW 数据类型；"数据"端子可转换为"类型"端子指定 LabVIEW 数据类型的变体数据，若变体无法转换为指定的数据类型，"数据"端子可返回指定数据类型的默认值。

④关闭引用 . vi 函数。

关闭引用 . vi 函数的图标及其端口定义如图 15.2.105 所示，该函数的作用是关闭打开的 VI、VI 对象、打开的应用程序实例、.NET 或 ActiveX 对象的引用句柄。

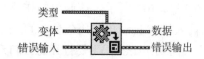

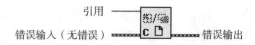

图 15.2.104　变体至数据转换.vi 函数的　　　　图 15.2.105　关闭引用.vi 函数的
　　　　　　　图标及其端口定义　　　　　　　　　　　　图标及其端口定义

（4）程序实现。

下面分别介绍选用的函数、程序框图和函数结果，操作步骤如下：

在 LabVIEW 中调用 COM 对象具体的做法：

①新建一个 VI，设置"互连接口"→"ActiveX"→"打开自动化"，鼠标右键单击自动化引用句柄设置输入变量，在自动化引用句柄上右键菜单选择"选择 ActiveX 类"，出现如图 15.2.106 所示的对话框，单击"浏览"添加刚刚建立的"SineFFTDemo_1_0.dll"，选中 SineFFTDemoclass 并单击"确定"按钮，如图 15.2.107 所示。

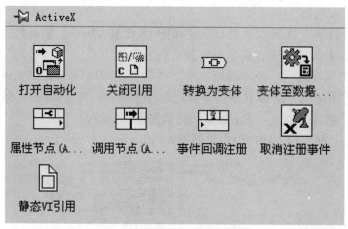

图 15.2.106　ActiveX 面板

图 15.2.107　LabVIEW 加载 COM 组件

②按打开自动化输出引脚右击创建 SineFFTDemo. SineFFTDemoclass 类的方法，依次建立调用节点选择 SineFFT 方法和 AmpSpectrum 方法，AmpSpectrum 方法节点下 nargout 参数表示输出参数个数，此处设为"2"；输出端需要加入变体至数据转换函数，函数类型要用 double 型二维空数组初始化。程序框图具体如图 15. 2. 108 所示。

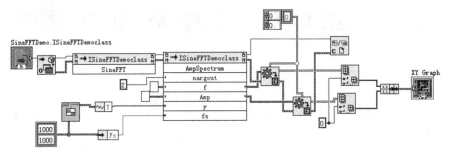

图 15. 2. 108　程序框图

③将处理后的数据捆绑，输入至波形显示模块进行显示，设置"互连接口"→"ActiveX"→"关闭引用"，运行程序，前面板如图 15. 2. 109 所示。

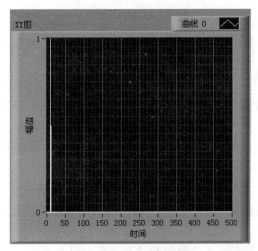

图 15. 2. 109　前面板

第16章　工 程 应 用

作为专业的测试软件，LabVIEW 在许多工程应用中都有广泛的应用，并体现了优异的性能，本章主要介绍 LabVIEW 在工程领域的一些应用。

本章简单介绍几个 LabVIEW 工程测试实例，首先介绍在数据处理方面的数据解码器、多组数据线性度计算设计，再介绍某炮管内径参数的测量，最后是某参数测试系统中的速度测量。

16.1　数据解码器的设计

16.1.1　罗盘的基本知识

数据解码器的解码对象为 GPS/INS 紧密组合系统 INS1200，INS1200 小型化 MEMS 紧密组合导航系统采用紧耦合技术将高精度、低功耗、16 通道、单频 GPS 接收机输出的原始载波相位及伪距和高精度 MEMS 惯性测量单元紧密组合，具有体积和质量小、性能优、价格相对低廉等特点。INS1200 紧密组合导航系统可提供水平姿态、航向等定姿信息，经度、纬度、高度等定位信息，以及三维加速度、角速度等惯性测量信息，并可通过扩展里程计、高度气压计等进一步提高系统精度和适用性，可广泛应用于无人机、交通工具导航、航空和平台稳定控制等领域。

INS 系统由一个单片机、三个陀螺仪和三个加速度计组成。三个陀螺仪和加速度计被安装在三个正交的方向。系统的性能由传感器噪声、偏差、比例因子和系统校准决定。

INS1200 在内部计时器的同步作用下，以给定的波特率通过 RS232 同步输出测得的导航模式、位置、速度和姿态等信息。INS1200 测量数据封装为 50 字节，定义如表 16.1.1 所示。

表 16.1.1　INS1200 测量数据格式

字节	类型	定义
0	unsigned char	字头，0xAA
1	unsigned char	FLAG（类型 & 量程）
2	unsigned short	模式
3 ~ 6	unsigned long	计时器

续表

字节	类型	定义
7 ~ 10	long	纬度
11 ~ 15	long	经度
15 ~ 18	long	高度
19 ~ 22	long	北向速度
23 ~ 26	long	东向速度
27 ~ 30	long	上向速度
31 ~ 32	short	横滚角
33 ~ 34	short	俯仰角
35 ~ 36	short	航向角
37 ~ 38	short	陀螺仪 X
39 ~ 40	short	陀螺仪 Y
41 ~ 42	short	陀螺仪 Z
43 ~ 44	short	加速度计 X
45 ~ 46	short	加速度计 Y
47 ~ 48	short	加速度计 Z
49	unsigned char	校验和

INS1200 惯导组合系统的测量数据封装中，起始的字头位和最后的校验位用于同步通信。而数据位分别为配给导航模式、计时器、位置（纬度、经度和高度）、速度（北向速度、东向速度和上向速度）、姿态（横滚角、俯仰角和航向角）。具体为：

字头：unsigned char，十六进制的常数，0xAA。

模式：unsigned char。$b_1 b_0$ 定义了产品类型：$b_1 b_0 = 0$ 为 IMU，$b_1 b_0 = 1$ 为 VG，$b_1 b_0 = 2$ 为 AHRS，$b_1 b_0 = 3$ 为 GPSINS；$b_3 b_2$ 定义了加速度计的量程：$b_3 b_2 = 0$ 为 $2g$，$b_3 b_2 = 1$ 为 $5g$，$b_3 b_2 = 2$ 为 $10g$；$b_5 b_4$ 定义了陀螺仪的量程：$b_5 b_4 = 0$ 为 $100°/s$，$b_5 b_4 = 1$ 为 $200°/s$，$b_5 b_4 = 2$ 为 $300°/s$；$b_7 b_6$ 定义了陀螺仪的类型：$b_7 b_6 = 1$ 为 MEMS，$b_7 b_6 = 2$ 为 FOG。

导航模式测量值：unsigned char。当模式为 0 时，没有导航信息；当模式为 1 时，只有姿态信息是有效的；当模式为 2 时，所有的导航信息（时间、位置、速度和姿态）均是有效的。

时间测量：unsigned long，测量数据封装的计时指示。该时间与 GPS 的日时间同步（格林威治日时间）。该时间的比例因子为 1 ms。该测量数据的时间计算为：MEAS $* 0.001$ s。

纬度、经度测量：long。纬度、经度测量的比例因子为（10^{-7}）°，所以纬度、经度值为 MEAS ∗ （10^{-7}）°。

高度测量：long。高度测量的比例因子为 10^{-3} m，所以高度值为 MEAS ∗ 10^{-3} m。

北向、东向、上向速度测量：long。速度测量的比例因子为 10^{-3} m/s，所以北向、东向、上向的速度值为 MEAS ∗ 10^{-3} m/s。

横滚、俯仰角测量数据：short。角测量的比例因子为 1/100°，因此，横滚、俯仰角度值为 0.01° ∗ MEAS。

航向角测量数据：short。航向角测量的比例因子为 1/100°，因此，该角度值为 0.01° ∗ MEAS。

陀螺仪 X、Y、Z 测量数据：short。测量比例因子为陀螺仪测量范围/（32 768°/s）。因此，陀螺仪 X、Y、Z 测量值为陀螺仪测量范围/（32 768 ∗ MEAS°/s）。

加速度计 X、Y、Z 测量数据：short。测量比例因子为加速度计测量范围/（32 768 m/s²）。因此，加速度计 X、Y、Z 测量值为加速度计测量范围/（32 768 ∗ MEAS m/s²）。

校验和：unsigned char。按字节从 FLAG 到最后的加速度计 Z 测量数据的无符号的总和，并以 2^8 为模的余数值。

16.1.2　LabVIEW 关于数据块处理函数

本程序为某项目局部程序设计，设计解码程序的目的就是根据采集数据格式以及比例系数，得到物体实际状态变化数值。

LabVIEW 提供了一系列与解码相关的函数，它们位于"函数"→"编程"→"字符串"子选板中，如图 16.1.1 所示。而相关的文件操作函数位于"函数"→"编程"→"文件 I/O"子选板中，如图 16.1.2 所示。

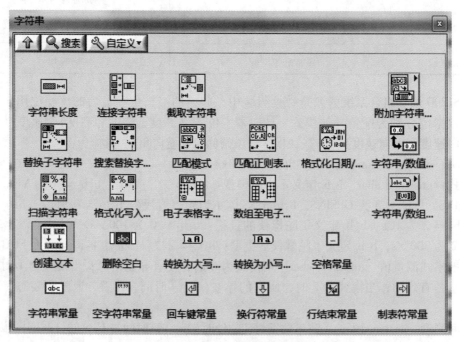

图 16.1.1　"字符串"子选板

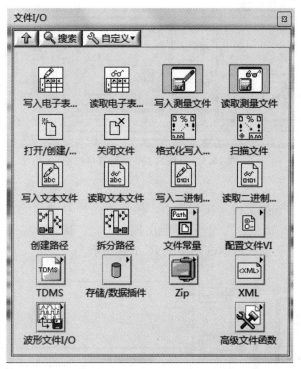

图 16.1.2　"文件 I/O"子选板

16.1.3　构建数据分析与处理软件

基于 LabVIEW 的 ISN1200 惯导信号数据解码处理共由 4 步组成。一是打开文件；二是从文件里找到正确的字头，并由字头开始截取适宜长度的字符串；三是对字符串进行分段处理，返回正确的数值；四是文件存储。如图 16.1.3 前面板所示，其中共放置两个按键，当程序运行时，单击"选择文件"按钮，会自动跳出文件选择框，如图 16.1.4 所示，这时就可以选择所需解码的文件，单击"确定"按钮；接着单击程序前面板的"执行解码"按钮，然后把解码文件放在想要放置的位置即可。程序框图如图 16.1.5 所示，它是解码的程序面板，体现解码的核心思想。

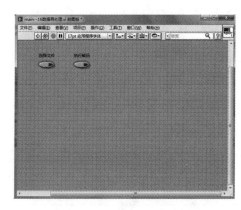

图 16.1.3　程序前面板

图 16.1.4　选择要解码的文件

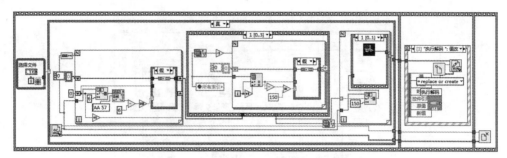

图 16.1.5　ISN1200 解码程序框图

1. 字头寻找

循环等待，直到"选择文件"按钮按下，接着就是针对选择的文件，寻找惯导系统开始记录数据的固定字头"AA 57"，排除可能出现的干扰，接着就持续从"AA 57"字头来进行字符串的截取。字头寻找程序框图如图 16.1.6 所示。

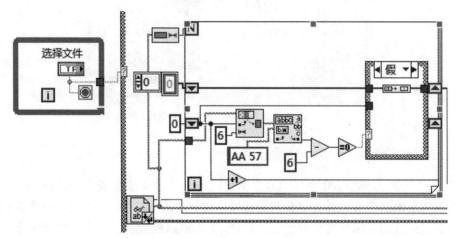

图 16.1.6　字头寻找程序框图

2. 索引剔除

当然，取得的字符串不一定都是正确的字符串，在本程序解码器中，惯导系统采集时间很长时，采集到的数据有时会有缺陷的数据。根据惯导系统采集信息的基本特征，必须对数据长度进行检测，若以"AA 57"开始的数据达到所需的长度，就判定此数据为正常的数据，否则对非正常长度的字符串进行剔除，保留正确的字符串进行后续处理，如图 16.1.7 所示。

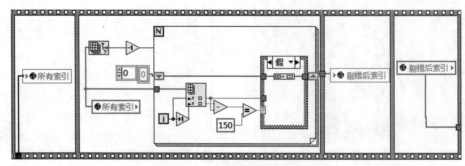

图 16.1.7　索引剔除程序框图

正确的字符串形式为 "AA 5B 01 4E 83 01 00 67 7A BA 17 5F 3C 73 45 75 C4 05 00 00 00 00 00 00 00 00 00 00 00 00 00 00 D7 FF B9 FF 01 00 01 00 01 00 FA FF 54 00 D1 FF 96 19 CE AA 5B 01 58 83…",由于每条信息包含的数据长度不同,因此必须对截取的字符串进行处理,截取计算出所需姿态数据。字符串解算程序框图如图 16.1.8 所示。

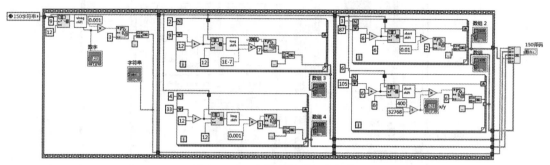

图 16.1.8　字符串解算程序框图

3. 字符串解算

在字符串分段解算过程中,由于惯导系统规定了字符串信息所在位置、所占用长度、数据类型、比例系数等,因此解算过程首先是从字头开始截取所占长度的子字符,然后是数据类型解算,调用相应的子程序把指定的数据类型转化为十进制数据,乘以相应比例系数,按照顺序整理到解码字符串即可。

字符类型转化如图 16.1.9 所示,为 long 型转化为十进制数据程序框图。先把某指定长度字符串截取出来,再按照类型转换规则进行判断、转换,由于 long 型数据最高位为数据正负标志位,因此必须对其进行判断,若 long 型数据为正值,直接将字符串转换为十进制数即可;若 long 型数据为负值,根据计算机二进制数存取格式需要把字符串二进制值按位取反再减一。

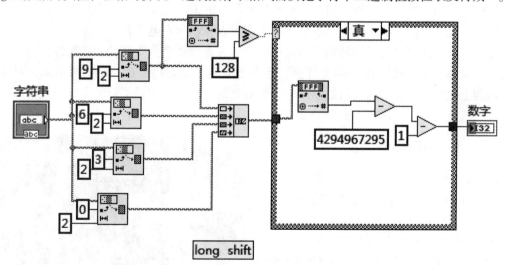

图 16.1.9　long 型数据转换子程序

4. 文件保存

如图 16.1.10 所示,字符串经过处理之后,当"执行解码"按钮按下时,程序会把解算后解码字符串保存在已命名的新建 txt 文件里面。

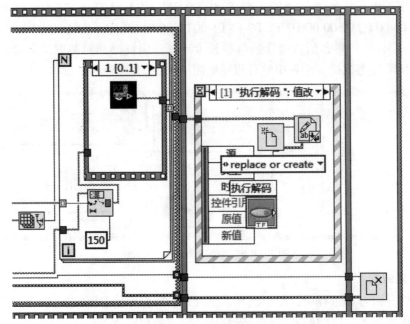

图 16.1.10　执行解码设计

16.2　串口通信的上位机控制

本节以某型号超声电机通信控制的实现为例，设计了简单的串口通信实验，旨在二维平台的位置进行初步控制。本实验采用超声电机驱动丝杠，进而带动二维平台进行移动，采用光栅传感器作为位置检测元件，通过对平台位置信息的采集处理，获得准确的位置信息、其基本控制过程为：计算机送入电机驱动器的指令可以驱动超声电机转动，控制电机转动的正反、速度、脉冲数等，电机的转动带动丝杠转动，进而带动平台微移动，光栅位移传感器可以将平台位移的变化通过 D – sub 9 针插头送至数显表，计算机通过一定的通信协议对数显表发送到上位机的位置信息进行数据读取，经数据解算就可以获得平台的实时位置信息，根据计算机控制指令，发送指令到驱动器继续控制。

16.2.1　串口通信协议

图 16.2.1 所示为本例程选用的超声电机及其配套的驱动器组成的电机控制模块。控制电路对电机的控制是通过相应的电机驱动器实现的，驱动器可以实时接收控制电路的指令，对电机转速、方向等实时控制，同时，驱动器可以通过串口与上位机进行通信，在平台位移调整的过程中，上位机把控制指令发送到控制器，再由驱动器根据指令控制电机完成相应的指令，同

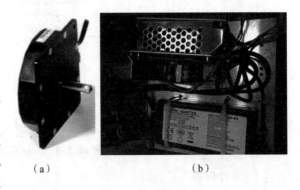

（a）　　　　　　　　（b）

图 16.2.1　电机及驱动器

（a）超声电机；（b）电机驱动器

时反馈电机驱动器接收到的信息。

如图 16.2.2 所示，光栅尺数显表系统利用程序对传感器的输出信息进行读取是通过数显表来实现的，数显表具有 RS232 接口，方便与外部设备连接，光栅尺位移传感器的脉冲信号经过计数器处理后在数显表显示。数显表可以通过串口与上位机进行通信，上位机把相应指令发送到数显表，数显表即可把位置信息经过一定的数据格式发送到上位机。

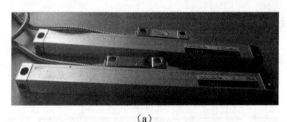

（a）

（b）　　　　　　　　（c）

图 16.2.2　光栅尺数显表系统

（a）光栅尺；（b）数显表前面板；（c）数显表后面板

在 LabVIEW 里，不需要了解底层实际接口的类型是什么，对于 GPIB、USB、串口、PXI、VXI 和以太网等接口，只需要掌握 VISA I/O 这一套函数库，程序在运行时会根据实际接口类型自动调节相应的接口驱动程序，完成通信操作。当 LabVIEW 通过 RS232 串口线进行上位机通信控制时，首先要确定的是本计算机已经安装 RS232 串口驱动程序（否则计算机无法找到相应的 COM 口），然后必须确保安装 VISA 驱动程序（否则 LabVIEW 软件无法找到相应的 COM 口），最后需保证通信连接的正确性，即计算机的串口 RXD 引脚连接的是驱动器的 TXD 引脚，计算机的串口 TXD 引脚连接的是驱动器的 RXD 引脚，这点也是所有串口通信程序的首要任务。

电机驱动器的使用指令格式为：

（1）串行通信规约：波特率 115.2 Kbit/s、1 bit 起始位、8 bit 数据、1 bit 停止位、无校验位。

（2）数据帧格式：命令（大写）＋空格（0x20）＋数据＋＜CR＞（0x0D）＜LF＞（0x0A），均为 ASCII 码。

（3）命令字："V"，转速命令（＋空格＋数据）＋＜CR＞；

"U"，CW 启动命令＋＜CR＞；

"D"，CCW 启动命令＋＜CR＞；

"S"，STOP 停止运行命令＋＜CR＞；

其中，数据字"×××"三位 ASCII 码，表示速度指令设置，包括"0"，速度范围为 0～100。启动器校验方式是在收到命令、数据后，返回对应的 ASCII 码（不含\r\n）。

数显表的指令格式为：

（1）串行通信规约：波特率 9 600 bit/s、1 bit 起始位、8 bit 数据、1 bit 停止位、无校验位。

（2）数据格式："X：xxx + 空格 + Y：xxx" ASCII 码，发送数据到串口。

（3）命令字："S"，发送数据命令 + < CR >。

其中，数据"xxx"为 ASCII 码，是数显表反馈的位置信息，它包括 7 位，第 4 位为小数点位，其他是位置有效数据。

16.2.2 LabVIEW 关于串口通信的函数

本程序为某项目程序局部设计，LabVIEW 软件提供了一系列与串口操作相关的函数，它们位于"函数"→"仪器 I/O"→"VISA"→"高级 VISA"子选板以及"函数"→"仪器 I/O"→"串口"子选板中，如图 16.2.3 和图 16.2.4 所示。

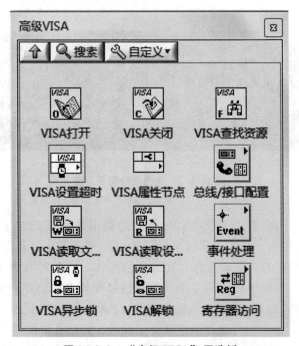

图 16.2.3　"高级 VISA"子选板

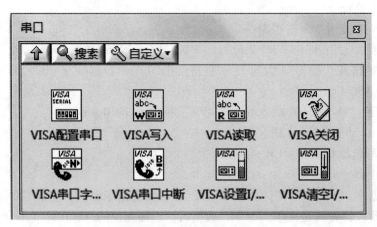

图 16.2.4　"串口"子选板

16.2.3 构建上位机通信控制软件

图 16.2.5 所示为基于串口通信的电机控制前面板，图 16.2.6 所示为基于串口通信的电机控制程序框图。程序首先对参数进行必要的初始化设置，然后寻找串口并根据相应的通信协议进行相关配置，接着对通信数据位进行设置，并查看通信连接的正确性，最后根据按键的状态判断程序的走向，若"开始"按键按下，程序会判断平台所在位置，并与设定的位置进行比较，若现在位置没有在设定位置一定误差范围内，程序就会发送相应的正转、反转指令到驱动器，同时会把位置数据传到指定的文件内。

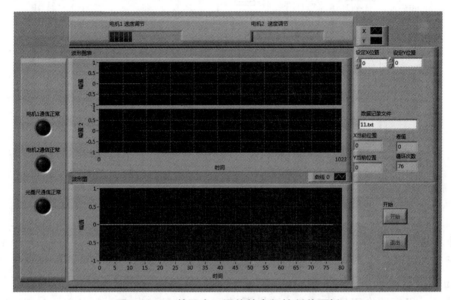

图 16.2.5　基于串口通信的电机控制前面板

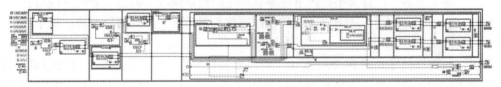

图 16.2.6　基于串口通信的电机控制程序框图

1. 初始化及串口连接

初始化是对程序中出现的一些状态变量的初始设置，初始化的存在是很必要的，这样可以使程序运行的过程中不会在程序开始运行时跳出拟定的控制规则，如果按照上次运行程序时的参数继续执行，就会出现错误。

如图 16.2.7 所示，LabVIEW 进行串口连接时先进行初始化，给后面的变量赋一个初值，接下来是串口配置与连接，根据电机驱动器及数显表通信格式，对其配置波特率、数据位、校验位、停止位等。驱动器串口测试时先发送一个"ok!"字符串，若驱动器返回同样的字符表示驱动器通信正常，否则表示通信错误。数显表串口通信测试时与驱动器测试类似，首先配置端口，然后向串口发送字符"S"，数显表返回字符串，若检测字符串不为空，表示数显表能够与上位机进行正常通信，否则表示不能进行正常通信。

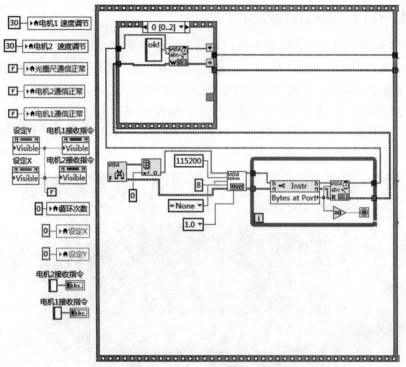

图 16.2.7　初始化及串口配置

对串口进行配置连接后就进入循环程序，循环检测、显示平台当前位置，并根据当前位置发送相应的控制命令，同时根据例程需求，把位置数据按照一定的格式保存在文件里。

2. 位置数据读取

系统显示程序的作用是使相应的结果更形象，实时显示出来。本程序具有实时显示的作用，不仅能够实时看到位置大小，还可观察到相应的运动曲线。数显表处理后的传感器位置数据按照一定的顺序排列，从串口读取的数据通过数据匹配节点，解算分离出每个方向的位置值。

位置信息解算程序如图 16.2.8 所示。可以根据数显表返回的数据格式进行解算、分离，进而得到正确的平台位置。本例程对数据分离选用的是位于"字符串"子选板中的"匹配模式"及"字符串/数值"子选板中的"分数/指数字符串至数值转换"。

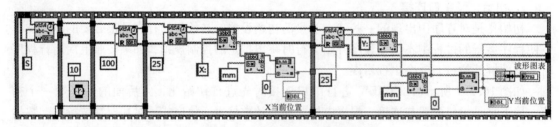

图 16.2.8　位置信息解算程序

上位机发送"S"字符到数显表，数显表接收命令后就会返回当前显示的平台位置到上位机，然后就是对采集到的位置信息进行数据分离。根据数显表返回的数据格式："X：xxx：xxx　Y：xxx：xxx"，首先对字符串进行匹配，把"X:"后、"mm"前的字符串分离出来，再分离出"Y："后、"mm"前的字符串，最后将相应的字符转化为数值送到波形图表即可正确显示。这里需要注意的是，VISA 读、写之间必须有一定的延时，否则无法确保字符已经被写进去，有可能造成错误。

2. 电机指令判决

在向驱动器发送具体指令之前，首先发送设定的速度指令"V XXX"到上位机，接着判断开始按键有没有按下，若按下，先判断当前 Y 方向当前位置与设定位置的距离是否在误差允许范围内，若不在允许范围内，根据是否大于目标位置进行正反转的控制。同理，再判断 X 应发送的控制指令，指令判决框图如图 16.2.9 所示。

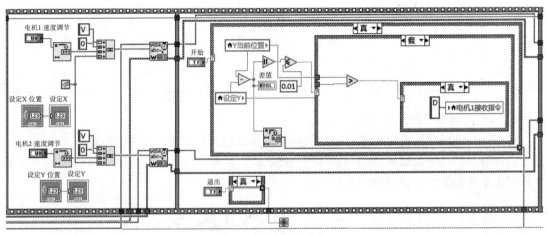

图 16.2.9　指令判决框图

3. 数据的保存

图 16.2.10 所示为文件保存程序框图，为便于数据结果的观察、分析，程序从进入循环开始就把每次的位置保存在已命名的 txt 文件里，其中 Y 和 X 方向数据以空格隔开。

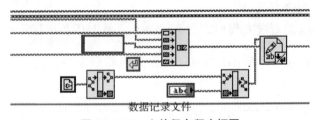

数据记录文件

图 16.2.10　文件保存程序框图

16.3　传感器的标定部分

1. 传感器的标定

对某型号压力传感器进行标定时，我们常常会做多组实验测量传感器在不同压力下数据的变化情况，根据不同点的测量数据，拟合出传感器的特性曲线，求出线性度和重复性。下面以三组标定数据为例，拟合一条一次多项式曲线，并求出标定数据的斜率、截距、线性度、重复性等。

传感仪标定数据如表 16.3.1 所示。

表 16. 3. 1 传感器标定数据

第一组（MPa）		第二组（MPa）		第三组（MPa）	
0	0	0	0.002	0	0.001
50	0.044	50	0.043	50	0.046
100	0.087	100	0.086	100	0.084
150	0.129	150	0.127	150	0.129
200	0.172	200	0.172	200	0.175
250	0.214	250	0.214	250	0.210

2. 标定的基本原理

传感器在使用之前都需要进行一定的标定，建立输入量与输出量之间的对应关系，确定传感器的静态特性。测试系统的静态特性是指响应与激励之间的对应关系，可以用一个多项方程式表示测量系统的数学模型：

$$y = a_0 + a_1 x + a_2 x^2 + \cdots$$

理想的测试系统是线性系统，即响应与激励呈线性关系，但在使用过程中会受到各种客观因素的影响，不是一种严格的线性关系，所以在标定过程中可以使用一条拟合的直线来代替实际的特性方程。常用的拟合方法有以下几种：

端点连线法：取静态特性曲线上下两点，以两点之间的连线作为拟合直线。

端点连线平移法：先确定两点法所得到的直线，取平行于两点法直线并且正负偏差的绝对值相等的直线作为拟合直线。

最小二乘法：拟合的直线方程形式为 $\hat{y} = a + bx$，且对于各个标定点 (x_i, y_i)，偏差的平方和 $\sum_{i=1}^{n} [y_i - (a + bx_i)]^2$ 最小，式中，a 和 b 为回归系数，且 a 和 b 两系数具有物理意义。

过零最小二乘法：拟合的直线方程为 $\hat{y} = bx$，拟合直线的特性是对于实际的标定点偏差的平方和 $\sum_{i=1}^{n} (y_i - bx_i)^2$ 最小。

本例传感器的标定方法采用最小二乘法，通过循环调用广义最小二乘法和 Levenberg - Marquardt 法使实验数据拟合为通用形式，即由下列等式描述的直线：$\hat{y} = a + bx$，其中 x 是输入序列，a 是斜率，b 是截距。VI 可得到观测点 (x_i, y_i) 的最佳拟合 a 和 b 的值。下列等式用于描述由线性拟合算法得到的线性曲线：

$$y[i] = ax[i] + b \tag{16.3.1}$$

如 Y 的噪声为高斯分布，可使用最小二乘法，图 16.3.1 所示为使用该方法的指数拟合。

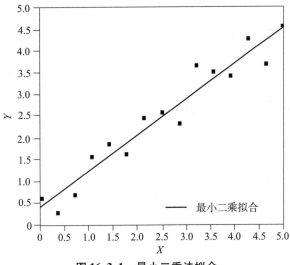

图 16.3.1 最小二乘法拟合

使用 LabVIEW 中"线性拟合 . vi",可方便地得到对线性模型的斜率和截距。

误差存在于一切测量系统中,误差定义为测量结果减去被测量的真值:

$$\Delta x = x - x_0 \tag{16.3.2}$$

式中,Δx 为测量误差(又称真误差);x 为测量结果(由测量所得到的被测量值);x_0 为被测量的真值。

残余误差为测量结果减去被测量的最佳估计值:

$$v = x - \bar{x} \tag{16.3.3}$$

式中,v 为残余误差(简称残差);$\bar{x}$ 为真值的最佳估计值(即约定真值)。

3. LabVIEW 标定程序设计

图 16.3.2 所示为标定程序的前面板,图 16.3.3 所示为标定程序的程序框图。为方便程序的多次使用,我们把标定数据保存在一个工作表 xls 文件中,在程序的运行过程中,单击"读取文件"按钮,这时就会跳出一个文件选择框,选择确定所选工作表文件,然后程序就会把数组的斜率、截距、线性度、重复性等参数计算出来。

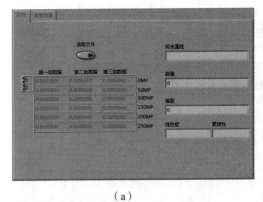

（a）

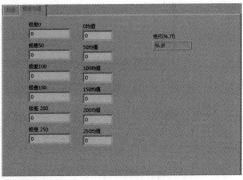

（b）

图 16.3.2 标定程序的前面板

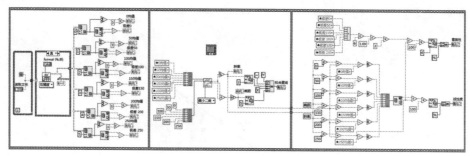

图 16.3.3　标定程序的程序框图

1）均值与极差的计算

在程序框图中放置位于"函数"→"编程"→"结构"子选板中的平铺式顺序结构，第一帧设计如图 16.3.4 所示，首先是等待读取工作表文件，然后是对读取的数组的每一行求和，再除以组数以求取均值，最后对此行最大值和最小值求差，即求极差。

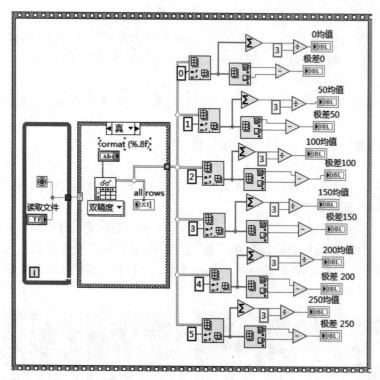

图 16.3.4　均值与极差的计算程序框图

2）拟合直线的计算

计算三组数据的均值之后，根据最小二乘法对不同标定点的均值进行拟合，使用函数在"函数"→"数学"→"拟合"→"线性拟合"中，在这里，线性拟合函数可以对"X""Y"数组进行最佳线性拟合。

线性拟合函数如图 16.3.5 所示，该函数的"Y"输入端子是由因变值组成的数组，注意"Y"数组的长度必须大于等于未知参数的元素个数。该函数的"X"输入端子是由自变量组成的数组，"X"数组元素个数必须等于"Y"数组元素个数。该函数的"权重"端子是观测点（X，Y）的权重数组，"权重"的数组元素数必须等于"Y"的数组元素数，若"权重"端未连线，VI 将把权重数组的所有元素设置为 1；若"权重"端中的某个元素小于 0，VI 将使用元素的绝对值。该函数的"容差"端子用以确定使用最小绝对残差或 Bisquare 方法时，何时停止斜率和截距的迭代调整，对于最小绝对残差方法，如两次连续的交互之间残差的相对差小于容差，该 VI 将返回结果残差。对于 Bisquare 方法，如两次连续的交互之间斜率和截距的相对差小于容差，该 VI 将返回斜率和截距，如容差小于等于 0，VI 将设置容差为 0.000 1。该函数的"方法"端子用以指定拟合方法，其中，值为 0 表示使用最小二乘法进行拟合，这是系统默认的拟合方法；值为 1 表示使用最小绝对残差法进行拟合；值为 2 表示使用 Bisquare 法进行拟合。该函数的"参数界限"包含斜率和截距的上下限，如知道特定参数的值，可设置参数的上下限为该值；斜率最小值为指定斜率的下限，当默认值为 − Inf 时，表示斜率没有下限。该函数的"最佳线性拟合"输出端返回拟合模型的 Y 值。"斜率"端返回拟合模型的斜率。"截距"端返回拟合模型的截距。"错误"端返回 VI 的任意错误或警告。"残差"端返回拟合模型的加权平均误差，若拟合方法设为最小绝对残差法，则残差为加权平均绝对误差，否则残差为加权均方误差。

本例程根据标准压力值与在此压力下的传感器数值进行线性拟合，选用最小二乘法求出斜率与截距。本例中把指定的压力作为"X"，把此压力下传感器输出均值作为"Y"，这种情况求出的拟合函数斜率倒数为本例所求拟合斜率，最佳拟合函数的截距与斜率的比值的相反数为本例所求截距。根据斜率与截距，容易求出本例拟合直线。求取拟合直线的程序框图如图 16.3.6 所示。

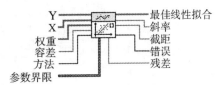

图 16.3.5 线性拟合函数

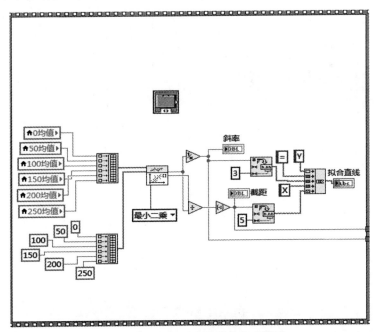

图 16.3.6 求取拟合直线的程序框图

3）线性度与复杂度的求取

根据线性度、重复性的计算公式，同时结合经验，计算出拟合直线的线性度与复杂性，如图 16.3.7 所示。经计算，本实验的传感器拟合斜率为 1 176.87，拟合截距为 −1.513 11，线性度为 99.999 9%，重复性为 1.709 49E −6%。

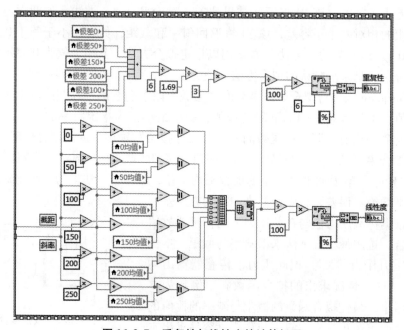

图 16.3.7　重复性与线性度的计算框图

参 考 文 献

[1] 刘君华,贾惠芹,丁晖,等.虚拟仪器图形化编程语言 LabVIEW 教程[M].西安:西安电子科技大学出版社,2001.

[2] 雷振山.LabVIEW 7 Express 实用技术教程[M].北京:中国铁道出版社,2004.

[3] 薛得凤.基于图形化编程语言 Labview 的一种虚拟仪器的实现[J].自动化与仪器仪表,2003,5:24-26.

[4] 黄夫海.LabVIEW 与 TMS320LF2407 串口通信研究[J].微计算机信息,2010,26(20):148-149.

[5] 江建军,继光.LabVIEW 程序设计教程[M].北京:电子工业出版社,2008.

[6] Travis J,Kring J,乔瑞萍.LabVIEW 大学实用教程[M].北京:电子工业出版社,2008.

[7] 张黎,王铁流.基于 LabVIEW 的电子学实验过程教学改革[J].北京工业职业技术学院学报,2006,5(2):76-79.

[8] 毛建东.基于 LabVIEW 的单片机数据采集系统的设计[J].微计算机信息,2006(8):41-42.

[9] 王强鑫.基于 LabVIEW 的自动生成 Excel 报告功能开发[D].北京邮电大学,2007.

[10] Bitter R,Mohiuddin T,Nawrocki M. LabVIEW:Advanced Programming Techniques[M]. CRC Press,2006.

[11] Johnson G W. LabVIEW graphical programming:practical applications in instrumentation and control[M]. McGraw-Hill School Education Group,1997.

[12] Manual L U. National Instruments[J]. Austin,TX,1998.

[13] 吴成东,孙秋野,盛科.LabVIEW 虚拟仪器程序设计及应用[M].北京:人民邮电出版社,2008.

[14] 陈敏,汤晓安.虚拟仪器软件 LabVIEW 与数据采集[J].小型微型计算机系统,2001,22(4):501-503.

[15] 王祖麟,吴大舜.LabVIEW 虚拟仪器技术在大学实验教学中的应用[J].科技广场,2007,11:43.

[16] Jeffrey T,Jim K. LabVIEW 大学实用教程[M].第 3 版.北京:电子工业出版社,2008.

[17] 何玉钧,高会生.LabVIEW 虚拟仪器设计教程[M].北京:人民邮电出版社,2012.

[18] Stamps D. Learn Labview 2012 Fast[M]. SDC Publications,2013.

[19] 张爱平.LabVIEW 入门与虚拟仪器[M].北京:电子工业出版社,2004.

[20] 陈锡辉,张银鸿.LabVIEW 8.20 程序设计从入门到精通[M].北京:清华大学出版社,2007.

[21] 龙华伟,顾永刚.LabVIEW 8.2.1 与 DAQ 数据采集[M].北京:清华大学出版社,2008.

[22] 黄晓艳.LabVIEW 技术入门之一——虚拟仪器及中文版 LabVIEW 8.2 编程(1)[J].电

子测试,2007(6):87 - 90.

[23] 黄培根. LabVIEW 技术入门之二——仿真信号波形及虚拟仪器频谱仪的构建和测试 [J]. 电子测试,2007(8):83 - 86.

[24] 阮奇桢. 我和 LabVIEW:一个 NI 工程师的十年编程经验[M]. 北京:北京航空航天大学 出版社,2009.

[25] Su L. Modeling and Simulation of Production of Metallothionein and Red Fluorescent Fusion Protein by Recombinant Escherichia Coli Using LabVIEW[C]//International Conference on Logistics Engineering, Management and Computer Science (LEMCS 2014). Atlantis Press, 2014.

[26] Kehtarnavaz N, Kim N. Digital signal processing system - level design using LabVIEW[M]. Newnes, 2011.

[27] Essick J. Hands - on introduction to LabVIEW for scientists and engineers[M]. Oxford University Press, 2013.

[28] 堀桂太郎. 図解 LabVIEW 実習 Ver. 8 対応:ゼロからわかるバーチャル計測器[M]. 森 北出版,2006.

[29] 吴琼. 基于虚拟仪器的 VXI 总线航空测试系统的应用[D]. 长春理工大学,2013.

[30] 王冠华. LabVIEW 图形化程序设计[M]. 北京:国防工业出版社,2011.

[31] Ertugrul N. Towards virtual laboratories:a survey of LabVIEW - based teaching/learning tools and future trends[J]. International Journal of Engineering Education,2000,16(3):171 - 180.

[32] Whitley K N, Blackwell A F. Visual programming in the wild:A survey of LabVIEW programmers[J]. Journal of Visual Languages & Computing,2001,12(4):435 - 472.

[33] 杨凡宇. 下挂式榴弹发射器缠度测试系统研究[D]. 南京理工大学,2014.

[34] 胡扬坡. 轻武器动态参量测试系统设计及试验研究[D]. 南京理工大学,2014.

[35] 蒋帆. 武器系统运动特性分析及试验研究[D]. 南京理工大学,2014.

[36] 周伟. 小口径身管直线度测试系统研究[D]. 南京理工大学,2014.

[37] 董介春,张培芝. 基于 VXI 总线的虚拟计数器的设计[J]. 青岛大学学报(工程技术版), 2002,17(2):61 - 64.

[38] 刘君华. 基于 LabVIEW 的虚拟仪器设计[M]. 北京:电子工业出版社,2003.

[39] 张易之. 虚拟仪器的设计与实现[M]. 西安:西安电子科技大学出版社,2002.

[40] 史君成,张淑伟,律淑珍. LabWindows 虚拟仪器设计[M]. 北京:国防工业出版社,2007.

[41] 孙晓云,郭立炜,孙会琴. 基于 LabWindows/CVI 的虚拟仪器设计与应用[M]. 北京:电子 工业出版社,2005.

[42] 柏林,王见,秦树人. 虚拟仪器及其在机械测试中的应用[M]. 北京:科学出版社,2007.

[43] 赵会兵. 虚拟仪器技术规范与系统集成[M]. 北京:清华大学出版社,2003.

[44] 陆绮荣. 基于虚拟仪器技术个人实验室的构建[M]. 北京:电子工业出版社,2006.

[45] 黄松岭,吴静. 虚拟仪器设计基础[M]. 北京:清华大学出版社,2008.

[46] 张重雄,张思维. 虚拟仪器技术分析与设计[M]. 北京:电子工业出版社,2012.

[47] 王建新,隋美丽. LabWindows/CVI 虚拟仪器设计技术[M]. 北京:化学工业出版社,2013.

[48] 张毅. 虚拟仪器技术分析与应用[M]. 北京:机械工业出版社,2004.

［49］郑对元.精通 LabVIEW 虚拟仪器程序设计［M］.北京:清华大学出版社,2012.

［50］张纪伟.虚拟测控系统研究［D］.南京理工大学,2002.

［51］曹玲芝.现代测试技术及虚拟仪器［M］.北京:北京航空航天大学出版社,2004.

［52］张剑.基于 USB 总线的便携式数据采集系统设计［D］.南京理工大学,2004.

［53］赵冬柏.基于 VXI 总线的火炮测试系统研究［D］.南京理工大学,2004.

［54］林君,谢宣松.虚拟仪器原理及运用［M］.北京:科学出版社,2006.

［55］赵国忠,陶宁,冯丽春.虚拟仪器设计实训入门［M］.北京:国防工业出版社,2008.

［56］刘其和,李云明.LabVIEW 虚拟仪器程序设计与运用［M］.北京:化学工业出版社,2011.

［57］余光伟.机械量测量与虚拟仪器技术运用［M］.北京:机械工业出版社,2011.

［58］贾惠芹.虚拟仪器设计［M］.北京:机械工业出版社,2012.

［59］童刚.虚拟仪器实用编程技术［M］.北京:机械工业出版社,2008.

［60］李江全.虚拟仪器设计测控应用典型范例［M］.北京:电子工业出版社,2010.

［61］张升伟.多普勒雷达弹道测速虚拟仪器信号分析模块研究［D］.南京理工大学,2003.

［62］郭天石.控制系统的虚拟仪器仿真［M］.北京:机械工业出版社,2012.

［63］雷勇.虚拟仪器设计与实践［M］.北京:电子工业出版社,2005.

［64］王福明,于丽霞,刘吉,等.LabVIEW 程序设计与虚拟仪器［M］.西安:西安电子科技大学出版社,2009.

［65］李江全,刘恩博,胡蓉.LabVIEW 虚拟仪器数据采集与串口通信测控应用实战［M］.北京:人民邮电出版社,2010.

［66］黄进文.虚拟仪器数字电路仿真技术［M］.昆明:云南大学出版社,2010.

［67］周求湛,刘萍萍,钱志鸿.虚拟仪器系统设计及应用［M］.北京:北京航空航天大学出版社,2011.

［68］胡仲波.基于虚拟仪器技术的 PCB 视觉检测系统［D］.南京理工大学,2006.

［69］［美］Robert H. Bishop. LabVIEW 实践教程［M］.乔瑞萍,林欣,等,译.北京:电子工业出版社,2014.

［70］刘君华.虚拟仪器编程语言 LabWindows/CVI 教程［M］.北京:电子工业出版社,2001.

［71］李永华.基于虚拟仪器的汽车试验信息采集与处理系统研究［D］.南京理工大学,2006.

［72］林静,林振宇,郑福仁.LabVIEW 虚拟仪器程序设计从入门到精通［M］.北京:人民邮电出版社,2010.

［73］李江全,李玲,刘媛媛.案例解说虚拟仪器典型控制应用［M］.北京:电子工业出版社,2011.

［74］彭勇,潘晓烨,谢龙汉.LabVIEW 虚拟仪器设计及分析［M］.北京:清华大学出版社,2011.

［75］曹卫彬.虚拟仪器典型测控系统编程实践［M］.北京:电子工业出版社,2012.

［76］高月红.基于虚拟仪器技术的电能质量参数监测系统的设计与研究［D］.南京理工大学,2007.

［77］李东生.EDA 仿真与虚拟仪器技术［M］.北京:高等教育出版社,2004.

［78］龚威.基于虚拟仪器的典型无线电引信信号识别与干扰技术研究［D］.南京理工大学,2007.

［79］杨运强.测试技术与虚拟仪器［M］.北京:机械工业出版社,2010.

［80］李瑞,周冰,胡仁喜.LabVIEW 2009 中文版虚拟仪器从入门到精通［M］.北京:机械工业出版社,2010.

［81］孙辉.张治沁,刘俊延.信号分析与处理:虚拟仪器实验教程［M］.北京:清华大学出版社,2013.

［82］陈海南.基于 Rogowski 线圈和虚拟仪器的电流传感器研究［D］.南京理工大学,2007.

［83］周润景,郝晓霞.Multisim & LavVIEW 虚拟仪器设计技术［M］.北京:北京航空航天大学出版社,2008.

［84］李江全.LabVIEW 虚拟仪器从入门到测控应用 130 例［M］.北京:电子工业出版社,2013.

［85］章佳荣,王璨,赵国宇.精通 LabVIEW 虚拟仪器程序设计与案例实现［M］.北京:人民邮电出版社,2013.

［86］庄源昌.基于虚拟仪器的模糊 PID 控制系统设计［D］.南京理工大学,2007.

［87］王蕾.基于虚拟仪器的自动机运动规律的研究［D］.南京理工大学,2007.

［88］宋广东,王昌,王金玉,等.基于 DLL 技术和 COM 组件技术实现 LabVIEW 和 MATLAB 混合编程［J］.计算机应用与软件,2013,30(1):287－289.

［89］裴锋,汪翠英.利用 COM 技术的 LabVIEW 与 MATLAB 的无缝集成［J］.EIC,2005,12(2):97－98,102.

［90］胡吉朝,傅钥,王定远.LabVIEW 调用 MATLAB COM 组件的技术研究［J］.科技信息,2008,26:71－72.

［91］胡仁喜,王恒海,齐东明.LabVIEW 8.2.1 虚拟仪器实例指导教程［M］.北京:机械工业出版社,2008.

［92］张金.LabVIEW 程序设计与应用［M］.北京:电子工业出版社,2015.

［93］岂兴明,周建兴,矫津毅.LabVIEW 8.2 中文版入门与经典实例［M］.北京:人民邮电出版社,2010.

［94］侯国屏,王坤,叶齐鑫.LabVIEW 7.1 编程与虚拟仪器设计［M］.北京:清华大学出版社,2011.

［95］朱蕴璞,孔德仁,王芳.传感器原理及应用［M］.北京:国防工业出版社,2007.